电力可调节负荷潜力评估方法

王世谦　方家琨　**主　编**

张艺涵　艾小猛　刘军会　**副主编**

中国电力出版社
CHINA ELECTRIC POWER PRESS

图书在版编目（CIP）数据

电力可调节负荷潜力评估方法 / 王世谦, 方家琨主编. -- 北京 : 中国电力出版社, 2025. 8. -- ISBN 978-7-5198-9966-0

Ⅰ. TM73

中国国家版本馆 CIP 数据核字第 2025AJ2927 号

出版发行：中国电力出版社
地　　址：北京市东城区北京站西街 19 号（邮政编码 100005）
网　　址：http://www.cepp.sgcc.com.cn
责任编辑：罗　艳（010-63412315）　高　芬
责任校对：黄　蓓　李　楠
装帧设计：张俊霞
责任印制：石　雷

印　　刷：北京九天鸿程印刷有限责任公司
版　　次：2025 年 8 月第一版
印　　次：2025 年 8 月北京第一次印刷
开　　本：710 毫米×1000 毫米　16 开本
印　　张：20.5
字　　数：268 千字
定　　价：128.00 元

编写人员名单

主　　编　王世谦　方家琨

副 主 编　张艺涵　艾小猛　刘军会

编写人员　高赐威　宋　梦　蒋小亮　李虎军

　　　　　　邓方钊　邓振立　谢安邦　路　尧

　　　　　　祖文静　崔世常　郑海峰　孙启星

　　　　　　马　捷　罗　潘　陈婧华　邵淮岭

　　　　　　闫　利　许国伟　申志刚　田　凯

　　　　　　王　坤　毛建容　葛玉磊　陈　峰

前　言

　　科学合理加强电力需求侧管理已经成为电力供需平衡的重要方法，借助先进的需求侧管理系统，有效地组织用电单位参与移峰填谷、错峰、避峰以及限电等调度手段，在弥补供电缺口的同时，不仅能够显著提高电网运行的经济性，而且可以增加电力系统的备用容量，有利于电网的安全稳定运行。行业电力调节能力评估显得尤为重要，有助于评估地区整体负荷侧响应能力，也为响应邀约的对象划定合适的范围。同时，随着市场化进程的加快，也亟须建立相应的市场机制来引导用户主动参与系统调节，更好发挥用户侧的灵活性。

　　本书围绕分行业电力调节能力评估与参与市场机制开展研究，主要分四部分叙述。

　　第 2 章研究电力负荷参与"保供应保消纳"的典型场景辨识与构建方法。研究考虑气象因素的风–光–荷的统计特性与时空分布特性，提出源荷匹配时序特性的多时间尺度风–光–荷场景生成方法，构建面向保供与保消纳的典型场景集和极端场景集，建立基于时序生产模拟仿真的电力系统调节潜力测算模型，回答什么时候需要调用电力负荷参与"双保"的问题。

　　第 3 章研究分行业分产业调节能力裕度量化评估方法。深入开展重点行业生产特性调研，提出分行业分产业灵活资源的群体特征识别技术，提出基于生产环节用电特征的调节能力量化评估方法，研究基于柔性场景特征的群体智能匹配方法，回答什么行业产业电力负荷适合参与"双保"的问题。

　　第 4 章研究多类型调节资源响应成本测算及经济性分析。提出分行业调节

资源参与不同场景下的响应成本及经济性分析，建立计及全生命周期成本的多类型调节资源经济性优化配置模型，回答电力负荷参与"双保"所需成本与潜在收益的问题。

第 5 章研究促进海量灵活资源积极参与的市场化交易机制。设计面向极端事件/正常工况场景的多市场调节资源交易规模测算方法，提出综合考虑"双保"的调节资源市场化交易机制，回答怎么通过交易机制引导负荷参与"双保"的问题。

本书重点研究电力可调节负荷潜力评估方法，以期对各地区挖掘行业调节潜力，鼓励参与系统调节提供一定的帮助。

编　者
2025 年 7 月

目　录

1 研究背景及意义

1.1 研 究 背 景

目前我国电力系统发电装机总容量、非化石能源发电装机容量、远距离输电能力、电网规模等指标均稳居世界第一，电力装备制造、规划设计及施工建设、科研与标准化、系统调控运行等方面均建立了较为完备的工业体系，为服务国民经济快速发展和促进人民生活水平不断提高的用电需求提供了有力支撑，为全社会清洁低碳发展奠定了坚实基础。

新型电力系统是以确保能源电力安全为基本前提，以满足经济社会高质量发展的电力需求为首要目标，以高比例新能源供给消纳体系建设为主线任务，以电力系统与灵活性负荷灵活互动为坚强支撑，以坚强、智能、柔性电网为枢纽平台，以技术创新和体制机制创新为基础保障的新时代电力系统，是新型能源体系的重要组成和实现"双碳"目标的关键载体。开发利用非化石能源是推进能源绿色低碳转型、实现碳中和的主要途径。我国把非化石能源放在能源发展优先位置，大力推进低碳能源替代高碳能源、可再生能源替代化石能源。截

1

至 2024 年底，我国可再生能源发电总装机容量达到 18.89 亿 kW，其中风电装机容量 5.21 亿 kW、光伏发电装机容量 8.87 亿 kW，未来还将持续快速增长，高比例可再生能源并网将是未来电网的基本形态。然而，随着以风、光为代表的非水可再生能源机组装机容量的增加，其并网方式从局部并网转为多地区集中式与分布式并网，电力系统调节资源的需求将会增加；另一方面其他机组出力的占比降低，又会减少电力系统调节能力的供给，使得电力系统调节能力无法满足"双保"（保供电和保消纳）。因此，高比例可再生能源并网，电力系统将会面临调节能力供需失衡的问题。

随着经济快速的增长，电力需求的总量也在不断快速地增长，我国电力消耗总量保持了日益突出的快速增长趋势。然而供电能力的增长速度无法满足快速增长的电力需求，电力建设相对落后，导致部分地区出现供电不足的情况。与此同时，煤炭价格的上涨也导致了当地发电企业发电量的逐年下降，这一现象加剧了一些地区的供电压力。为应对电力供需矛盾，一方面要增大能源的供应和加快电网的建设、挖掘电网现有的供电能力；另一方面还要看到一些相关政策方面的重大变化。目前根据电网负荷的相关特点，负荷峰值在急剧增加，峰谷差日益扩大，系统的负荷率逐渐下降，电力缺口难以弥补，无法实现供需平衡。而电力短缺问题主要是负荷性缺电。考虑到高峰用电相比较全年来说，相对时间较短，而且通常发生在几个月的几天内，一味地扩大投资规模、增加装机容量以满足这一时间内高峰用电的做法，将导致相关电力设备的利用率不足使发电和供电的成本上升。

根据河南省"十四五"电力供需预测，全省电力供需缺额将持续加大，各区域也呈现不同的缺电态势。在积极引入区外电力、自建煤电、加强源网协同的同时，还需要从负荷侧挖潜，充分挖掘全省需求响应潜力。为更精准、灵活地开展互动响应，在电力供应紧张的区域提前部署足量的需求侧可调节负荷资源，需要根据全省及各区"十四五"电力供需形势统筹安排。

河南省 2024 年最高用电负荷达 8124 万 kW，较上年同期（7917 万 kW）增长 2.6%；其中夏季降温负荷达到 3950 万 kW。夏季晚高峰大负荷期间，全省全口径电源出力 6599 万 kW，吸收外来电 1172 万 kW，电力供需呈紧平衡态势，豫南、豫东局部地区电力供应紧张。

春秋季午后小负荷间，新能源最大出力常态化超过 2000 万 kW、最大调峰缺口超过 1500 万 kW，全省近 1 万台配电变压器出现反向重过载，潮流上翻至 500kV 电压等级甚至特高压进行消纳。

"十五五"期间是河南省由工业化中期向工业化后期过渡的关键时期，全省将持续推进产业结构优化升级及乡村振兴战略，全省电力需求仍将保持刚性增长。同时，新能源快速发展、极端天气频发、非工业负荷占比大幅提升，导致源荷两端呈现高不确定特征，新能源出力"春秋大、夏冬小；午间大、晚间小"，与用电负荷季节性、时段性错配矛盾突出，河南电力供需面临"保供"和"消纳"双重压力。

与此同时，在我国电气化加速情景下，到 2030 年和 2050 年我国负荷侧资源响应的总容量分别可达 1.86 亿 kW 和 3.72 亿 kW，调节能力潜力巨大。通过系列经济手段、行政手段以及技术手段等措施，来鼓励电力需求侧的用户采用多种有效的节能减排技术来改变自身用电需求的方式，在保持电力服务满意的情况下，实现减少各类能源生产的投资并减少各类能源对社会环境以及大气的污染，获取经济效益和社会效益的最大化。从综合管理的角度来看，这种理念对于实现电力公司与能源供应公司、社会组织以及电力用户的有效合作，有着激励和引领的作用，这种合作能够有效地实现经济效益最大化。电力需求侧管理是市场经济实施机制更新和发展的产物，也是电力系统终端业务拓展的重要载体；在电力需求侧管理模式的指导下，相关电力企业根据政策制定可持续发展目标，重点建设能源管理体系和节能机制，持续强化客户节能意识，提升企业能源管理效率。通常，电力需求侧管理都是通过相关管理平台对电力用户采取一定的措施。电力需求侧管理的形式有很多，如有序用电、需求侧响应、可中断负荷等。若要进行合理的负荷调度，需要掌握历史用电数据来控制电能的消耗。因此，科学合理地加强电力需求侧管理已经成为当地电力供需平衡的重要方法，借助先进的需求侧管理系统，有效地组织用电单位参与移峰填谷、错峰、避峰以及限电等调度手段，这样在弥补供电缺口的同时，不仅能够显著提高电网运行的经济性，而且还可以增加电力系统的备用容量，有利于电网的安全稳定运行。

因此，研究负荷侧资源参与下的电力系统优化调度理论和关键技术，能够提高电力系统调节能力，有望成为高比例可再生能源并网电力系统调节能力供需失衡问题的一种有效解决手段，具有重大意义。为此，亟须为灵活资源有序、高效、低费、多赢的组织和互动提供理论基础，为海量灵活资源引导政策制定和机制设计提供指导和依据，为各级电网挖掘灵活资源调节潜力提供技术支撑。然而，河南省分行业用电负荷参与电力系统"双保"辅助服务面临以下挑战：

其一，河南省电力负荷参与"双保"的典型场景需要辨识与构建方法。通过对历史电力系统运行数据的分析，识别不同负荷和新能源波动的典型场景，包括负荷曲线的统计特征、新能源发电曲线的规律等，有助于电力系统调度员可以更好地理解新能源波动的规律，有针对性地制订电力负荷的调度策略，确保新能源的高效消纳和确保负荷供电的稳定性和可靠性。

其二，河南省分行业分产业调节能力裕度缺乏量化评估方法。不同行业和产业的电力负荷具有显著的差异。一些行业可能具有较大的负荷可调节潜力，能够在电力系统需求变动时进行弹性调整，而另一些行业的负荷可能相对刚性，调节潜力有限。随着新能源比例的增加，电力系统需要更多的可调节资源来应对新能源波动。通过评估不同行业和产业的电力负荷可调节裕度，可以确定哪些行业具有更强的响应能力，从而更好地利用其负荷调节潜力，实现"双保"。

其三，河南省多类型调节资源响应成本测算及经济性分析尚待研究。不同行业和产业的调节资源具有不同的成本特征。通过进行成本测算和经济性分析，可以评估每种调节资源的成本效益比，确定最经济、最有效的调节手段，有助于优化资源配置，提高市场效益，引导产业结构调整，推动技术创新，为实现"双保"目标提供了基础性的支持和指导。

其四，河南省海量灵活资源参与市场化交易需要机制引导。研究合适的市场化交易机制是实现"双保"目标的重要一环，通过引入市场化交易机制，可以使得各类可调负荷资源更加灵活地参与市场，根据市场需求和价格信号主动进行负荷调整。这有助于提高资源的利用效率，使得系统在供需波动时更为灵活和高效，同时有助于当前电力系统的调度和运行，也为未来电力市场的发展提供了重要的思路和方向。

1.2 研 究 意 义

根据国家发改委发布的《中国 2050 高比例可再生能源发展情景暨路径研究》，到 2050 年风力发电将达 24 亿 kW，光伏发电 27 亿 kW，届时可再生能源发电量占比将达到 60%，可再生能源将由补充电源演变为替代电源。

同时火电机组占比不断下降，据统计，部分地区电网火电机组平均发电负荷率最低值已达 50.92%，夜间和午后低谷时段平均发电负荷率均值为 59.99% 和 60.93%。

"源"侧新能源成为主导电源将给电力系统经济稳定运行带来新的挑战。新能源受季节、天气等因素影响表现出较大的随机性、间歇性，具有波动不可调节特性，而火电机组具有相对优异的常规调节特性，新能源逐渐替代火电机组加剧电力系统对调节资源需求的同时降低了电力系统的调节能力，这引发了很多新的问题。一是受电网低谷调峰能力不足的影响，在我国新能源富集地区，已经出现了较为严重的弃风、弃光现象，造成极大的能源浪费；二是因新能源"极热无风、晚峰无光"的反调峰特性，将加剧了尖峰供电能力不足问题，因此，随着新能源发电占比的提升以及新型电力系统的构建，源荷供需平衡矛盾正变得更加尖锐，电力系统亟须寻找新的途径提升自身调节能力。

"荷"侧部分地区夏季空调负荷占比已超总负荷的 50%，电动汽车和储能等新兴负荷也正在快速增加，这类负荷具有功率可调特性，将这类负荷定义为柔性负荷（Flexible Load，FL）。柔性负荷就是指用电量可在指定区间内变化或在不同时段间转移的负荷，其外延包含空调等温控类负荷（Thermostatically Controlled Load，TCL）、部分生产负荷等具备柔性特性的可调节负荷或可转移负荷、具备双向调节能力的电动汽车（Electric Vehicle，EV）、储能（Energy Storage，ES）、蓄能以及分布式电源、微网等，负荷灵活可变的特性为负荷柔性，具备柔性特征的负荷定义为柔性负荷。"荷"侧具有大量的可调资源，从调节能力看，仅以空调负荷为例，如果空调负荷柔性可下调 10%，那么可削减最大负荷的 5%，储能、电动汽车和蓄能负荷等具有双向调节能力，也可以在用电低谷进行填谷促进新能源消纳，可见"荷"侧调节能力可以提升电力系统稳定性。从经济效益看，全国电力设备容量按照满足尖峰负荷的逐年升高进行投资建设，按照全国电力设备容量投资系数平均值 8645 元/kW 测算，以华东某省 3470 万 kW 峰荷测算，为满足 5%尖峰负荷需要投资约 300 亿，而且部分地区 95%以上尖峰负荷年利用小时数不到 80h，造成投资低效、社会资源极大浪费。然而通过柔性负荷资源进行削峰，以每千瓦补贴 4 元测算，削减全年 80h5%尖峰负荷只需要补贴 5.55 亿元，对柔性负荷进行调节可以延缓电力投资，经济效益显而易见。综上所述，挖掘"荷"侧调节资源，将传统的源随荷动升级为源荷互动，提升电力系统调节能力，是保障新型电力系统安全经济运行的新的重要途径。

温控、储能、电动汽车等柔性负荷可调特性与负荷设备本体运行参数、用户使用习惯、温湿度等外部环境相关，同类负荷参数异质、不同负荷特性异构，对其进行聚合并通过经济的手段调控是一个挑战。本研究围绕柔性负荷聚合可调功率计算、用户负荷柔性可调潜力评估、柔性负荷群参与电力调峰的辅助服务市场机制和柔性负荷聚合调控系统设计开发几个方面开展了系统深入的研究，旨在攻克挖掘存量负荷资源涉及的系列科学问题和关键技术，为新型电力系统安全经济运行提供理论基础和技术参考。

研究意义如下：

一是通过研究电力负荷参与"双保"的典型场景辨识和构建方法，找到面向未来高比例新能源渗透性河南省电力系统面临保供电和保消纳的典型场景；二是通过研究分行业分产业调节能力裕度量化评估方法，找到面向"双保"的候选可调灵活性负荷；三是通过研究多类型调节资源响应成本测算及经济性分析方法，找到候选可调负荷参与电力系统"双保"的响应成本和经济性收益；

四是通过研究促进海量灵活资源积极参与的市场化交易方法，找到多利益主体博弈下适用于"双保"的调节资源市场化交易机制。

量化分析"双保"的系统调节能力裕度，构建调节资源协调优化运行模型，测算分行业分产业调节能力的"天花板"、提出可调节资源响应成本测算方法及促进用户积极参与的市场化机制，构建经济高效的调节潜力挖掘模型。

2 电力负荷参与"双保"的典型场景辨识与构建方法

截至 2024 年底，我国风电、光伏装机容量已占全部装机比例的 42.2%，未来占比还将进一步持续增加。但相比于常规火力或水力发电可控制、可调度的特点，风力与光伏发电量不受人为调控，且国家强制要求电网公司必须全额收购风力和光伏发电量，因此风力与光伏发电是不可调度的。此外，相比于常规能源稳定的输出功率，风电与光伏出力均具有明显的随机性、间歇性以及波动性特征，大规模的风电、光伏并网势必会对电网电能质量、电力可靠性以及电力系统安全经济运行带来不小的挑战。因此虽然风电、光伏并网的比例逐年增加，但由于其出力随机性的特点及现有技术的瓶颈导致电网现阶段仍然无法完全消纳可再生能源出力，"弃风弃光"的现象仍然普遍存在。场景分析是一种通过构建确定性场景来分析电力系统随机性问题的方式，它是解决含可再生能源的电力系统优化规划运行问题的一种有效途径。电力系统的长期规划、中期运行和短期调度问题实质上即为不同时间尺度下的最优机组组合问题，传统的电力系统机组组合问题中一般只包含火电或水电在内的常规机组以及预测负荷，由于常规机组输出功率平稳且可受调度控制，但当考虑包含风电或光伏在内的随机性能源接入时，由于准确定量描述超前时间的风电或光伏出力曲线一般较难，因此上述最优机组组合模型就变成了随机性优化问题。例如，较短时间尺度下的机组组合，即日前调度问题中，虽然一般采用短期预测出力来替代风电或者光伏超前出力，但是现有风电或光伏短期预测技术精度仍旧较差，预测误差无法避免，直接采用确定性建模可能会导致算法准确性有所下降；而中长时间尺度下的机组组合问题，即运行规划问题中，风电或者光伏预测已经不太适用于描述风、光超前出力。而场景分析的目的就是通过生成符合风电、光伏出力统计特征的时序场景来表征风电或者光伏超前出力，从而将上述随机性模型转换为确定性模型，以方便优化模型的求解运算。

为此，本章将研究电力负荷参与"双保"的典型场景辨识与构建方法，回答"什么时候需要调用电力负荷参与保供与消纳"的问题。

2.1　研　究　思　路

首先，分析考虑气象因素的风－光－荷统计特性与时空分布特性分析。从气象、地理、时间序列、设备特性等多维度出发，分析基于历史出力数据的风－光－荷统计特性与时空分布特性。

接着，提出源荷匹配时序特性的多时间尺度风－光－荷场景生成方法。基于风电、光伏和负荷出力的统计特性和时空分布特性，提出了多时间尺度的场景生成方法，包括考虑风电功率持续时间特性及波动特性的风电出力场景生成方法、基于向量自回归的光伏出力场景生成方法和基于 Copula 函数的负荷场景生成方法。

随后，设计面向保供与消纳的典型场景集与极端场景集构建方法。基于风光荷海量历史场景数据,提出了基于 kmeans 聚类的风光荷典型场景集构建方法和基于高维菱形凸包的风光荷极端场景构建方法。

最后,提出基于时序生产模拟仿真的电力系统调节潜力测算模型。通过灵活性功率聚合技术将河南省电网的灵活性资源进行聚合,利用时域分解技术和自动回滚技术模拟河南省电网在典型场景和极端场景下的保供和消纳情况。

研究思路如图 2-1 所示。

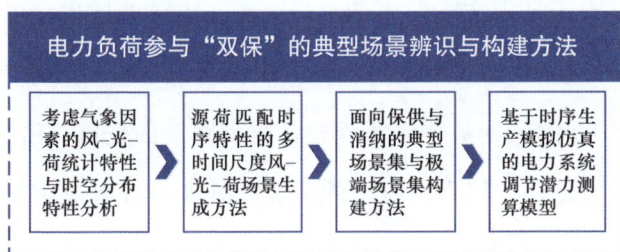

图 2-1　研究思路

2.2　考虑气象因素的风-光-荷统计特性与时空分布特性分析

2.2.1　风电出力特性分析

风电特性评估的方法依托于高分辨率的风能特性评估技术和土地特性评估技术。对于风能特性评估技术,由于风电全由风能转换而来,而风能的大小表征为风机轮毂高度上的风速,因此目前的风力出力特性评估方法普遍基于风速数据并结合风速-风电转换关系,现有研究一般是基于雷达探测、卫星反演、气象模式数值模拟、中尺度数值模拟、计算流体力学(CFD)数值模拟、时空

11

分布特性系统（GIS）等方法评估风能资源。其中，基于气象模式数值模拟的风能特性评估方法被认为可以得到较高分辨率的时空风能资源分布。本节结合气象因素特性、设备特性及时空分布特性对河南省风电资源特性进行分析。

（1）气象因素特性。风电资源评估模型中的气象信息主要为风机轮毂高度处的风速数据信息，欧洲中长期预报中心（European Centre for Medium-Range Weather Forecasts，ECMWF）提供距地面 10m 和 50m 高度分辨率为 1h 的历史风速数据。容量因子是指实际发电量与最大可发电量的比率，考虑风速的年际变化，选择河南省近 10 年的风速历史数据来计算风电资源容量因子。首先，对距地面 10m 和 50m 的风速数据进行外推，得到距地面任意高度处的风速数据。通过最小二乘指数定律计算该高度下的风速，具体公式和说明如下

$$V_z = V_a \left(\frac{h_z}{h_a} \right) \alpha^{LS} \qquad (2-1)$$

式中　V_z ——风机轮毂高度处的风速；

V_a ——参考高度 h_a 处的风速，最小二乘摩擦系数 α^{LS} 可以通过如下公式
　　　计算得到

$$\alpha^{LS} = \frac{\sum_{i=1}^{N} \ln \left(\frac{V_i}{V_a} \right) \ln \left(\frac{h_i}{h_a} \right)}{\sum_{i=1}^{N} \ln \left(\frac{h_i}{h_a} \right)^2} \qquad (2-2)$$

式中　V_i ——高度 h_i 下的风速；

N ——除 h_a 高度下的风速数据外所有风速数据的总计，按照此公式计算
　　　得到最小二乘摩擦系数。确定对应风机轮毂高度的风速数据后，
　　　再按照某典型风机对应的风速－风功率曲线计算得到风机的输出
　　　功率。风电的容量因子按照如下公式计算

$$CF = \frac{1}{10} \sum_{year=2011}^{2020} \left(\frac{\sum_{t=1}^{8760} p_w(t)}{8760 \cdot C_w} \right)$$ （2-3）

式中　CF——风电容量因子；

$p_{w(t)}$——t 时刻的风机风功率；

C_w——标准风机对应的额定装机容量。

结合地表覆盖和数字高程数据、风电机组设备参数以及历史风速数据，提出高分辨率的风电发电资源评估方法，该方法的具体步骤为：

1）将待规划区域划分为高分辨率的栅格模块；

2）使用 KNN 算法统一地表覆盖数据集以及数字高程数据集的分辨率；

3）基于地表覆盖数据确定各栅格模块的可用面积系数；

4）基于数字高程数据中的坡度和海拔信息选择可建设风机的栅格模块；

5）通过典型风机的额定容量与叶片直径计算各栅格模块的风电可装机容量；

6）进一步利用风速历史数据结合风机的轮毂高度参数计算风能资源容量因子；

7）最后将风能资源容量因子乘以对应的风电装机容量，得到各栅格模块对应的风力发电量，得到高分辨率的风电资源评估结果。

（2）设备特性。假设所有风电场均装设某典型风机，该风机装机容量为 1.1MW，叶轮直径为 82m，切入风速为 3m/s，切出风速为 21m/s，风机轮毂高度设置为 60m。该典型风机设备参数如表 2-1 所示。

表2-1　　　　　典 型 风 机 设 备 参 数

某典型风机技术参数		
额定功率	kW	850～1100
切入风速	m/s	3

某典型风机技术参数		
切出风速	m/s	21
叶轮直径	m	82
塔架类型	/	钢塔
轮毂高度	m	50～70
叶片长度	m	40.3
叶轮（不含叶片）	m	4.57×4.6×3.92
机舱	m	4.21×4.09×3.9
发电机	m	4.68×3.29
方舱（电控集成）	m	6.0×2.9×2.8

此外，需要合理设置风电机组的间距以避免其尾流效应。尾流效应是一种气象效应，它反映在当自然风经过风电场群时，沿风向分布的上下游风电机组的输入风速并不相同，具体来说，当自然风通过上游风电机组吹向下游风电机组时，由于上游风电机组的遮挡会对下游风电机组产生强烈的湍流，这将使得下游风电机组的输入风速小于上游风电机组的输入风速，这种现象被称为尾流效应。规则排列下，风电机组组间间距越大，尾流效应的影响越小，上游机组和下游机组的风速差异越小。瑞典 FFA 风电场实测结果表明：两台风力发电机组排成一列，间距为五倍的叶轮直径，沿着平行于两风电机组所在直线的方向吹 12m/s 来流风时，处于尾流区域的风力发电机组的输出功率仅为无干扰情况下的 60%左右；间距变为 10 倍叶轮直径时，处于尾流区的风力发电机组不受上游风电机组影响，其输出功率为无干扰情况下 100%，为避免尾流效应，风机装设间距设置为 10 倍叶轮直径。

（3）空间分布特性。中分辨率成像光谱仪（Moderate Resolution Imaging

Spectroradiometer，MODIS）是美国地球观测系统（Earth Observing System，EOS）计划中用于观测全球生物和物理过程的重要仪器，搭载在 Terra 和 Aqua 两颗卫星上。多波段的 MODIS 数据可以同时提供反映陆地表面状况、云边界、云特性、海洋水色、浮游植物、生物地理、化学、大气中水汽、气溶胶、地表温度、云顶温度、大气温度、臭氧和云顶高度等特征的信息。可用于对全球地表、生物圈、固态地球、大气和海洋进行长期观测。MODIS 提供的 MCD12Q1 中的 I 型地表覆盖数据集中包含城市和建筑、农田、荒地等 17 类地表覆盖类型，并按照相关文献设置上述 17 类地表覆盖类型的可用面积系数并记录在表 2－2 中。

表 2－2　　　　种地表覆盖类型对应的土地可用面积系数

地表覆盖	可用面积系数	地表覆盖	可用面积系数
水体	0%	稀树草原	75%
常绿针叶林	0%	草地	90%
常绿阔叶林	0%	永久湿地	0%
落叶针叶林	0%	农田	2%
落叶阔叶林	0%	城镇与建成区	0%
混交林	0%	农田与自然植被镶嵌体	2%
郁闭灌木林	15%	冰雪	0%
稀疏灌木林	50%	荒地	80%
有林草地	45%		

随后，考虑到该典型风机建设需求，根据数字高程数据集排除栅格区域中海拔大于 3000m 或坡度大于 10° 的栅格模块。

在利用地表覆盖和数字高程数据对栅格模块进行处理时，需要将两个数据集的分辨率统一为栅格模块的分辨率，即 0.05° 纬度×0.05° 经度。选用 KNN（K－Nearest Neighbor）算法完成上述目的，便于后续计算。KNN 算法是一种常见的机器学习算法，其核心思想是通过与未知样本最近的 K 个样本的类别来判断该未知样本的类别。一般来说，越临近的样本同属于一个分类的可能性越高，但是距离上的临近并不绝对，针对不同的任务，样本相似度测算的指标并不相同，常见的指标包括欧式距离、曼哈顿距离和夹角余弦等，KNN 算法的优势在于并不是通过单一的对象直接进行决策，而是通过 K 个最邻近对象中占优的类别进行决策。

利用 KNN 算法转换不同数据集的空间分辨率，将分辨率为 0.05° 纬度×0.05°经度的栅格模块以其栅格中心点的经纬度（X_i，Y_i）进行标记，作为训练集；地表覆盖和数字高程数据集中的各网格中心经纬度（X_j，Y_j）即为测试集。计算地表覆盖和数字高程数据中各网格中心点经纬度（X_j，Y_j）到（X_i，Y_i）的距离，取定 $K=1$，将（X_j，Y_j）划分到与其距离最近的（X_i，Y_i）所属的网格中，并将对应的地表覆盖和数字高程网格中的信息填入到地理栅格模块中，这样就将地表覆盖数据集和数字高程数据集的分辨率转换为与栅格模块一致的分辨率。由于栅格模块的距离应该由实际的空间距离表示，因此还需要通过栅格模块对应的经纬度计算其实际的空间距离。由经纬度坐标计算空间距离公式如下

$$d = R \cdot ar\cos\left[\cos(Y_1) \cdot \cos(Y_2) \cdot \cos(X_1 - X_2) + \sin(Y_1) \cdot \sin(Y_2)\right] \quad (2-4)$$

其中，$R = 6371.0\text{km}$，表示地球半径；（X_1，Y_1）、（X_2，Y_2）表示两点的经纬度坐标值。

（4）时间分布特性。风电时间分布概率模型包括状态持续时间分布特性、状态转移特性、波动特性等。

1）状态持续时间分布特性。为了解风电出力处于某一功率区间下可以连续保持的时间，本小节对风电功率持续时间进行定义，并对其分布进行拟合，采

用最大似然估计法来估计参数并对计算结果进行分析。

风电功率状态持续时间的定义为风电场出力保持某一出力范围内不变所持续的时间，风电功率状态持续时间分布特性指的是各状态下风电功率持续时间的概率分布情况。风电功率持续时间分布特性可以反映风电场平均出力水平，风电功率状态持续时间越长，就代表风电在该出力范围内维持的越久，即风电出力的稳定性越强。

为了了解风电场在各个出力区间的持续水平，将风电场所有可能出力所覆盖的功率范围划分为不同的功率区间，其中每个功率区间对应代表风电出力的一种状态。在进行状态划分的基础上，才可进一步研究每一种状态下风电功率的持续时间分布特性。此处采用平均划分的方法，即取每个功率区间宽度为

$$P_S = \frac{P_E}{N} \tag{2-5}$$

式中　P_S——每个状态代表的功率范围；

P_E——风电场的额定装机容量；

N——除了零出力以外的状态数。

此外，考虑到风电场通常情况下会存在较多无风或弃风的时段，可以将出力小于等于 0 的情况单独定义为风电功率的一种状态。由此对风电功率的状态进行定义和划分之后，风电功率序列各点即可各自对应某一特定的出力状态。

风电功率持续时间的定义为风电场出力保持处于某一状态范围内不变所持续的时间。从风电功率进入某一状态 n 开始，若经过时间 t 之后风电功率才跳出状态 n，则对状态 n 持续时间 t 计数一次。风电功率持续时间分布特性则指的是各状态下风电功率持续时间的概率分布情况，因此想要分析该特性，需要按照上述风电功率持续时间定义来将实测风电功率序列遍历一次，统计各状态下风电功率持续时间曾出现过的数值以及次数，绘制各状态下风电功率持续时间的

频率分布直方图。

2）状态转移特性。风电出力的不确定性给电网调峰也带来了新的困难，因为调峰机组需要同时应对负荷与风电的波动。为了解风电并网后对系统调峰容量的影响，需研究不同时间尺度下，风电在不同出力水平，即不同状态间的转移概率特性。

本节依然按照风电功率状态的定义和划分方法对风电功率进行状态划分。风电功率状态转移指的是风电出力在不同出力范围之间的转移，风电功率状态转移特性指的就是风电功率在不同出力范围之间转移的概率特性。状态转移特性是利用马尔可夫链蒙特卡罗法生成风电功率时间序列的基础，以辅助后续风电功率时序建模工作。风电功率保持原状态的概率越大，发生较大波动的概率越小，稳定性越强。

考虑多阶阵的维度过大，参数数目过多，因此为了简化计算过程，本节定义状态转移矩阵为一阶阵，即认为下一时刻的风电功率状态只与当前时刻状态有关，而与之前一系列时刻的状态无关。

状态转移矩阵 $\boldsymbol{P}$ 为一个 $N \times N$ 的矩阵，其中 N 为按前述方法对风电可能出力范围所划分的状态数。状态转移矩阵中，每一行代表风功率当前出力状态编号，每一列代表单位时刻后风功率出力状态编号。单步状态转移矩阵 $\boldsymbol{P}_1$ 中元素 $p_{ij}^{(1)}$ 的值为风功率从当前时刻状态 i 转移到下一时刻状态 j 的概率，即

$$p_{ij}^{(1)} = P_{\mathrm{r}}(X_{t+1} = j \mid X_t = i) \tag{2-6}$$

3）波动特性。风电功率的波动会使电力系统偏离稳定运行点，甚至造成系统失稳，对可靠性和安全性都有不同程度的影响。加入储能元件可以实现对风电功率波动中对电网有害部分的平抑。

风电波动考虑风电功率的单步及多步波动量。风电功率的单步波动量为相

邻两个单位时间内风电功率平均值的差值，风电功率的多步波动量为相邻多个单位时间内风电功率平均值的差值。对风电功率波动特性的分析即为对风电功率波动量概率分布的分析。

对风电功率波动特性的分析即为对风电功率波动量分布的分析，因此首先定义风电功率的单步波动量、多步波动量。

定义风电功率的单步波动量为相邻两个单位时间内风电功率平均值的差值，如下式

$$\Delta P = P_N - P_{N-1} \qquad (2-7)$$

式中　　ΔP ——风电功率的单步波动量；

　　　　P_N ——第 N 个单位时间内风电功率的平均值；

　　　　P_{N-1} ——第 $N-1$ 个单位时间内风电功率的平均值。

类似对风电功率单步波动量的定义，定义风电功率多步波动量如下

$$\Delta P_k = P_N - P_{N-k} \qquad (2-8)$$

式中　　ΔP_k ——风电功率的多步（k 步）波动量；

　　　　P_N ——第 N 段单位时间内风电功率的平均值；

　　　　P_{N-k} ——第 $N-k$ 段单位时间内风电功率的平均值。

已有文献指出，实测风电功率波动量的分布近似于正态分布，但具有胖尾性。为了刻画这种特性，引入超额峰度（excess kurtosis）的概念。在统计上，随机变量 X 的峰度的定义如下

$$\kappa = \frac{E\left[(X-EX)^4\right]}{E\left[(X-EX)^2\right]^2} \qquad (2-9)$$

式中　EX——随机变量 X 的期望。如果 X 服从正态分布，则 $\kappa=3$，若 $\kappa>3$，
　　　　则说明 X 具有较大的峰度，其胖尾性随值 κ 的增大而越发明显。

有文献提出，t-location scale 分布能够描述随机变量的胖尾性。因此，本节采用 t-location scale 分布对风电功率的波动特性进行拟合分析。t-location scale 分布的概率密度函数为

$$f(x) = \frac{\Gamma\left(\frac{v+1}{2}\right)}{\sigma\sqrt{v\pi}\Gamma\left(\frac{v}{2}\right)}\left[\frac{v+\left(\frac{x-\mu}{\sigma}\right)^2}{v}\right]^{-\frac{v+1}{2}} \qquad (2-10)$$

式中 μ ——位置参数；

σ ——尺度参数；

v ——形状参数。

图 2-2 给出了不同时间尺度下风电功率波动量的分布，以及利用正态分布和 t-location scale 分布的拟合曲线。从图 2-2 中可以看出，随着时间尺度的增加，波动量分布的范围逐渐增大，表明随着时间的推移，发生数值较大的风电

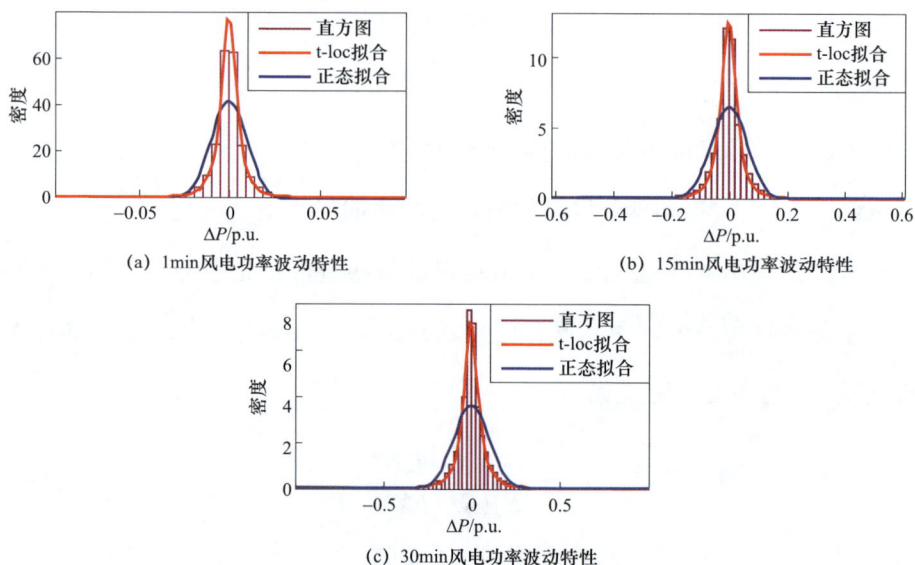

(a) 1min风电功率波动特性

(b) 15min风电功率波动特性

(c) 30min风电功率波动特性

图 2-2 不同时间尺度下风电功率变化率分布

功率波动的可能性增加。风电功率波动特性的分析从比较小的功率尺度刻画了风电功率的动态特性。从分析的结果可以看到，利用 t-location scale 分布拟合风电功率的波动量相较于正态分布可以获得更好的效果。从具体的波动数值上来看，1min 的波动量有 99.6%的概率小于 0.05p.u.，82%的概率小于 0.01p.u.。因此可以看出，短时间内的风电功率波动量占风场装机容量的比例较小，其对电力系统运行点的影响可以忽略不计。

2.2.2　光伏出力特性分析

本节提出了一个结合气象因素、光伏电池板特性和时空分布特性的光伏发电资源特性分析方法。

（1）气象因素特性。利用光照强度历史数据计算光伏资源容量因子。单位光伏容量出力表示单位容量光伏电站在最大功率点跟踪模式（Maximum Power Point Tracking，MPPT）下运行的最大输出功率，某时刻光伏电站的出力计算公式如下

$$p_x^S(t) = C \cdot \frac{R_x(t)}{1000} \cdot [1 + \gamma \cdot (T_x(t) - 25)] \qquad （2-11）$$

式中　C ——表示光伏电站的额定容量，计算时取 1MW；

　　　γ ——表示光伏电池板的温度修正系数，假设使用的光伏太阳能电池板为多晶硅材料，对多晶硅材料制成的光伏电池板，温度修正系数取 -0.005691℃$^{-1}$；

　　　$T_x(t)$ ——表示时刻 t 地理网格 x 地表温度数据；

　　　$R_x(t)$ ——垂直入射到光伏电池板表面的光照辐射强度数据，W/m^2，由垂直于水平面的光照辐射强度数据分解得到

$$R_x(t) = R_s(t) \cdot \sin(\beta_x + \phi_x - \delta) \qquad (2-12)$$

式中　β_x ——表示在地理网格 x 布置光伏电池板的倾斜角度，（°）；

　　　ϕ_x ——地理网格 x 的纬度；

　　　δ ——太阳赤纬角，t 时刻所属第 m 天的太阳赤纬角计算公式如下

$$\delta = 23.45° \cdot \cos\left(\frac{2\pi}{365} \cdot (m+10)\right) \qquad (2-13)$$

光伏资源容量因子定义为全年每小时光伏出力平均值，公式如下

$$\varphi = \frac{1}{10} \cdot \left(\frac{1}{8760} \sum_{t=1}^{8760} p_x^S(t)\right) \qquad (2-14)$$

考虑光照强度的年际变化，根据 10 年的光照强度数据求取光伏资源容量因子的平均值。通过上述计算即可得到各地理网格的光伏资源容量因子。

$$h_\varphi = 8760 \cdot \varphi \qquad (2-15)$$

$$P_n = \sum_{t=1}^{8760} \sum_{i \in n^d}^{i} h_\varphi \cdot SG_n^i \qquad (2-16)$$

$$SG_n = \sum_{i \in n^d}^{i} SG_n^i \qquad (2-17)$$

$$H_n = \frac{P_n}{SG_n} \qquad (2-18)$$

式中　h_φ ——各地理网格的年利用小时数；

　　　P_n ——河南省对应的年度光伏总发电量；

　　　i ——河南省所属的地理网格；

　　　n^d ——河南省全部地理网格的集合；

　　　SG_n^i ——河南省第 i 个地理网格对应的光伏装机容量；

SG_n、H_n ——河南省的光伏总装机容量以及对应河南省光伏总装机容量的平均年利用小时数。当对河南省的光伏发电资源潜力进行评估时，

主要考虑 SG_n 和 H_n 这两个指标。

结合地表覆盖和数字高程数据、光伏电池板设备参数以及历史光照强度数据，按照上述技术路径，形成一个高分辨率的光伏资源评估方法，该方法的具体步骤为：

1）将河南省区域划分为分辨率相同的地理网格并基于地表覆盖类型确定各地理网格模块有效开发系数。

2）通过地表高程数据集中的坡度和海拔选择可装设光伏电池板的地理网格。

3）基于某典型光伏电池板的建设参数确定各地理网格的光伏装机容量，再将各省份所属的地理网格加和，得到高分辨率的光伏可装机容量资源评估结果。

4）利用光照强度历史数据核算太阳能资源容量因子及年利用小时数。

5）利用各省份所属的地理网格对应的年利用小时数计算全省光伏装机机组的平均年利用小时数。综合考虑某省份的光伏装机容量以及平均年利用小时数评估其光伏发电资源潜力。

（2）光伏电池板特性。根据某典型光伏电池板参数可知，该光伏电池板装机容量约为 50MW/km²。同时考虑到光伏电池板的可控性强，近似认为地理网格中的全部土地面积都可以用来装设光伏电池板。接着，按照距离计算公式求得各地理网格的实际面积再计算每个地理网格模块的光伏可装机容量。

（3）空间分布特性。将河南省地图方块区域被划分为总计 1.23×10^6 块地理网格。全球数字高程数据来自 Weatherall 网站提供的 SRTM30_PLUS 数据集，是全球范围的分辨率为 30 弧秒的地表高程数据集，该数据集的空间分辨率与 MCD12Q1 并不相同。另考虑光伏电池板建设要求，排除地理网格中海拔大于 3000m 或坡度大于 10° 的地理网格区域。使用上一节中提到的 MODIS 实现对大气、海洋和陆地表面信息的观测，并将观测数据记录在 MCD12Q1，并使用 KNN 算法对地表覆盖数据集和数字高程数据集的分辨率进行转换。

（4）时间分布特性。光伏出力并非纯随机过程，而是一种随机过程与规律成分叠加的结果。光伏发电的原理是利用太阳能电池板，将特定波长范围的太阳辐射能转化为电能，光伏出力大小与接收到的太阳辐射能多少密切相关。地球的自转带来的日周期特性，及日地运行规律带来的年周期特性，使得光伏出力具有非常明显的规律性。一方面，天气状况稳定时，每日光伏出力具有固定的变化趋势：日出之前无辐照无出力，日出后光伏出力逐步增大，到中午达到峰值，接着逐步下降，日落后无出力；另一方面，从全年的角度看，每日日出时刻、日落时刻及日间时长均呈周期性变化。而光伏的随机性则多半由云层的不规则分布及运动带来的，按照时间尺度划分，可分为缓慢变化的大气分布和快速变化的云层扰动。前者用于表征一段较长时间内，大气层对太阳辐照的衰减影响，可以认为该影响在一天内基本保持不变，如晴朗、阴雨等多种基本天气类型；后者则用于描述分钟级到小时级的云层遮挡对太阳辐射的影响，这种遮挡源自低空云团的聚集、消散、移动等，因此具有较强的随机性。

综上所述，光伏出力大小主要受到三方面的因素支配：

1）太阳辐射规律性变化趋势。不计及大气衰减的情况下，影响太阳辐射每日规律性变化的是日地相对运动以及光伏面板的朝向调整。它们决定了光伏出力的总体变化趋势，即从日出时刻开始增加，至中午达到最大，随后逐渐减少，至日落降至零，夜间持续无出力。

2）每日总体大气衰减情况。实际光伏面板接收到的太阳辐射强度还与大气的衰减情况密切相关，因此每日光伏出力峰值受当日总体天气情况（如多云、阴雨、晴天等）的支配。

3）局部云层扰动。局部云团的移动、聚集与消散会进一步造成所在区域太阳辐射的短时扰动，从而给光伏出力带来分钟级的随机波动分量。

对应以上三方面，本节将光伏出力依次分解为理想出力归一化曲线、幅值参数和随机成分三部分，如式（2-19）所示。式中，$P_i(t)$ 为第 i 天第 t 个采样点的光伏出力，$S_{i,Regular}$ 为当天的理想出力归一化曲线，k_i 为幅值参数，$P_{i,Random}$ 为随机分量。本节将介绍这三部分各自的生成方法。

$$P_i(t) \triangleq k_i S_{i,Regular}(t) + P_{i,Random}(t) \tag{2-19}$$

由于光伏出力的时间范围是从日出时刻到日落时刻，夜间出力全部为零。因此，下文的分析对光伏出力时间序列的夜间部分进行了剔除。

1）理想出力归一化曲线。理想出力归一化曲线是指保留了不考虑云层扰动和大气衰减情况下光伏电站日间出力曲线形状，并将幅值与时间跨度均归一化的曲线，其形状犹如一口倒立的钟，如图 2-3 所示。理想出力归一化曲线是日地运行规律的直接体现，是光伏出力的规律性变化趋势。

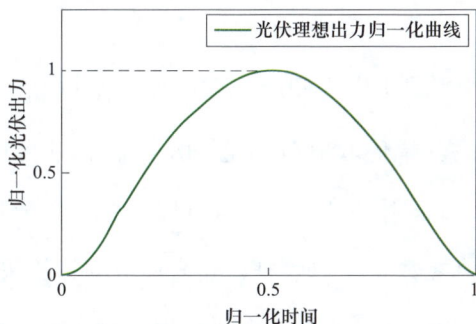

图 2-3 光伏理想出力归一化曲线

本节采用基于河南省典型日数据的曲线提取方法来生成光伏理想出力归一化曲线。该方法的步骤如下：

第一步：选取典型日。典型日指的是全天出力曲线平滑的采样日，曲线平滑说明当天未受到云层扰动影响（相对的，非典型日是除典型日外其他采样日）。典型日的选取依据是全天出力序列二阶差分的绝对值均小于一定阈值 D。如式（2-20）所示，x_t 为第 t 个采样点的光伏出力功率。此处 D 取 0.05p.u.。

$$\max\{|(x_{t+2}-x_{t+1})-(x_{t+1}-x_t)|\}<D \qquad (2-20)$$

第二步：典型日理想出力曲线的归一化。由于每日光伏出力峰值受大气衰减影响，且日出日落时间均有不同，为提取理想出力曲线的形状，将每日有出力部分的功率范围和时间范围归一化，即每一时刻光伏功率值除以全天最大出力值 $\max\{Z_i(t)\}$，出力时刻按当日日间时长 $T_{i,day}$ 进行压缩，如式（2-21）所示，式中 $Z_i(t)$ 表示第 i 天第 t 个出力点的功率值，$Z_i^*(t^*)$ 表示归一化后的功率值，式中 $t^*=t/T_{i.day}$，定义域为 $[0,1]$。

$$Z_i^*(t^*)\triangleq\frac{Z_i(t)}{\max\{Z_i(t)\}} \qquad (2-21)$$

第三步：典型日理想出力曲线的解析化。通过快速傅里叶变换（Fast Fourier Transform，FFT），保留前五次谐波，实现解析化。从而得到典型日对应的理想出力归一化曲线方程。

2）幅值参数序列。理想出力归一化曲线 $S_{i,Ideal}(t)$ 描述了每日无云层扰动时光伏出力曲线的形状，其幅值取值范围是 $[0,1]$。而实际中每日光伏出力峰值还取决于大气上界太阳辐射峰值以及受当日总体天气条件影响的大气衰减状况，本文提出采用幅值参数 k_i 予以表征。幅值参数的计算采用最小二乘拟合法，如式（2-22）所示，式中 N 代表全天光伏数据采样点数。幅值参数越大说明大气衰减越小、当日可用太阳辐射量越大，图 2-4 展示了根据某光伏电站实测数据计算出的幅值参数序列，直观上来看，该序列较为杂乱无章，大体上都是围绕某一均值附近波动，总体处于额定装机 60%～80% 的范围内。各光伏电站幅值参数序列示意图如图 2-5 所示。

$$\min_k\left\{\sum_{t=1}^N[P_i(t)-k_iS_{i,Ideal}(t)]^2\right\} \qquad (2-22)$$

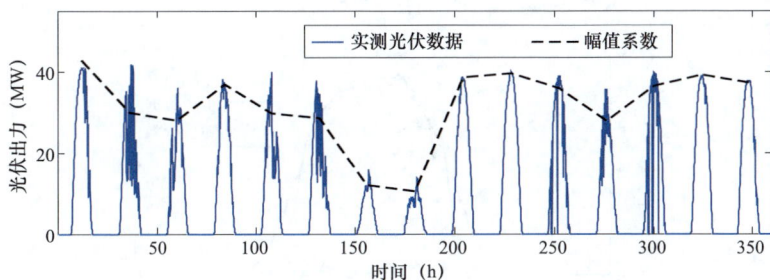

图 2-4 光伏出力实测数据与幅值参数示意图

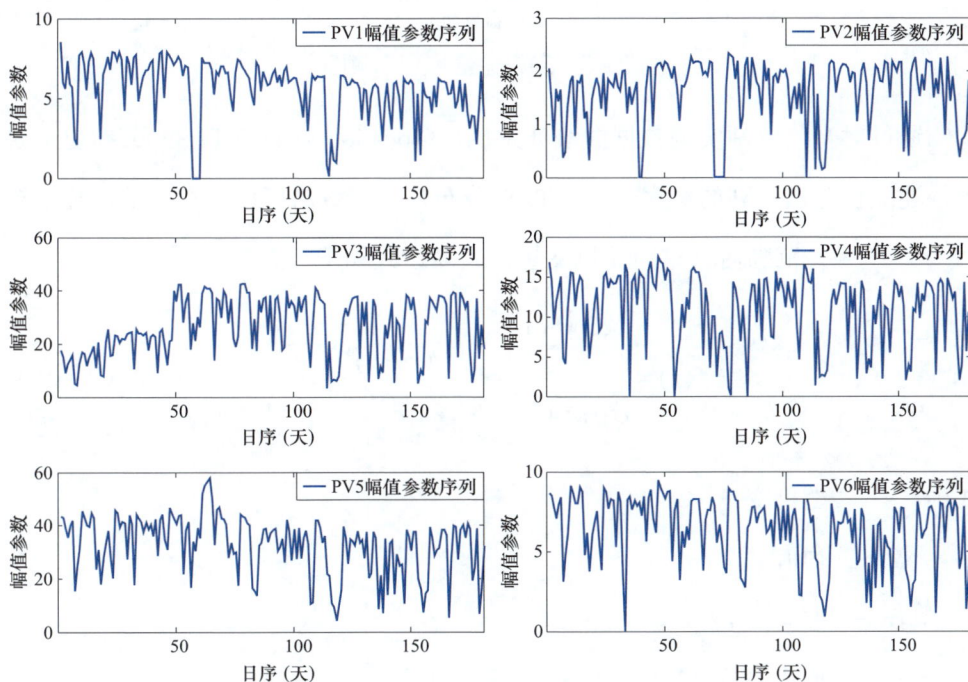

图 2-5 各光伏电站幅值参数序列示意图

3）随机分量。光伏出力的随机性主要来源于云层扰动，云团对电站区域的遮蔽将导致光伏出力下降，而云团的暂时消散或远离则导致光伏出力上升，这种扰动通常表现为分钟级到小时级的光伏出力变化。随机分量序列的表达式如式（2-23）所示，是由实测光伏出力序列减去当天理想出力归一化曲线经过幅值参数拉伸后的序列所得，如图 2-6 所示。

$$P_{i,Random}(t) = P_i(t) - k_i S_{i,Regular}(t) \qquad (2-23)$$

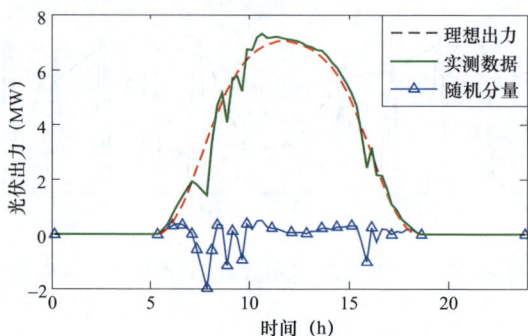

图 2-6　随机分量序列示意图

通过对光伏电站实测数据的统计发现，t-location scale（TLS）分布更适合于描述随机分量序列的概率分布。TLS 分布是三参数的概率分布函数，描述在（-∞，+∞）范围内分布的随机变量。其表达式如下

$$f(x) = \frac{\Gamma\left(\dfrac{\nu+1}{2}\right)}{\sigma\sqrt{\pi\nu}\,\Gamma\left(\dfrac{\nu}{2}\right)}\left(1+\frac{(x-\mu)^2}{\nu\sigma^2}\right)^{-\left(\frac{\nu+1}{2}\right)} \qquad (2-24)$$

式中　x——随机变量；

　　　μ——均值；

　　　σ——方差；

　　　ν——形状参数。

2.2.3　负荷需求特性分析

本节提出了一个结合气象因素和时空分布特性的光伏发电资源特性分析方法。

（1）气象因素特性。气象因素与空调负荷、农业灌溉负荷有关，因此气象因素是影响负荷特性的重要因素，其影响主要表现为负荷的突然变化和季节性

变化等。气象因素包含的影响因素较多，有温度、湿度、风速、气压、降雨量、日照情况等。温度是对负荷特性影响最大的气象因素，它直接影响空调负荷的变化。随着经济发展迅速，生活水平逐步提离，人们使用空调的数量不断增加，湿度对负荷特性的影响越来越大。同时天气状况中温度、湿度、风速、气压、降雨量、日照情况等都对负荷产生不同程度的影响。电力负荷特性的变化常常是各种气象因素的综合作用的影响结果。另外，气象因素对电力负荷特性的影响还表现在具有明显的季节性特点。春、秋季节天气状况比较温和、温度适宜，人们的工作和生活大多不需要采暖负荷和降温负荷，因此天气对春、秋两季的负荷影响程度较低。夏、冬季天气状况较其他两季略极端，较热或较冷，天气的变化造成降温负荷和取暖负荷的大幅度增加或减少，因此夏、冬两季的负荷特性受气温因素的影响较大，季节性特征较明显。因此，若不考虑经济发展因素仅考虑气象因素的影响，通常夏、冬两季的负荷高于春、秋两季的负荷，而且受各类用电负荷的季节性变化的影响，夏季的用电负荷通常高于冬季的用电负荷。为了得出电力负荷受气象因素影响的变化发展规律，做好电力负荷预测，保证电力供需平衡，必须在分析电力负荷特性变化特点的基础上，结合季节性气候变化的特征，定量分析负荷特性与各种气象因素之间的关系。

（2）时间分布特性。时间的周期性变化、季节性变化、节假日等各种时间因素对负荷特性也产生较大的影响，使得负荷曲线在不同的时间范围内呈现出不同的特征。周期性变化是指在一定的时间周期内，负荷的变化具有重复性，可分为年周期性、周周期性、日周期性。年周期性是指年为周期体现出的负荷变化发展规律，主要体现在其季节性变化特点。季节性变化对负荷特性的影响往往与气象因素密切相关，即春、秋季节的负荷季节性变化不明显，夏、冬季节的负荷季节性变化较大，具体分析如气象因素影响中所述。周周期性是指一周七天为周期体现出的负荷变化发展规律，主要体现在工作日和周末日期两种日期类型的负荷变化特点。周周期性往往与人们的日常生产生活习惯密切相关，工作日期间，负荷主要由工作日稳定运作的工业负荷构成，因此负荷在工作日期间具有相似性变化；周末期间，负荷中的居民生活用电和商业等服务性行业所占总负荷的比重明显上升，工业负荷所占比重相对减少，因此负荷在周末期间具有相似性变化且较工作日类型低。日周期性是指一天二十四小时为周期体现出的负荷变化发展规律，主要体现在负荷特性随时间的日周期性变化而变化。可将每日二十四小时的负荷分为峰荷、谷荷、腰荷三个时间段的负荷，由于这三个时间段负荷的组成不同，因此其变化规律也不同。负荷高峰期对应的时间一般是在白天，负荷通常由大部分工业负荷、商业负荷等产业负荷及居民用电负荷构成，体现出多样性，相较其他时间段，其总体负荷的幅值也明显更高；谷荷期对应的时间一般是在晚上，负荷通常由小部分工商业负荷及一些必须运行的不间断的负荷构成，是负荷的基础部分，其总体负荷的幅值也明显低于其他时段的负荷；腰荷期的负荷变化往往处于峰谷期的过渡过程，负荷的组成正发生变化，因此这个阶段的负荷往往处于上升或者下降状态。

（3）空间分布特性。

1）第一产业用电负荷。这类负荷主要是农、林、牧、渔等第一产业用于生产劳动时所消耗的用电负荷。一方面，这类负荷易因季节、气象等自然因素的变化而变化剧烈，如气温的降低和降水可能引起农业的灌溉负荷骤降；另一方面，由于地域气候差异，相同的气候变化可能会导致不同地理位置的第一产业用电负荷呈现不同的变化趋势，如降雨量的增长可能引起北方干旱地区的农业负荷骤降和南方多雨地区的排涝负荷的剧增。然而由于如今第一产业用电负荷在总行业负荷的占比逐渐降低，其对地区整体负荷特性的影响也逐渐减弱。

2）第二产业用电负荷。这类负荷主要是指工业用电负荷，即工厂、企业用于生产的用电负荷。这类负荷在一年的时间范围内均较稳定，受到季节和气候等自然因素的影响较小，然而受周周期性和节假日因素的影响较大，且其在每日二十四小时运行的不同时间段可能对应不同的运行状态，这是引起峰荷、谷荷等特点的日周期性的重要因素。根据全社会用电负荷结构可知，这部分负荷消耗比重非常大且平稳增长。

3）第三产业用电负荷。这类负荷包括商业用电负荷及其他行业的用电负荷，即从事商业经营或围绕商业的其他一些服务行业提供照明、动力、通风和空调等用电负荷。它受到季节、气候等自然因素和节假日因素的影响均较大，同时它主要影响电为负荷的高峰时段和节假日负荷，日负荷晚高峰期商业负荷的影响比较大，节假日中其他用电负荷较低而商业负荷正处于最高用电阶段。这类负荷消耗占比虽然并不大，但是它随国民经济水平增长而平稳增长。

4）城乡居民用电负荷。这类负荷包括城乡居民的家用电负荷，主要包括了空调、电冰箱、彩电、厨卫电器等家用电器用电负荷。它同样受到季节、气候等自然因素和节假日因素的影响很大，且直接影响日负荷峰值的季节性变化。随国民经济水平和人们生活水平的提高，这类负荷在系统总负荷的占比逐步提高，且呈现出逐年增长及明显的季节波动特点。

2.3　源荷匹配时序特性的多时间尺度风-光-荷场景生成方法

2.3.1　风电场景生成方法

本节采用考虑风电功率持续时间特性及波动特性的 MCMC-DTF 法

（MCMC method with duration time and fluctuation characteristics considered，MCMC‐DTF）来进行风电出力时间序列生成，该方法在传统 MCMC 法的基础之上，考虑了风电功率在各状态下的持续时间分布特性，采取先确定状态，后给定时间的策略。该方法既可以使生成风电功率序列在保留原始数据的统计特性如均值、标准差、概率密度函数、自相关系数的同时还能保留时间特性如持续时间分布特性、状态转移特性、波动特性，生成序列可以较为真实地反映风电的出力情况。

该方法主要包括生成状态改变矩阵、基于 MCMC 法生成风电功率状态序列、利用持续时间分布特性确定各状态持续时间、叠加波动分量四个步骤，具体表述如下。

（1）状态改变矩阵的生成。传统 MCMC 法之所以容易出现陷入某状态难以跳转的情况，是由于其状态转移矩阵对角线上元素远大于非对角线元素，在利用蒙特卡洛法生成风电功率时，会导致始终保持原状态不变的情况。为解决该问题，可以考虑将传统 MCMC 法与风电功率持续时间特性相结合。利用马尔科夫链决定状态的跳变，状态的长度由持续时间的分布特性确定。为此，需首先生成状态改变矩阵，如图 2-7 所示。

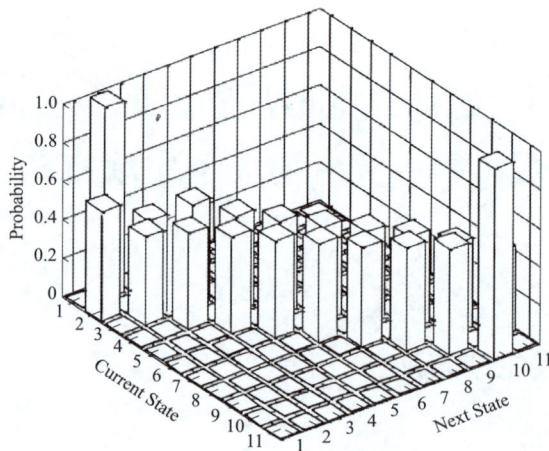

图 2-7　风电状态改变矩阵

为了实现状态的改变，可以将状态转移矩阵的对角线元素全部置零（即，使状态保持本身不变的概率变为零），然后求出其余每个元素占该行所有元素之和的比例作为新的概率值。

（2）基于 MCMC 法生成风电功率状态序列。在前文状态改变矩阵的基础之上，累积状态变换概率矩阵 P_{cum} 的计算方法如下

$$p_{cum,mn}=\begin{cases} 0 & n=1 \\ \sum_{j<n} p_{mj} & 1<n\leqslant N+1 \end{cases} \quad (2-25)$$

从式（2-25）不难看出，如果 P_r 的维数为 $N\times N$，则 P_{cum} 的维数为 $N\times(N+1)$。累积状态变换概率矩阵的第一列均为零，从第二列开始，每个元素 $p_{cum,mn}$（m 行 n 列）的取值为矩阵 P_r 中对应的第 m 行、列号小于 n 的元素之和。

计算得到累积状态变换概率矩阵 P_{cum} 后，便可采用蒙特卡洛法生成风电功率时间序列，步骤如下：

第一步：当前风电功率处于状态 m；

第二步：生成一个 $[0,1]$ 均匀分布的随机数 u；

第三步：将 u 与 P_{cum} 的第 m 行元素（元素行号与当前风功率所处状态号相同）进行比较，如果满足关系式 $p_{cum,mn}<u<p_{cum,m(n+1)}$，则下一个状态取为 n；

第四步：如果生成的风电功率时间序列已经满足长度要求，则停止，反之，当前状态变为 n，返回第二步继续。

按照上述方法，首先将状态改变矩阵变换成累积状态变换概率矩阵，如图 2-8 所示；假设初始状态为 s，利用蒙特卡洛法生成一系列的离散状态，便形成了风电功率状态序列。不难看出，由于将状态转移矩阵的对角线元素置零，导致累积状态变换矩阵中相关的两个斜列上元素相等。在利用蒙特卡洛法生成风功率时间状态时，不会有随机数落在两个相等的数值之间，因此保证了风电

功率状态保持不变的情况不会发生。也就是说，此时生成的风电功率状态序列中，相邻状态互异。

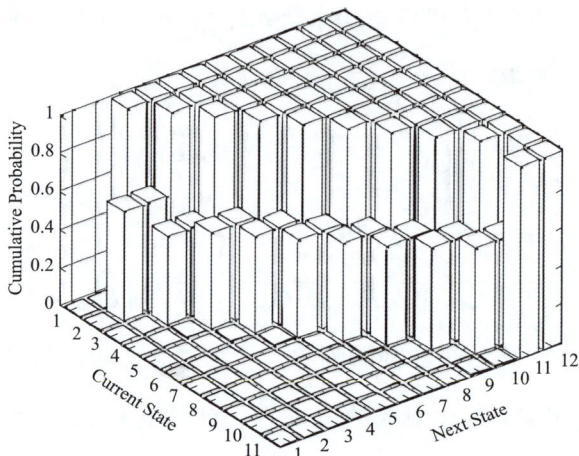

图 2-8　累积状态变换概率矩阵

（3）利用持续时间分布特性确定各状态持续时间。上一步中生成的风电功率状态序列只给出了风电功率在各状态之间的跳变情况。在这一步中，需要根据前述的各状态风电功率持续时间特性来确定每个状态的持续时间。

首先，按照拟合的逆高斯分布，生成各状态持续时间的随机变量集；对（2）中生成的风电功率状态序列进行遍历，若当前状态为 m，则在状态 m 的持续时间变量集中随机抽取一个元素 x，并定为 m 的长度；若已生成的时间序列长度 $\sum x_i$ 大于或等于要求生成的风电功率时间序列长度 l，则仿真结束。

前述的 MCMC 法均以风电功率状态作为风电功率的生成单位，因此生成风电功率的效果与状态数的选取息息相关。从仿真结果不难看出，与风电功率的原始数据相差较大。这种现象的产生，主要是因为在利用 MCMC 法生成风功率状态的时间序列后，风电功率的具体值是在各状态所代表的功率范围内，按照均匀分布随机产生的。所以原始风功率中，相邻点之间的变化规律在生成的风电功率时间序列中没有得以体现。而风电功率的波动特性即是描述这种关系的特性，在传统 MCMC 法中加入对这部分的考虑，将会提高该法的效果。

（4）叠加波动分量。由前文分析工作可知，风功率波动值（这里选用某固定时间间隔的两风功率值之差来定义）满足 t-location scale 分布。根据这一特点，在基础离散序列上叠加满足特定参数 t-location scale 分布的随机变量即可。因此，需要首先生成满足特定参数的 t-location scale 分布的随机变量。拟生成的风功率时间序列中的波动分量即从这部分随机变量中产生。

按照前文对风功率波动量的定义，生成的波动分量并不能直接叠加在离散状态点上，而是要根据前一个风功率值来确定下一个时刻的风功率值。因此，算法如下：

第一步：假设当前风功率值为 $x_w(i)$，所属状态为 $x(i)$，下一个状态为 $x(i+1)$，每个状态代表的风功率范围为 CF；

第二步：下一个风功率取值范围为 $[x(i)-1] \times CF, x(i) \times CF$，对应的波动值的取值范围为 $[x(i)-1] \times CF - x_w(i), x(i) \times CF - x_w(i)$；

第三步：根据确定的取值范围，在生成的波动分量中随机产生波动值，并叠加到当前风功率值 $x_w(i)$ 上，得到 $x_w(i+1)$；

第四步：重复上面的过程，直到生成的风功率时间序列长度满足要求为止。

根据上述步骤，即可生成多条保留原始数据的统计特性如均值、标准差、概率密度函数、自相关系数的同时还能保留时间特性如持续时间分布特性、状态转移特性、波动特性的风电功率时间序列，以更合理地描述风电的不确定性。

2.3.2　光伏场景生成方法

光伏出力时间序列生成指的是基于一定长度的光伏出力实测数据，建立适当的数学模型，使得能够无限生成新的光伏出力序列，并使其能够很好地继承原始序列的各项统计特性。常用的随机序列生成数学模型有马尔科夫链－蒙特卡洛法（Markov Chain Monte Carlo，MCMC）、支持向量机（Support Vector Machine，SVM）和自回归滑动平均（Auto－Regressive Moving Average，ARMA）模型等。MCMC 法基于随机序列的状态转移矩阵进行抽样生成，并可推广到高阶多元 MCMC 模型，其优点是模型简单有效，但是随着模型阶数和序列个数的增加，其状态转移矩阵规模呈指数增长，并且在序列的相关性方面考虑较少；SVM 模型在解决小样本、非线性及高维模式识别中表现出许多特有的优势，多用于短期光伏出力预测中，长时间尺度的统计序列生成使用较少；ARMA 模型是一种线性模型，可根据实际序列推广为考虑多序列的向量自回归（Vector Auto－Regressive，VAR）模型和平稳化的差分 ARMA（Auto－Regressive Integrated Moving Average，ARIMA）模型等，由于该模型在描述序列相关性上的优势，被广泛用于金融、气象等领域。

（1）理想出力曲线生成方法。为了生成任意长度的光伏序列，需要获得一个年周期中所有日序的理想出力归一化曲线。通过上文介绍的基于实测数据的提取方法，可以获得所有典型日的理想出力归一化曲线，下文将介绍非典型日的理想出力归一化曲线生成方法。

利用前一节中提取的典型日理想出力归一化曲线，采用线性插值的方法可以计算出非典型日的曲线，如式（2－26）所示，i 表示某一非典型日，m、n 为前后距离第 i 日最近的两个典型日，$Z^*(t^*)$ 是第 t 日的理想出力归一化曲线（考虑光伏出力统计特性的年周期性,典型日的位置按年循环)。通过该方法可获得全年每日的理想出力归一化曲线。

$$Z_i^*(t^*) = \frac{i-m}{m-n} Z_n^*(t^*) + \frac{n-i}{m-n} Z_m^*(t^*) \qquad (2-26)$$

下面将曲线的横坐标范围还原为实时光伏出力时间范围。基于太阳能物理学中的日地运动模型,给定光伏电站所处经纬度,可以计算出每日的日出日落时刻及日间时长 $T_{i,day}$。据此,对理想出力归一化曲线 $Z_i^*(t^*)$ 的横坐标做拉伸反变换,得到实时理想出力归一化曲线 $Z_{Real,i}(t)$,如下

$$Z_{Real,i}(t) \triangleq Z_i^*(t^* T_{i,day}) \qquad (2-27)$$

实测数据与生成的实时理想出力归一化曲线对比如图 2-9 所示。

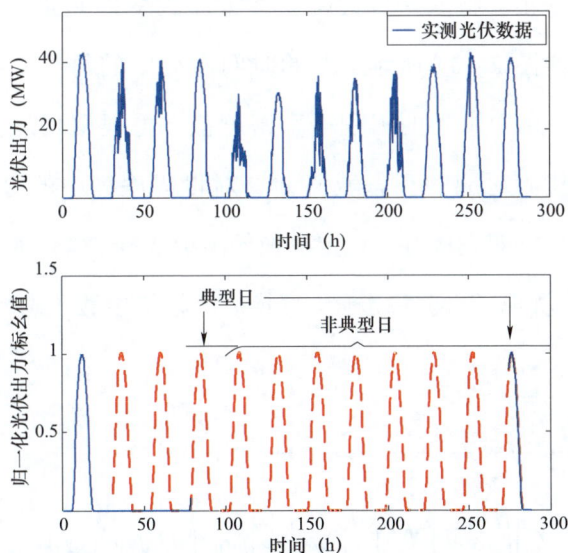

图 2-9 生成的实时理想出力归一化曲线

(2)基于向量自回归(VAR)的幅值参数序列生成方法。自回归模型(Auto-Regressive,AR)是一种线性模型,由美国统计学家 George Box 和英国统计学家、系统工程学家 Gwilym Jenkins 共同提出建立的,因此也称为 B-J 模

型。该模型特点在于能够充分考虑样本序列的分布和自相关。

幅值参数序列示意图如图 2-10 所示，经自相关和偏自相关检验，该序列属于平稳序列。但是该序列存在一个明显的特征，即其值大多分布于 6~8 之间，且在该范围内波动不大，而少数不在该区间内的值，其波动范围又较大。这一特征对应于统计学中的性质是方差不平稳性，对方差不平稳的序列进行随机建模，可能会带来较大的误差。因此，在进行随机过程建模之前，先要对该序列进行方差稳定变换。

方差稳定变换（Variable Stabilizing Transformation，VST）指的是，寻找一个映射函数 f，将原始时间序列 x 映射成一个新的序列 $y=f(x)$，使得新序列 y 的方差是平稳的。本节采取的方法是将幅值参数的概率分布与正态分布的概率分布进行一一映射，将原始域的幅值参数序列变换到正态域中，以此达到平稳化的目的，如图 2-11 所示。原始时间序列中的每一个样本点 x 均存在唯一的且分布于 [0，1] 上的累积概率密度值，再根据正态分布的累计概率密度函数曲线，找到对应的正态域值 x^*。对世界序列中的每一个点进行该映射，得到新的序列 X^* 即完成方差稳定变换的映射 $X^*=f(X)$。变换后的正态域序列服从正态分布，实现了方差稳定化。变换后的幅值参数正态域序列如图 2-12 所示。

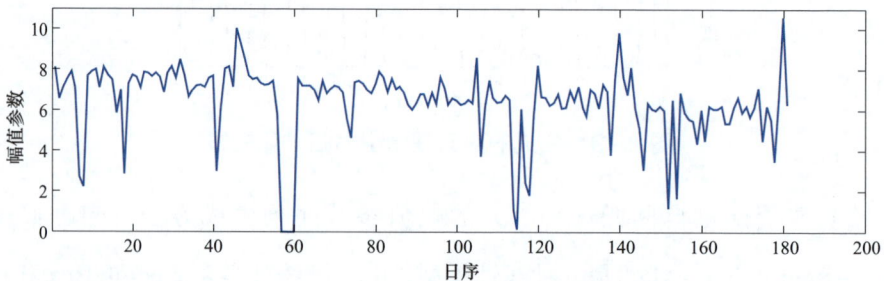

图 2-10　幅值参数序列示意图

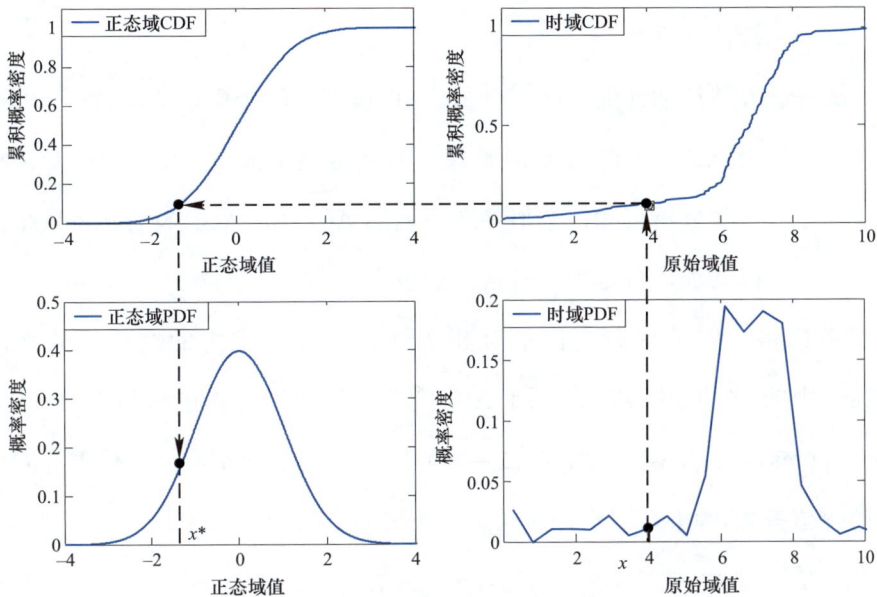

图 2-11 方差稳定变换示意图

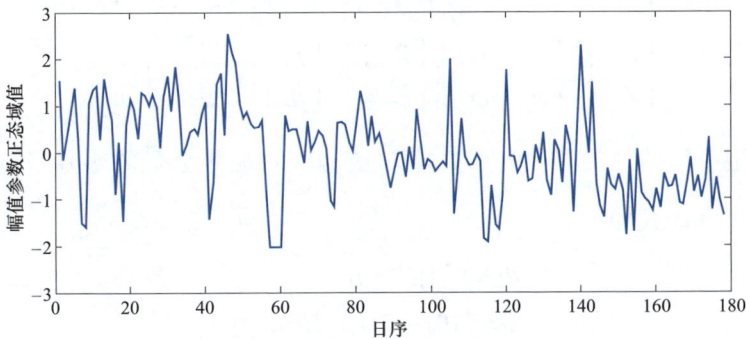

图 2-12 方差稳定变换后的幅值参数正态域序列

经过时间序列稳定性检验和方差稳定变换后，可以对幅值参数正态域序列进行模型建模。由上文分析可知，幅值参数序列的自相关函数拖尾而偏自相关函数截尾，因此可确定为自回归 AR 模型，其表达式如下

$$Z_t = \sum_{i=1}^{p} \varphi_i (Z_{t-i} - \mu) + a_t + \mu \qquad (2-28)$$

式中　Z_t——幅值参数序列第 t 日的值；

　　　Z_{t-i}——前 i 日的值；

φ_i——待估计系数；

a_t——方差待估计的白噪声分量。AR 模型适用于平稳随机过程，其要求为 ACF 拖尾，PACF 截尾，且其截尾阶数为 AR 模型阶数。根据上文分析可知，幅值参数序列的 ACF 和 PACF 符合 AR 模型的建模要求，可定为一阶自回归模型。

若考虑多个时间序列之间的互相关性，即光伏出力的空间相关性，式（2-28）中的 Z_t 扩展为向量，则 AR 模型将演变为向量自回归模型（Vector Auto-Regressive，VAR）。如式（2-29）所示，向量的不同分量代表不同光伏电站的幅值参数，通过矩阵 Φ 的联系反映它们之间的互相关系。

$$\vec{Z}_t = \sum_{i=1}^{p} \Phi_i (\vec{Z}_{t-i} - \vec{\mu}) + \vec{a}_t + \vec{\mu} \qquad (2-29)$$

对于考虑两个光伏电站的一阶 VAR 模型，式（2-29）可写成

$$\begin{bmatrix} Z_{1,t} \\ Z_{2,t} \end{bmatrix} = \begin{bmatrix} \varphi_{11} & \varphi_{12} \\ \varphi_{21} & \varphi_{22} \end{bmatrix} \left(\begin{bmatrix} Z_{1,t-1} \\ Z_{2,t-1} \end{bmatrix} - \begin{bmatrix} \mu_1 \\ \mu_2 \end{bmatrix} \right) + \begin{bmatrix} a_1 \\ a_2 \end{bmatrix} + \begin{bmatrix} \mu_1 \\ \mu_2 \end{bmatrix} \qquad (2-30)$$

该模型中待估计的参数为系数矩阵 Φ 以及白噪声分量的协方差矩阵 Σ。经推导可得其表达式如下

$$\begin{aligned} \Phi &= \Gamma'(1)\Gamma^{-1}(0) \\ \Sigma &= \Gamma(0) - \Gamma'(1)\Gamma^{-1}(0)\Gamma(1) \end{aligned} \qquad (2-31)$$

其中，$\Gamma(k)$ 为 k 阶滞后协方差矩阵，其表达式如下

$$\Gamma(k) = \begin{bmatrix} \gamma_{11}(k) & \gamma_{12}(k) & \cdots & \gamma_{m1}(k) \\ \gamma_{21}(k) & \gamma_{22}(k) & \cdots & \gamma_{m2}(k) \\ \vdots & \vdots & \ddots & \vdots \\ \gamma_{m1}(k) & \gamma_{2m}(k) & \cdots & \gamma_{mm}(k) \end{bmatrix} \qquad (2-32)$$

其中 $\gamma_{ij}(k)$ 为

$$\gamma_{ij} = E(Z_{i,t} - \mu_i)(Z_{j,t+k} - \mu_j) \qquad (2-33)$$

基于向量自回归模型，对多个光伏电站的幅值参数序列进行建模生成，生

成结果的 ACF 对比如图 2-13 所示，均有 3 阶拖尾特性；生成前后电站 5 和电站 6 的幅值参数序列如图 2-14 所示。可以看出，基于 VAR 的生成模型可以很有效地保留原序列的时间相关性和空间相关性。

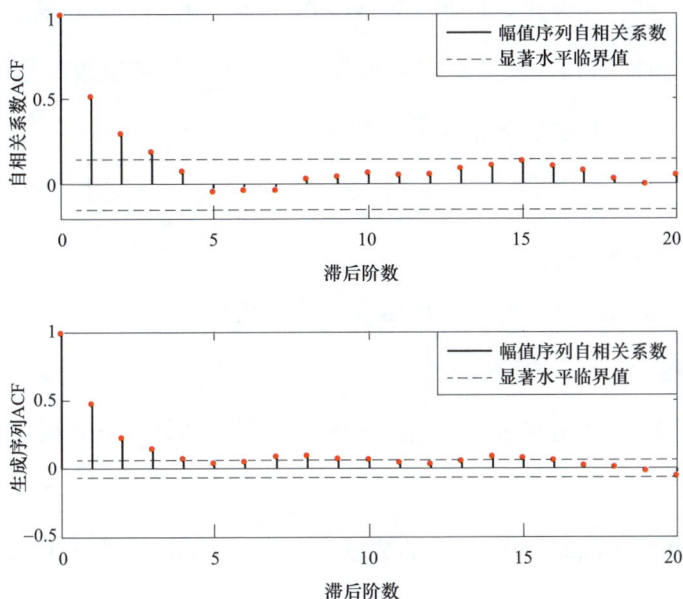

图 2-13　生成幅值参数序列 ACF 对比

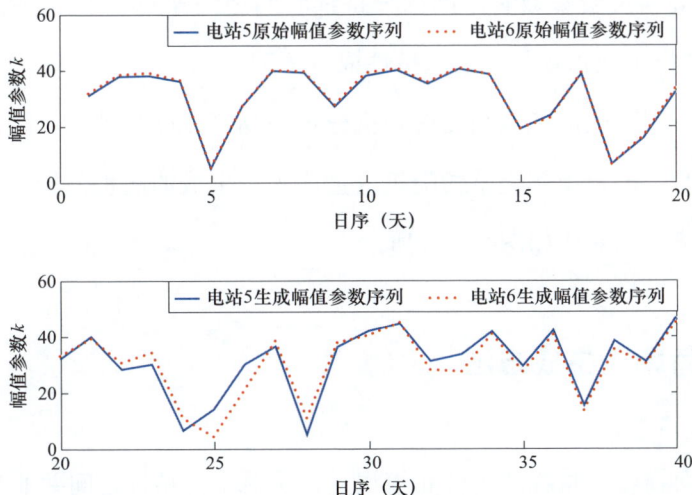

图 2-14　生成幅值参数序列对比

41

（3）随机分量生成。对于任意随机变量 x，其累积分布函数为 F，由于 F 是一个单调非减函数，且值域为 ［0，1］，因此，该累积分布函数的逆函数 F^{-1} 是定义在 ［0，1］ 上的函数。可以证明，任意分布 x 对应的累积分布函数 $F(x)$ 是服从均匀分布的，因此，可通过产生 ［0，1］ 上的均匀分布随机数，然后进行逆函数变换，即可得到服从给定累积分布函数 $F(x)$ 的随机数，因此，服从 TLS 分布的随机分量可通过以下流程进行抽样生成：

第一步：随机生成 ［0，1］ 上均匀分布的变量 u。本文中采用 MATLAB 自带生成随机数的函数。

第二步：根据给出的概率密度函数，积分得到对应的累积分布函数，并找到累积分布函数值为 u 的对应样本点 x，即 $x = F^{-1}(u)$。

第三步：通过上述方法反复抽样，即可得到服从累积分布函数 F 分布的随机数序列 X。

此处采用上述随机抽样生成的方法对随机分量部分进行生成。根据从实测数据分离出来的随机分量，分别统计其概率分布 TLS 拟合参数、平缓部分持续时间逆高斯拟合参数和波动部分持续时间逆高斯拟合参数。依照流程（见图 2-15）抽样生成指定长度的随机性成分序列。

依上述流程可生成任意长度的随机分量序列，在此基础上，将日出前和日落后用零代替，即可得到完整的随机分量序列。生成的随机分量序列和原始数据的随机分量序列对比如图 2-16 所示。

2.3.3 负荷场景生成方法

（1）日负荷特性指标联合分布模型。日负荷特性指标之间并非是完全独立

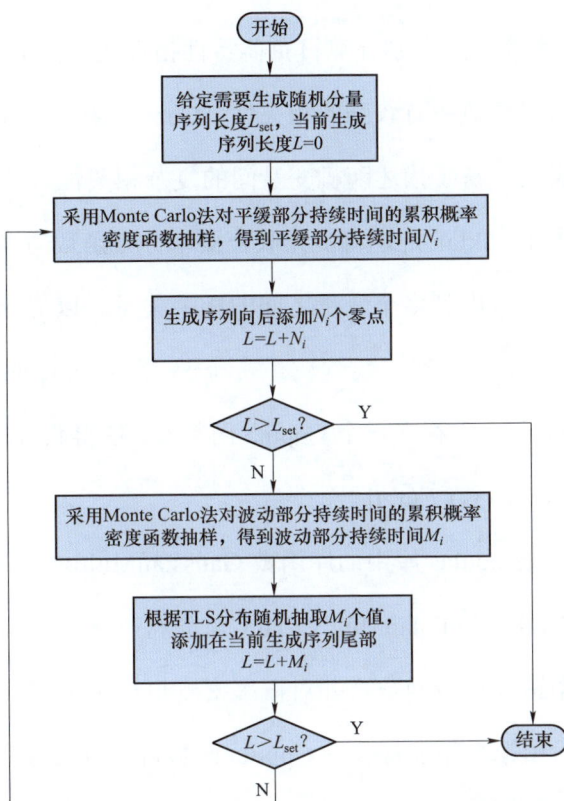

图 2-15 随机性成分生成流程框图

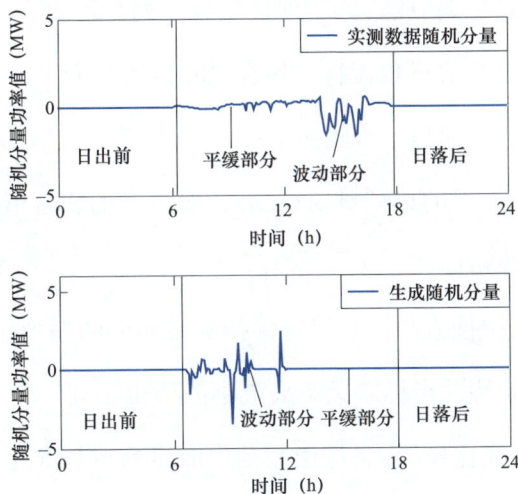

图 2-16 随机性成分生成结果对比

的，而是具有一定相关性。分别计算日负荷特性指标之间的 Pearson 系数，可以发现日峰谷差率与日负荷率有较强的相关性。Copula 函数将随机变量的边缘分布与相关性分开表达，易于描述随机变量间的复杂相关性。

Copula 函数根据 Sklar 定理将多元联合概率分布函数与多个变量的边缘分布函数连接起来，并考虑到多个变量之间的相关关系。以三元联合概率分布函数为例，根据 Sklar 定理，若已知三个变量 x_1, x_2, x_3 的边缘分布函数 $F(x_1), F(x_2), F(x_3)$，则一定存在一个 Copula 函数 C，使得联合概率分布函数 G：$G(x_1, x_2, x_3) = C[F(x_1), F(x_2), F(x_3)]$。

本节通过 Pythoncopulas 库中的库函数 GaussianMultivariate，分别输入不同类的日负荷特性矩阵，GaussianMultivariate 首先将三种特性指标分别进行拟合并确定最佳的概率密度拟合函数，并对概率密度拟合函数进行积分，分别得到其边缘分布函数后用拟合精度最佳的 Copula 函数进行联合概率分布的建模，并通过三倍标准差原则进行随机取样得到新的日负荷特性指标。

（2）日负荷场景生成方法。为了保证生成序列与历史序列的变化趋势一致，在历史序列中抽取与新的日负荷特性指标最相近的日负荷序列作为基准序列，并建立日负荷序列优化模型。步骤如下：

1）随机生成第一天的典型日场景，并在对应类的联合概率分布模型中随机抽取新的日负荷特性指标。

2）在历史序列中搜索与日负荷特性指标最相近的序列作为基准序列，标准是与新生成的日负荷特性指标欧氏距离最小的历史序列。

3）建立日负荷优化模型，目标函数是生成序列与基准序列每时刻的误差平方和最小，即

$$F_{\min} = \sum_{t=1}^{T}[x(t)-l(t)]^2 \qquad (2-34)$$

式中　$x(t)$——每时刻的生成序列负荷值。

日负荷率约束，其作用是保证生成序列的日负荷率与随机取样的日负荷率相等

$$\frac{1}{T}\sum_{t=1}^{T}x(t)=\alpha\gamma \qquad (2-35)$$

日峰谷差约束，其作用是保证最小负荷出现的时刻与历史序列相同，且日最小负荷与随机抽取的指标一致

$$x(t_{\min})=(1-\beta)\gamma \qquad (2-36)$$

$$x(t) \geqslant x(t_{\min}) \qquad (2-37)$$

式中　$t_{\min}$——基准序列最小负荷值所对应的时刻。

日最大负荷约束，其作用是保证最大负荷出现的时刻与历史序列相同，且日最大负荷与随机抽取的指标一致

$$x(t_{\max})=\gamma \qquad (2-38)$$

$$x(t) \leqslant x(t_{\max}) \qquad (2-39)$$

式中　$t_{\max}$——基准序列最大负荷值所对应的时刻。

波动约束，其作用是保证生成序列的波动绝对值大于历史序列波动绝对值的最小值，防止平峰的出现

$$\Delta x(t)| \geqslant |\Delta l(t)|_{\min} \qquad (2-40)$$

4）调用 Python 库函数 minimize 求解日负荷优化模型，初值设为基准曲线的负荷值，求解得到每时刻的负荷值。

2.4 面向保供与消纳的典型场景集与 极端场景集构建方法

2.4.1 典型场景构建方法

场景缩减是用少量场景集合按照概率最大限度地替代原始场景集。根据风电、光伏和负荷的历史数据，对具有日内周期变化特性、日间相似特性和季节规律特性的风光荷采用周期内聚类缩减法，以 kmeans 聚类技术得到 k 个聚类中心作为风电和负荷场景集，然后进行场景融合形成系统典型场景集。

同步回代消除法是常用的场景削减技术之一，其步骤如下：

1）对每个场景 w_i，按下式计算与其距离最短的场景 w_j

$$D_{i,\min} = \min_{\substack{j \\ j \neq i, j=1,2,\cdots,S}} pro_j \cdot d(w_i, w_j) \qquad (2-41)$$

式中　pro_j——场景 w_j 的发生概率；

$d(w_i, w_j)$——场景 w_i 与 w_j 的欧氏距离。

2）根据下式确定要删除的场景 w_i

$$D_{\min} = \min_{i=1,2,\cdots,S} pro_i \cdot D_{i,\min} \qquad (2-42)$$

3）修改剩余场景数 $S=S-1$，为保证所有场景的概率之和为 1，将被删除场景的概率累加到与其距离最近的场景上。

4）重复上述步骤，直至剩余场景数达到期望的设定值 NS。

2.4.2 极端场景构建方法

为了基于风光荷历史数据构建极端场景集，需要对不确定性变量（风电、光伏和负荷曲线）集合进行建模。在现有的不确定集合建模中，常见的有盒式集合（Cubic Set）$\mathfrak{R}_C$ 与椭球型不确定集合（Ellipsoid set）$\mathfrak{R}_E$，其表达式如式（2−43）与式（2−44）所示

$$\boldsymbol{\omega} \in \mathfrak{R}_C = \left\{ \boldsymbol{\omega} \in \boldsymbol{R}^n \middle| \underline{\boldsymbol{\omega}} \leqslant \boldsymbol{\omega} \leqslant \bar{\boldsymbol{\omega}} \right\} \qquad (2-43)$$

$$\boldsymbol{\omega} \in \mathfrak{R}_E = \left\{ \boldsymbol{\omega} \in \boldsymbol{R}^n \middle| (\boldsymbol{\omega}-\boldsymbol{c})^T Q(\boldsymbol{\omega}-\boldsymbol{c}) \leqslant 1 \right\} \qquad (2-44)$$

其中 $\boldsymbol{\omega}$ 为不确定参数所代表的 n 维向量，即存在 n 个随机变量；式（2−43）为盒式集合的通用表达式，其中 $\underline{\boldsymbol{\omega}}/\bar{\boldsymbol{\omega}}$ 为 n 维随机变量的下界/上界，为已知参数；式（2−44）为椭球型不确定集合的通用表达式，该椭球为广义的 n 维椭球，其中矩阵 Q 为正定矩阵，代表高维椭球偏离坐标轴正方向的角度以及各个对称轴的长度，向量 $\boldsymbol{c}$ 代表高维椭球中心点的坐标，Q 与 $\boldsymbol{c}$ 均为已知量。以下将分别对两者进行分析。

由式（2−43）可以看出，盒式集合表达形式简洁，但没有考虑随机变量之间的相关性，如图 2−17 所示；由图可以看出，当采用盒式集合描述不确定参数时，盒式集合会额外地考虑一些不存在的场景（见图 2−17 中的空白处），进而导致不必要的保守性。图 2−18 为椭球不确定性集合示意图，相比于盒式集合其能考虑随机变量之间的相关性。

从时间相关性的角度来看，本节收集了河南省地区风电场的历史数据，针对单风电场时段间的相关性系数进行了计算，该相关性矩阵的色块图如图 2−19 所示。

□盒式集合对历史数据的包络边界 ●风电历史出力场景

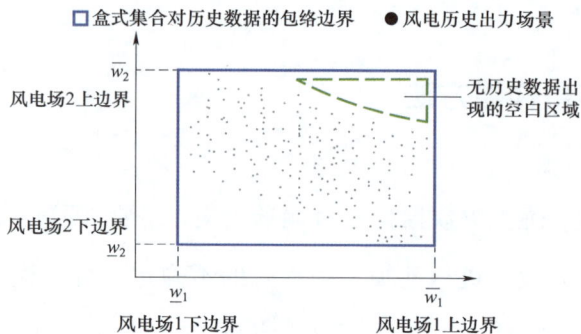

图 2-17　盒式不确定集合示意图

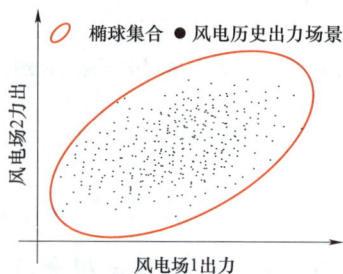

图 2-18　椭球不确定集合示意图

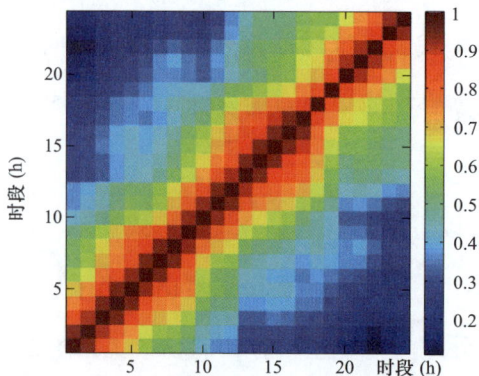

图 2-19　时间相关性矩阵色块图

从以上两图可以看出在多风电场的背景下，其发出有功功率的时间，空间相关性均是不可忽视的。若仍采用盒式集合描述不确定集合，会导致决策的保守性提高。而对于如式（2-44）的椭球，由相关文献可知，该式将相关性纳入到了考虑中。从空间相关性的角度来看，以单时段下两风电场出力为例（二维随机变量)，本节收集了河南省地区两风电场的出力数据，分别将两个随机变量的历史值绘于直角坐标中，如图 2-18 所示。但由于椭球集合的数学表达式为二次形式，可能会导致后续的优化难以进行求解。

基于以上分析，本节提出了一种数据驱动的鲁棒不确定集合建模方法，能够充分考虑随机变量之间的相关性，且采用了广义凸包的表示形式，该数据驱动的不确定集合 $\Re_P$ 数学表达式如下

$$\boldsymbol{\omega}\in\Re_P=\left\{\boldsymbol{\omega}\in\boldsymbol{R}^n\,\middle|\,\boldsymbol{\omega}=\sum_{i=1}^{N_e}p_i\boldsymbol{\omega}_{e,i},\sum_{i=1}^{N_e}p_i=1,p_i\geqslant0\right\}\quad(2-45)$$

其中，$\boldsymbol{\omega}_{e,1},\cdots,\boldsymbol{\omega}_{e,N_e}$ 为从历史数据场景中所提取的代表性场景，在此处中将其定义为极限场景（Extreme Scenario）。$\Re_P$ 建模过程如下：

1）新能源场站历史出力数据的收集与整理。将所收集到的历史数据组成列向量的形式，记一组历史数据为一个历史场景（Historical Scenario），在后续章节会具体展开。所收集到的历史场景记为 $\boldsymbol{\omega}_{h,1},\cdots,\boldsymbol{\omega}_{h,N_h}$，其中 N_h 为所收集到的历史场景的个数。

2）基于历史数据的高维椭球集合构建。假定有以下前提条件：当收集到的历史数据数量足够多时，历史出力数据对所关注时段的出力数据具有代表性，即若存在某一封闭集合能够将历史出力场景完全涵盖，则所关注时段的出力数据也处于该封闭集合中。本节借助了一种高维的闭包椭球算法，首先求解一个高维的椭球来包围所有的历史场景，所得到的椭球的形式如式（2-44）所示，求解该高维椭球参数 Q 与 c 等价求解下述优化

$$\begin{aligned}&\min\rho_n\det Q^{-\frac{1}{2}}\\s.t.\quad&(\boldsymbol{\omega}_{h,1}-\boldsymbol{c})^TQ(\boldsymbol{\omega}_{h,1}-\boldsymbol{c})\leqslant1\\&(\boldsymbol{\omega}_{h,2}-\boldsymbol{c})^TQ(\boldsymbol{\omega}_{h,2}-\boldsymbol{c})\leqslant1\\&\cdots\end{aligned}\quad(2-46)$$

其中 ρ_n 为常数，代表 n 维的单位球体的体积，$\omega_{h,1}, \omega_{h,2} \ldots$ 为步骤 1）中所收集到的历史数据。对于优化（2-46）的形式，该优化为凸优化的形式，可以在多项式时间内快速求解。

3）初始数据驱动的不确定集合构建。由于在鲁棒优化中需要进行鲁棒对等转换，式（2-44）中的二次形式会导致原模型在对等转换后模型的数学性质发生变化；若能在式（2-44）的基础上构造一个多面体集合对不确定集合进行描述，则对等转换过程就不会改变原模型的数学性质。但这个多面体需要满足两个条件：① 可以用数学表达式简单描述；② 考虑计算时间需求，顶点数目不宜过多。因此，在本节中通过选取式（2-44）所描述的高维椭球的 $2n$ 个顶点所围成的凸集作为初始的不确定集合。确定顶点坐标的方法如下：

首先对正定矩阵 Q 进行正交化分解

$$Q = P^T D P = P^{-1} D P$$

式中　D ——对角线矩阵，且对角线上的值均为正数，记 $D = diag(\lambda_1, \cdots, \lambda_{N_wT})$；

　　　P ——变换矩阵。为得到高维椭球对应的顶点，将该椭球旋转平移，使其对称轴与坐标轴重合，该平移旋转变化方程为

$$\boldsymbol{\omega}' = P \times (\boldsymbol{\omega} - \boldsymbol{c}) \tag{2-47}$$

式中　$\boldsymbol{\omega}'$ ——随机变量 ω 在旋转后的坐标下的坐标值，旋转后得到的高维椭球 E' 的数学表达式为

$$E'(D) = \{\boldsymbol{\omega}' \in \boldsymbol{R}^n \mid \boldsymbol{\omega}'^T D \boldsymbol{\omega}' \leqslant 1\} \tag{2-48}$$

由于矩阵 D 为对角线矩阵，因此高维椭球 E' 的顶点坐标为

$$[\boldsymbol{\omega}'_{v,1}, \cdots, \boldsymbol{\omega}'_{v,N_e}] = \pm diag\left(\frac{1}{\sqrt{\lambda_1}}, \ldots, \frac{1}{\sqrt{\lambda_n}}\right) \tag{2-49}$$

其中，$\boldsymbol{\omega}'_{v,i}$ 为高维椭球 E' 第 i 个顶点的坐标值，N_e 为顶点的个数，即

$N_e = 2n$。采用式（2–47）的逆变换，式（2–50）即可得到原高维椭球 E 的顶点方程，最终由高维椭球 E 顶点所围成的多面体方程如下

$$\boldsymbol{\omega} = \boldsymbol{c} + P^{-1}\boldsymbol{\omega}' \qquad (2-50)$$

$$\Re_{p'} = \left\{ \boldsymbol{\omega} \in \boldsymbol{R}^n \middle| \boldsymbol{\omega} = \sum_{i=1}^{N_e} p_i \left(\boldsymbol{c} + P^{-1}\boldsymbol{\omega}_{v,i} \right), \sum_{i=1}^{N_e} p_i = 1, p_i \geqslant 0 \right\} \qquad (2-51)$$

图 2–20 展示了二维空间下上述变换的过程。

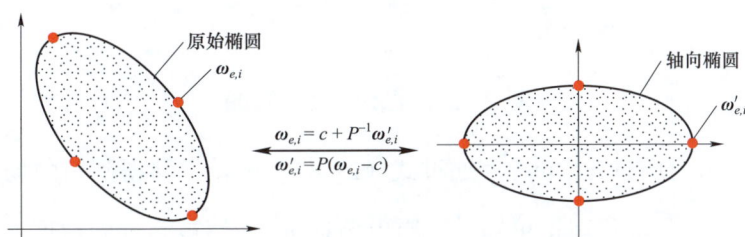

图 2–20　二维空间下原始椭圆与轴向椭圆变换关系

4）初始凸包的修正与极限场景的提取。由于所选取的高维椭球的顶点所围成的多面体不足以涵盖所有的历史场景，因此需要引入放大倍数对该多面体凸包进行放缩，如图 2–21 所示。修正后的轴向椭球顶点坐标可表示为式（2–52）的形式

$$[k^*\boldsymbol{\omega}'_{v,1} \quad \cdots \quad k^*\boldsymbol{\omega}'_{v,N_e}] = \pm diag\left(\frac{k^*}{\sqrt{\lambda_1}}, \cdots, \frac{k^*}{\sqrt{\lambda_n}} \right) \qquad (2-52)$$

假设最终得到的不确定集合如下

$$\Re_p = \left\{ \boldsymbol{\omega} \in \boldsymbol{R}^n \middle| \boldsymbol{\omega} = \sum_{i=1}^{N_e} p_i \cdot \boldsymbol{\omega}_{e,i}, \sum_{i=1}^{N_e} p_i = 1, p_i \geqslant 0 \right\} \qquad (2-53)$$

其中 $\boldsymbol{\omega}_{e,i}$ 为经凸包放缩后得到的极限场景，结合式（2–50）与式（2–52）可得其与高维椭球 E' 的顶点 $\boldsymbol{\omega}'_{v,i}$ 存在关系如式（2–54）所示

$$\boldsymbol{\omega}_{e,i} = \boldsymbol{c} + k^* P^{-1}\boldsymbol{\omega}'_{v,i} \qquad (2-54)$$

其中 k^* 即为凸包放缩中的放大倍数，其确定方法如下所述。

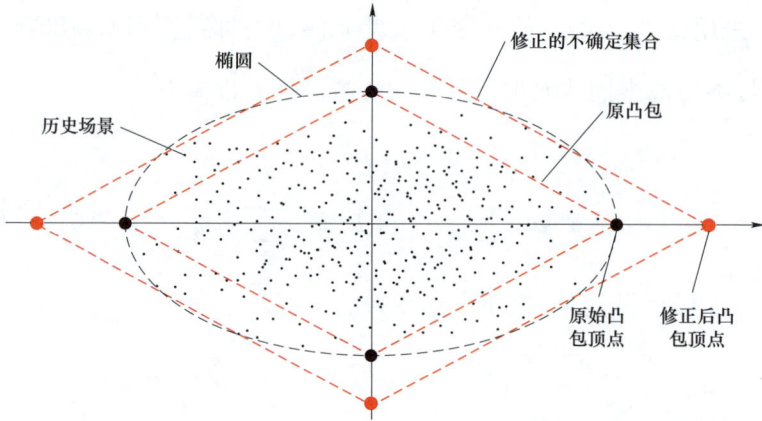

图 2-21　凸包修正示意图

首先将历史场景 $\boldsymbol{\omega}_{h,1}, \boldsymbol{\omega}_{h,2} \cdots$ 通过式（2-47）旋转平移得到新的场景，记为 $\boldsymbol{\omega}'_{h,1}, \boldsymbol{\omega}'_{h,2} \cdots$。由凸优化理论可知：若历史场景 $\boldsymbol{\omega}'_{h,1}$ 能够被高维椭球顶点所围成的凸包所涵盖，则下式成立

$$\boldsymbol{\omega}'_{h,i} = \alpha_{1,i}\boldsymbol{\omega}'_{v,1} + \cdots + \alpha_{N_e,i}\boldsymbol{\omega}'_{v,N_e}$$
$$\alpha_{1,i} + \cdots + \alpha_{N_e,i} = 1, \alpha_{j,i} \geqslant 0 \tag{2-55}$$

式中　$\alpha_{j,i}$——正数系数，若存在某个场景位于凸包外部，则需要将凸包进行放

大，即需要满足下式

$$\boldsymbol{\omega}'_{h,i} = \alpha_{1,i} \times (k_i\boldsymbol{\omega}'_{v,1}) + \cdots + \alpha_{N_e,i} \times (k_i\boldsymbol{\omega}'_{v,N_e})$$
$$\alpha_{1,i} + \cdots + \alpha_{N_e,i} = 1, \alpha_{j,i} \geqslant 0 \tag{2-56}$$

其中 k_i 为放大倍数，整理式（2-56），可得

$$\boldsymbol{\omega}'_{h,i} = \beta_{1,i}\boldsymbol{\omega}'_{v,1} + \cdots + \beta_{N_e,i}\boldsymbol{\omega}'_{v,N_e}$$
$$\beta_{1,i} + \cdots + \beta_{N_e,i} = k_i \tag{2-57}$$
$$\beta_{j,i} = k_i\alpha_{j,i} \geqslant 0$$

其中 $\beta_{j,i}$ 为正数系数。可以看出，随着场景与凸包之间的距离增大，系数 k_i 也会随之变大。因此可以建立优化，式（2-58）来确定历史场景与凸包的位置关系

$$\min k_i$$

$$s.t \begin{cases} (\boldsymbol{\omega}'_{v,1} \quad \cdots \quad \boldsymbol{\omega}'_{v,N_e}) \bullet (\beta_{1,i} \quad \cdots \quad \beta_{N_e,i})^T = \boldsymbol{\omega}'_{h,i} \\ \beta_{1,i} + \beta_{2,i} + \cdots + \beta_{N_e,i} = k_i, i = 1 \cdots N_h \end{cases} \quad (2-58)$$

对于 N_h 个历史场景，均存在形如上式的优化，且优化之间不存在任何关联，因此可以考虑将 N_h 个优化合并为式（2-59）

$$\min \sum_{i=1}^{N_h} k_i$$

$$s.t \begin{cases} \begin{pmatrix} \boldsymbol{\omega}'_{v,1} \\ \vdots \\ \boldsymbol{\omega}'_{v,N_e} \end{pmatrix}^T \cdot \begin{pmatrix} \beta_{1,1} & \cdots & \beta_{1,N_h} \\ \vdots & \ddots & \vdots \\ \beta_{N_e,1} & \cdots & \beta_{N_e,N_h} \end{pmatrix} = \begin{pmatrix} \boldsymbol{\omega}'_{h,1} \\ \vdots \\ \boldsymbol{\omega}'_{h,N_h} \end{pmatrix}^T \\ \beta_{1,i} + \beta_{2,i} + \cdots + \beta_{N_e,i} = k_i, i = 1, 2, \cdots, N_h \end{cases} \quad (2-59)$$

对于 N_h 个历史场景，由式（2-59）能够得到 N_h 个放大倍数所形成的的序列，该序列中的最大值即为式（2-53）中所求的 k^*。最终数据驱动的鲁棒不确定集合即采用式（2-53）所述的多面体来表示。此外由于式（2-53）中的放缩系数 k 是自行确定的，而根据鲁棒优化相关知识，不确定集合所包含的区域越大，则决策越保守，因此可以根据当前的需求，对放缩系数进行一定的修正。

2.5　基于时序生产模拟仿真的电力系统调节潜力测算模型

2.5.1　电力系统时序运行模拟框架

为了解决电力系统时序运行模拟对可再生能源出力实测数据的依赖，并加快仿真计算速度、确保得到可行解，此处提出了一种由数据准备，模型及求解

以及结果输出三个阶段组成的仿真框架，如图 2-22 所示。这三个连续进行的
阶段具体分工如下：

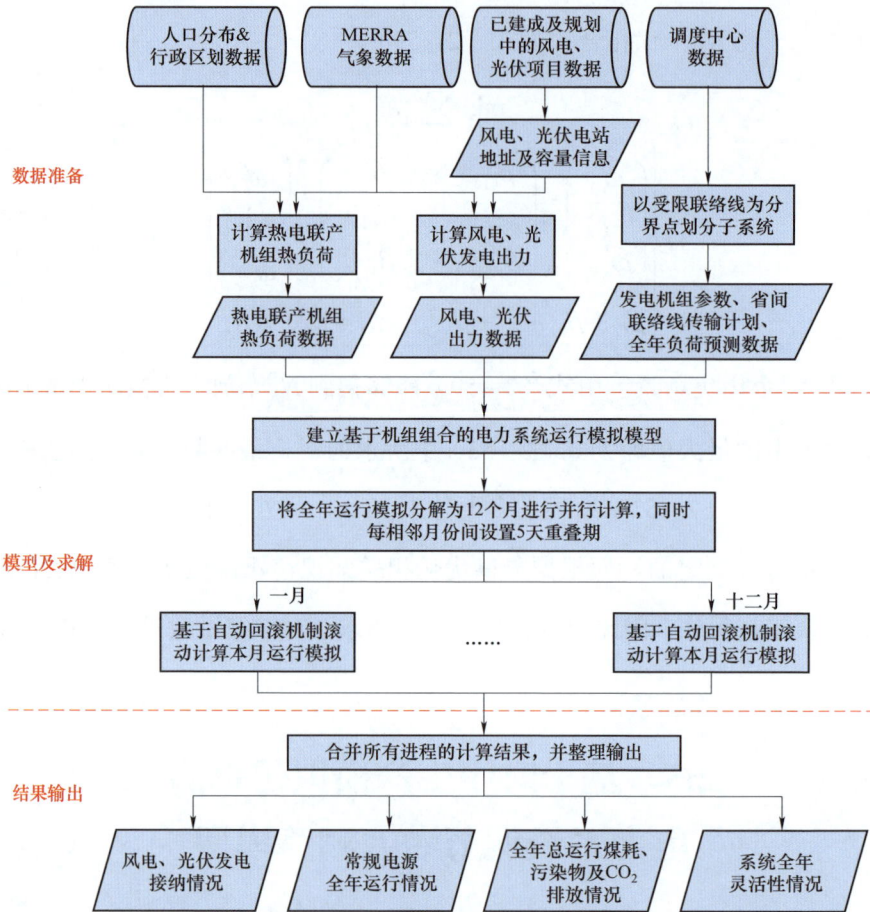

图 2-22　电力系统时序运行模拟的三阶段仿真框架

第一阶段：数据准备。该阶段主要准备完成电力系统时序运行模拟所需的
输入数据：全年风电、光伏出力数据、发电机机组运行特性、全年负荷预测以
及联络线传输计划数据。其中风电、光伏电站的全年小时级出力曲线通过小时
级气象数据中的风速、地表光照以及地表温度数据转换得到，热电联产机组热

负荷曲线由地表温度数据结合行政区划数据和人口分布数据估算得到，最后以受限联络线为分界点，将区域电力系统划分为若干个子系统。

第二阶段：模型及求解。基于第一阶段准备好的输入数据，本阶段利用机组组合模型来模拟小时级的电力系统运行。为了加快滚动机组组合模型的滚动求解速度，本阶段将全年分解为 12 个月后并行进行运行模拟，并通过设置重叠计算期来解决上月月末与下月月初状态不衔接的问题。与此同时，为了确保每个月的运行模拟都能够得到可靠的结果，本阶段还引入了无解自动回滚机制，确保长时间尺度的运行模拟不会因为滚动间隔问题而无解。

第三阶段：结果输出。该阶段将各月并行计算的结果合并处理后得到全年运行模拟结果，并统计得到如弃风率、弃光率、各发电设备的全年利用小时数、总煤耗等全年运行统计信息，并生成报表输出。

2.5.2 电力系统时序运行模拟模型

为了获取区域电力系统小时级的运行结果，本研究使用机组组合模型来进行小时级的运行模拟，所建立的机组组合模型的目标函数及所有约束分别介绍如下。

1）目标函数。

所采用的运行模拟模型以总运行成本最低为目标来安排系统中所有机组的启停和出力以平衡电负荷和热负荷。同时为了促进可再生能源的消纳，目标函数中还包含了弃风和弃光惩罚。

对于一个由 k 个子系统组成的区域电网，其时序运行模拟可以建模为一个混合整数线性规划模型（Mixed – Integer Linear Programming，MILP）。该混合整数线性规划模型的目标函数由发电机的发电成本 $C_i^G(t)$、开机成本 $C_i^{SU}(t)$、

停机成本 $C_i^{SD}(t)$ 以及可再生能源的限电惩罚共同组成，其形式如式（2－60）所示

$$\min F = \sum_{k=1}^{K} \sum_{t=1}^{H} \sum_{i \in G_k} [C_i^G(t) + C_i^{SU}(t) + C_i^{SD}(t)]$$

$$+ \theta^S \sum_{k=1}^{K} \sum_{t=1}^{H} [\overline{p}_{S,k}(t) - p_{S,k}(t)] + \theta^W \sum_{k=1}^{K} \sum_{t=1}^{H} [\overline{p}_{W,k}(t) - p_{W,k}(t)] \qquad (2-60)$$

式中 G_k ——子系统 k 的发电机总数；

H ——总运行时间，对于全年小时级的运行模拟，$H = 8760$；

θ^S 和 θ^W ——对应每兆瓦弃光电量和弃风电量的惩罚，元；

$p_{S,k}(t)$ 和 $p_{W,k}(t)$ ——t 时刻子系统 k 接纳的光伏和风电功率；

$\overline{p}_{S,k}(t)$ 和 $\overline{p}_{W,k}(t)$ ——从气象数据转化得到的 t 时刻光伏、风电最大可发功率。

发电成本 $C_i^G(t)$ 与机组出力之间关系（成本曲线）可以被分段线性化，如图 2－23 所示。

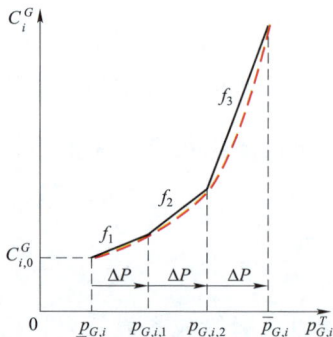

图 2－23　煤耗曲线分段线性化

如图 2－23 所示，虽然火电机组的煤耗曲线是非线性的（图中红色虚线），但是对于非线性的煤耗曲线则可以对其进行分段线性化处理，通过选择合适的功率分段点，将区间近似为几段连续的直线（图中黑色实直线），其中，$\underline{p}_{G,i}$、$\overline{p}_{G,i}$ 分别表示第 i 台火电机组的最小、最大技术出力；$p_{G,i,1}$、$p_{G,i,2}$ 分别为煤耗

曲线的第二、第三分段起始功率（此处仅对煤耗曲线进行三分段）；f_1、f_2、f_3 为分段后的第 1、2、3 段煤耗曲线斜率；$C_{i,0}^G$ 为第 i 台火电机组的最小运行成本。

时序运行模拟所考虑的功率平衡约束、备用约束、网架约束、电源出力范围约束、发电机爬坡约束、最小启停机时间约束、储能约束分别如下。

2）功率平衡约束。对于任意子系统 k，均有功率平衡约束

$$\sum_{i\in G_k} p_{G,i}(t) + p_{W,k}(t) + p_{S,k}(t) + T_{I,k}(t) - T_{O,k}(t) = p_{L,k}(t) \quad \forall t,k \quad (2-61)$$

式中　　$p_{G,i}(t)$ ——发电机 i 在 t 时刻的功率出力；

$T_{I,k}(t)$ 和 $T_{O,k}(t)$ —— t 时刻经联络线流入和流出子系统 k 的功率。

3）备用约束。对于任意子系统 k，必须确保本子系统的安全备用容量，因此有备用约束为：

$$\sum_{i\in G_k} [u_i(t)\overline{p}_{G,i} - p_{G,i}(t)] + [(1-\varepsilon_{W,k})\overline{p}_{W,k}(t) - p_{W,k}(t)]$$
$$+ [(1-\varepsilon_{S,k})\overline{p}_{S,k}(t) - p_{S,k}(t)] \geqslant \eta_{L,k}p_{L,k}(t) \quad \forall t,k$$
$$(2-62)$$

式中　　$u_i(t)$ ——发电机 i 的启停状态，发电机运行时为 1，停机时为 0；

$\overline{p}_{G,i}$ ——发电机 i 的额定容量；

$\varepsilon_{W,k}$ 和 $\varepsilon_{S,k}$ ——子系统 k 的风电出力最大预测误差和光伏出力最大预测误差，这里的预测误差定义为预测可再生能源出力与实际可再生能源出力之间的最大误差，由于当前风电小时级出力预测的准确性仍较差，因此目前确定电力系统最小开机方式时往往不考虑可再生能源出力，即是认为预测误差为 100%；$\eta_{L,k}$ 为子系统 k 的最大备用需求系数，一般取 5%。

4）网架约束。网架约束的含义是，在任意时刻，任意线路上传输的功率不能超过线路的最大允许传输功率，数学表达式为

$$-\overline{F}_l \leqslant \sum_i^{N_G} \Gamma_{l,i}^G p_{G,i}(t) - \sum_m^{M_k} \Gamma_{l,m}^D p_{L,m}(t) \leqslant \overline{F}_l \quad \forall l \in L, \forall t \in T \quad (2-63)$$

式中　$\Gamma_{l,i}^G$——第 i 台火电机组对第 l 条线路的功率传输分布系数;

$\Gamma_{l,m}^D$——负荷 m 对线路 l 的功率传输分布系数;

$\overline{F}_l$——线路传输容量;

L——系统中的线路数量。

考虑风电及光伏并网的情况下(以风电代表可再生能源),式(2-64)扩展为

$$-\overline{F}_l \leqslant \sum_i^{N_G} \Gamma_{l,i}^G p_{G,i}(t) + \sum_j^{N_W} \Gamma_{l,j}^W p_{W,j}(t) - \sum_m^{M_k} \Gamma_{l,m}^D p_{L,m}(t) \leqslant \overline{F}_l \quad \forall l \in L, \forall t \in T$$

$$(2-64)$$

式中　$\Gamma_{l,j}^W$——第 j 台风电机组对第 l 条线路的功率传输分布系数。

5)电源出力范围。由于火电机组稳定燃烧的需要,处于开机状态的火电机组出力往往只能在最小技术出力与装机容量范围内变动,水电机组同样也存在着最小出力的限制。同时风电、光伏等可再生能源出力不能高于风速、光照情况决定的最大出力,因此有电源出力范围约束为

$$u_i(t)\underline{p}_{G,i} \leqslant p_{G,i}(t) \leqslant u_i(t)\overline{p}_{G,i} \quad \forall t,i \quad (2-65)$$

$$0 \leqslant p_{S,k}(t) \leqslant \overline{p}_{S,k}(t) \quad \forall t,k \quad (2-66)$$

$$0 \leqslant p_{W,k}(t) \leqslant \overline{p}_{W,k}(t) \quad \forall t,k \quad (2-67)$$

式中　$\underline{p}_{G,i}$——发电机 i 运行时的最小技术出力。

6)发电机爬坡约束。发电机组的爬坡能力限制了发电机组在单位时间内能够增加或减少出力的最大值。除了运行范围约束,机组 i 在时刻 t 的输出功率还需要满足机组的爬坡约束,即

$$p_{G,i}(t) - p_{G,i}(t-1) \leqslant r_{U,i}\overline{p}_{G,i} + N[1-u_i(t-1)] + N[1-u_i(t)] \quad \forall t,i \quad (2-68)$$

$$p_{G,i}(t-1) - p_{G,i}(t) \leqslant r_{D,i}\overline{p}_{G,i} + N[1-u_i(t-1)] + N[1-u_i(t)] \quad \forall t,i \quad (2-69)$$

式中　$r_{U,i}$ 和 $r_{D,i}$ ——发电机 i 的最大上爬坡速度率最大下爬坡速率；

N ——较大常数，用于确保 $u_i(t)$ 或 $u_i(t-1)$ 不全为 1 时式（2-68）、式（2-69）恒成立。当发电机刚启动或即将关闭时，发电机的出力也需满足机组爬坡速度约束，发电机启、停时的出力约束分别如式（2-70）和式（2-71）所示

$$p_{G,i}(t) \leqslant s_{U,i}\overline{p}_{G,i} + Nu_i(t) \quad \forall t,i \quad (2-70)$$

$$p_{G,i}(t) \leqslant s_{D,i}\overline{p}_{G,i} + Nu_i(t+1) \quad \forall t,i \quad (2-71)$$

7）最小启停机时间约束。对于发电机组来说，一旦机组并网运行，必须保证足够的运行时间才可以执行停机操作。同样地，一旦机组停机，也需要保证一定的停机时间才可以再次并网发电，因此有发电机组最小启停时间约束为

$$\sum_{\tau=t}^{t+T_{D,i}(t)-1} [1-u_i(\tau)] \geqslant T_{D,i}(t)[u_i(t-1) - u_i(t)] \quad \forall t,i \quad (2-72)$$

$$\sum_{\tau=t}^{t+T_{U,i}(t)-1} u_i(\tau) \geqslant T_{U,i}(t)[u_i(t) - u_i(t-1)] \quad \forall t,i \quad (2-73)$$

式中　$T_{U,i}$ 和 $T_{D,i}$ ——表示 t 时刻发电机 i 仍需继续保持运行和保持停机状态的时间，该时间可由下式计算得到

$$T_{U,i}(t) = \min\{M_{U,i}, T-t+1\} \quad (2-74)$$

$$T_{D,i}(t) = \min\{M_{D,i}, T-t+1\} \quad (2-75)$$

式中　$M_{U,i}$ 和 $M_{D,i}$ ——发电机 i 的最小开机时间和最小停机时间，即是发电机每次启动后必须保持运行 $M_{U,i}$，发电机每次停机后，至少需要再经过 $M_{D,i}$ 后才能重新启动。在滚动求解的过程中，前一滚动时段的末状态会作为当前滚动时段的初始

状态输入，因此假设对于前一滚动时段末状态已经启动了 U_{i0} 小时和关闭了 D_{i0} 小时的机组，其当前滚动时段的初始启停约束为

$$u_i(t)=u_{i0} \quad \forall i, t\in[1,T_{i0}] \tag{2-76}$$

$$T_{i0}=\begin{cases} M_{U,i}-U_{i0}, & \text{if } u_{i0}=1 \\ M_{D,i}-D_{i0}, & \text{if } u_{i0}=0 \end{cases} \tag{2-77}$$

8）储能约束

$$E_{ch,t}=\alpha P_{ch,t}\mathrm{d}t, E_{ds,t}=\beta P_{ds,t}\mathrm{d}t \tag{2-78}$$

式中　$E_{ch,t}$、$E_{ds,t}$ ——储能充电、放电能量；

　　　α、β ——储能的充、放电效率系数。

储能在 t 时刻末的储存能量 E_t 可表示为

$$E_t=E_{ini}-\int_{t=1}^{t}E_{ch,t}\mathrm{d}t-\int_{t=1}^{t}E_{ds,t}\mathrm{d}t \tag{2-79}$$

式中　E_{ini} ——储能初始阶段储存的能量；

　　　$\mathrm{d}t$ ——调度周期。

储能充、放电功率限制为

$$-CH_tP_{ch\max,t}\leqslant P_{ch,t}\leqslant 0, 0\leqslant P_{ds,t}\leqslant DS_tP_{ds\max,t} \tag{2-80}$$

式中　CH_t ——储能 t 时刻的充电状态，值为 1 时表示充电，0 表示不进行充电；

　　　DS_t ——储能 t 时刻的放电状态，值为 1 时表示放电，0 表示不进行放电；

$P_{ch\max,t}$、$P_{ds\max,t}$ ——储能 t 时刻的充、放电功率最大值。

能量储存限制为

$$E_{\min,t} \leqslant E_t \leqslant E_{\max,t}, E_{ini} = E_T \qquad (2-81)$$

式中　$E_{\min,t}$、$E_{\max,t}$——储能在 t 时刻储存能量的最小、最大值。

为保证储能的充、放电不在同一时刻进行，储能充、放电状态约束为

$$CH_t + DS_t \leqslant 1 \qquad (2-82)$$

2.5.3　电力系统时序运行模拟模型求解算法

为了提高时序运行模拟的求解速度，避免因滚动无解而无法获取运行模拟结果的问题，研发了时域分解技术以及无解自动回滚技术对电力系统时序运行模型进行求解。

1）时域分解技术。由于混整线性规划问题求解规模的限制，对于一个含有上百台发电机组的区域电力系统，全年运行模拟无法通过单次计算进行求解，因此目前对于电力系统时序运行模拟普遍采用滚动模拟的方式。但是由于滚动运行模拟必须逐时段滚动进行，导致含有上百台机组的区域电力系统的全年运行模拟往往耗时数小时甚至数天。为了加快时序运行模拟的求解速度，可以采用时序分解的方法将全年运行模拟分解为多个时段并行运算。虽然时序分解与并行计算可以有效加快全年运行模拟的计算速度，但是将全年分解为多个时段后，时段与时段之间将无法保证所有运行约束均成立，即时序分解会导致计算结果无法合并得到可行的全年运行模拟结果。已有研究发现运行模拟中的各项约束对仿真结果的影响会随着运行时间的后推而逐渐减弱，比如 1 月 1 日的运行约束对 1 月 10 日的运行结果几乎就已经没有影响。基于此，可以在将全年运行模拟以月为单位分解为 12 个时段的基础上，在相邻两两时段间设置 5 天的重

叠期，如图 2-24 所示。通过引入重叠期，降低仿真每个月份所使用的初始条件对该月的仿真结果影响，继而降低月份间结果的不一致性。

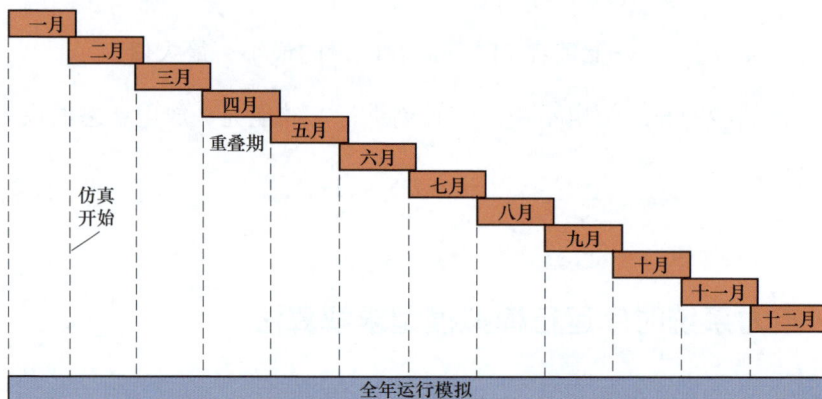

图 2-24　全年时序运行模拟时序分解

2）自动回滚技术。时序分解方法能够以牺牲较小的结果一致性有效加快全年时序运行模拟的计算速度，但是仍然无法解决含高比例可再生能源的区域电力系统中，由于灵活性紧张而导致的滚动模拟易无解的问题。滚动模拟的无解往往是因为前一个或几个仿真时段的结果使得到当前求解时段时系统灵活性已无法满足系统的运行需要。基于此，研发了一种无解自动回滚机制，当滚动求解遇到无解时，不是直接退出求解进程，而是将前一个仿真时段一起纳入到仿真中来，如果仍然无解，继续往前回滚；当回滚仿真结果可行时，即用回滚得到的仿真结果覆盖原有之前时段的仿真结果。自动回滚机制的流程如图 2-25 所示。对一个以 n 天为单位的滚动模拟，自动回滚机制主要包括如下三个步骤（初始状态下 m 为 0，k 为 1）：

第一步：将第 $k-m-1$ 天最后时刻的仿真结果作为初始条件，仿真 $k-m$ 到 $k+n$ 天的运行；

第二步：如果 $k-m$ 到 $k+n$ 天的运行仿真有解，保存仿真结果；如果仿真无解，往前回滚一天，即是令 $m=m+1$ 并跳转到第一步；

第三步：如果第 $k+n$ 天是本月最后一天，则结束本月的滚动模拟并输出本月全部仿真结果；如果第 $k+n$ 天不是本月最后一天，则令 $k=k+n$，$m=0$ 并跳转到第一步。

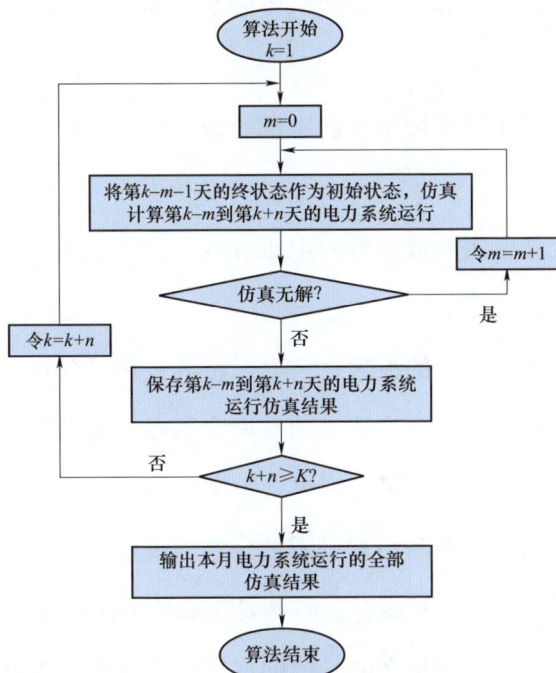

图 2-25 自动回滚算法流程图

2.5.4 基于河南省电网的灵活性功率聚合方法

本小节采用基于电气距离的计算方法，将处于不同电压等级的被聚合节点根据等效传输阻抗的大小划分到不同的目标聚合节点区域；然后采用基于虚拟电厂的整体近似求解技术，将之前划分好的不同目标聚合节点通过虚拟电池和虚拟发电机模型进行可调节功率域的聚合，将灵活性资源的运行特征、成本以及网络信息等综合考虑，从而实现分布式能源的优化利用，提高电力系统的可靠性和经济性。

（1）聚合区域划分原则。根据不同的节点连接方式，规定出三类连接方式，如下：

方式一：一个处于需要被聚合的电压等级上的节点仅与一个目标聚合节点直接相连。

方式二：一个处于需要被聚合的电压等级上的节点与两个以上目标聚合节点直接相连。

方式三：一个处于需要被聚合的电压等级上的节点通过其他节点与一个或多个目标聚合节点间接相连。

据此，对于连接方式一的被聚合节点，将其直接聚合到与之相连的目标聚合节点上；对于连接方式二和方式三的被聚合节点，需判断其与不同的目标聚合节点之间的电气距离，将之聚合到电气距离近的目标聚合节点上。

由于节点之间的电气距离通常是通过传输阻抗来衡量的。因此，在电源和网络拓扑固定的情况下，所有运行参数都是按照传输阻抗进行分配的。

而传输阻抗的大小与阻抗之间具体的连接方式有关，以单电源单负荷网络为例，等效传输阻抗满足串并联关系，如图 2-26 和图 2-27 所示。

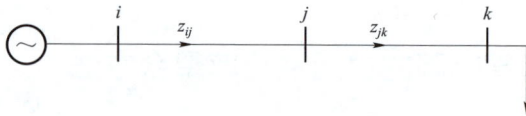

图 2-26　串联关系图示

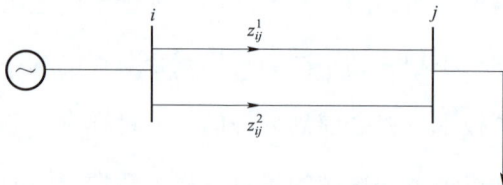

图 2-27　并联关系图示

在图 2-26 中，支路 $i-k$ 之间的传输阻抗可由串联关系求得

$$z_{ik} = z_{ij} + z_{jk}$$

在图 2-27 中，支路 $i-k$ 之间的传输阻抗可由并联关系求得

$$z_{ij} = z_{ij}^1 // z_{ij}^2$$

通过上述方法可以将所有需要被聚合的节点进行聚合区域划分，将他们划分到不同的目标聚合节点上，然后基于虚拟电厂整体近似求解方法，将每个目标聚合节点上的多节点进行可调节功率域的聚合。

（2）灵活性资源聚合方法。基于虚拟电厂的整体近似求解技术的基本思想是通过将虚拟电厂的可调节功率域映射到高维凸多面体上，然后选取一个新的特殊高维多面体，从外部或内部进行近似逼近，以最大限度地提高模型的准确度。用来逼近高维凸多面体的数学模型可以归纳为两类：一类是基于虚拟电池模型，另一类是基于虚拟发电机模型。

根据式（2-83）获得基于虚拟电池的数学模型：

$$P_{\mathrm{VB}}^{(\mathrm{agg})} = \left\{ \boldsymbol{p}_{\mathrm{VB}}^{(\mathrm{agg})} \mid p_{\mathrm{VB}}^{\min}(t) \leqslant p_{\mathrm{VB}}^{(\mathrm{agg})}(t) \leqslant p_{\mathrm{VB}}^{\max}(t), E_{\mathrm{VB}}^{\mathrm{low}} \leqslant \sum_{t=1}^{T} p_{\mathrm{VB}}^{(\mathrm{agg})}(t) \leqslant E_{\mathrm{VB}}^{\mathrm{high}}, t \in T \right\}$$

$$(2-83)$$

式中　$P_{\mathrm{VB}}^{(\mathrm{agg})}$ ——由虚拟电池模型描述的聚合节点可调节功率域；

$\quad\quad\ \boldsymbol{p}_{\mathrm{VB}}^{(\mathrm{ggg})}$ ——一个列向量，由虚拟电厂在调度时段 T 内各时刻调节功率 $p_{\mathrm{VB}}^{(\mathrm{agg})}(t)$ 构成；

$\quad\quad\ p_{\mathrm{VB}}^{\min}(t)$ ——虚拟电池模型的功率下限；

$\quad\quad\ p_{\mathrm{VB}}^{\max}(t)$ ——虚拟电池模型的功率上限；

$\quad\quad\ E_{\mathrm{VB}}^{\mathrm{low}}$ ——虚拟电池模型的电能下限值；

$\quad\quad\ E_{\mathrm{VB}}^{\mathrm{high}}$ ——虚拟电池模型的电能上限值。

选取一个高维的等腰直角棱锥对虚拟电厂的可调节功率域进行内部逼近。根据式（2-84）获得高维凸多面体中边长最长的内接等腰直角棱锥

$$\max P^{\max}$$
$$\text{s.t.} \quad p^0(t) + P^{\max} = p^t(t)$$
$$p^t \in \Omega_N \quad t = 0,1,\cdots,N \tag{2-84}$$

式中 $P^{\max}$ ——最大的可调节功率；

$p^0(t)$ ——内接等腰直角棱锥的顶点所对应的各时段功率；

Ω_N —— N 维约束空间。据公式 $p_{\text{VB}}^{\min}(t) = p^0(t)$ 、 $p_{\text{VB}}^{\max}(t) = p^0(t) + P^{\max} = p^t(t)$ 获得虚拟电池模型中的功率边界。根据公式 $E_{\text{VB}}^{\text{low}} = \sum_{t=1}^{N} p^0(t)\Delta t$ 、 $E_{\text{VB}}^{\text{high}} = E_{\text{VB}}^{\text{low}} + P^{\max}\Delta t$ 获得虚拟电池模型中的能量边界。

根据式（2-85）获得基于虚拟发电机的数学模型

$$P_{\text{VC}}^{(\text{agg})} = \{\boldsymbol{p}_{\text{VC}}^{(\text{agg})} \mid p_{\text{VC}}^{\min}(t) \leqslant p_{\text{VC}}^{(\text{agg})}(t) \leqslant p_{\text{VC}}^{\max}(t), R_{\text{VC}}^{\text{low}} \leqslant p_{\text{VC}}^{(\text{agg})}(t) - p_{\text{VC}}^{(\text{agg})}(t-1) \leqslant R_{\text{VC}}^{\text{high}}, t \in T\}$$
$$\tag{2-85}$$

式中 $P_{\text{VC}}^{(\text{agg})}$ ——由虚拟发电机模型描述的虚拟电厂可调节功率域；

$p_{\text{VC}}^{\min}$ ——虚拟发电机模型的功率下限；

$p_{\text{VC}}^{\max}$ ——虚拟发电机模型的功率上限；

$R_{\text{VC}}^{\text{low}}$ ——虚拟发电机模型的爬坡下限；

$R_{\text{VC}}^{\text{high}}$ ——虚拟发电机模型的爬坡上限。

选取一个高维的正方体对虚拟电厂的可调节功率域进行内部逼近。根据以下公式获得高维凸多面体中边长最长的内接正方体

$$\max P^{\max}$$
$$\text{s.t.} \quad p^1(t) + P^{\max} = p^2(t)$$
$$p^1, p^2 \in \Omega_N \quad t = 0,1,\cdots,N \tag{2-86}$$

式中　　$P^{\max}$ ——最大的可调节功率；

$\quad\quad p^1(t)$ ——多维正方体"左下"顶点所对应的各时段功率；

$\quad\quad p^2(t)$ ——多维正方体"右上"顶点所对应的各时段功率；

$\quad\quad \Omega_N$ —— N 维约束空间。

根据公式 $p_{\text{VC}}^{\min}(t)=p^1(t)$ 、 $p_{\text{VC}}^{\max}(t)=p^2(t)$ 获得虚拟发电机模型中的功率边界。

根据式（2-87）获得综合表征模型

$$P_{\text{VBC}}^{(\text{agg})} = \begin{cases} \boldsymbol{p}_{\text{VBC}}^{(\text{agg})} \mid p_{\text{VBC}}^{\min}(t) \leqslant p^{(\text{agg})}(t) \leqslant p_{\text{VBC}}^{\max}(t) \\ R_{\text{VBC}}^{\text{low}}(t) \leqslant p^{(\text{agg})}(t)-p^{(\text{agg})}(t-1) \leqslant R_{\text{VBC}}^{\text{high}}(t) \\ E_{\text{VBC}}^{\text{low}}(t) \leqslant \sum_{k=1}^{t} p^{(\text{agg})}(k) \leqslant E_{\text{VBC}}^{\text{high}}(t), t \in T \end{cases} \quad （2-87）$$

式中　　$P_{\text{VBC}}^{(\text{agg})}$ ——虚拟电厂可调节功率域；

$\quad\quad \boldsymbol{p}_{\text{VBC}}^{(\text{agg})}$ ——一个列向量元素，由虚拟电厂在调度周期 T 内各时刻调节功率

$\quad\quad\quad p^{(\text{agg})}(t)$ 构成；

$\quad\quad p_{\text{VBC}}^{\max}(t)$ ——功率上限；

$\quad\quad p_{\text{VBC}}^{\min}(t)$ ——功率下限；

$\quad\quad E_{\text{VBC}}^{\text{high}}(t)$ ——储能容量上限；

$\quad\quad E_{\text{VBC}}^{\text{low}}(t)$ ——储能容量下限；

$\quad\quad R_{\text{VBC}}^{\text{high}}(t)$ ——爬坡上限；

$\quad\quad R_{\text{VBC}}^{\text{low}}(t)$ ——爬坡下限。

根据以下求解模型获得综合表征模型中功率上、下限，爬坡上、下限和储能上、下限为

$$\max \sum_{t=1}^{T} [(k_{\text{p}}^{\max} p_{\text{VBC}}^{\max}(t)-k_{\text{p}}^{\min} p_{\text{VBC}}^{\min}(t))+(k_{\text{e}}^{\text{high}} E_{\text{VBC}}^{\text{high}}(t)- \\ k_{\text{e}}^{\text{low}} E_{\text{VBC}}^{\text{low}}(t))+(k_{\text{r}}^{\text{high}} R_{\text{VBC}}^{\text{high}}(t)-k_{\text{r}}^{\text{low}} R_{\text{VBC}}^{\text{low}}(t))] \quad （2-88）$$

式中 $k_p^{\max}$、$k_p^{\min}$ ——对应于功率上下限的权重系数；

         k_e^{high}、k_e^{low} ——对应于储能容量上下限的权重系数；

         k_r^{high}、k_r^{low} ——对应于爬坡上下限的权重系数。

求解模型的约束条件包括电力系统功率平衡约束、各个灵活性资源功率约束和网络信息约束。具体的约束条件如下：

1）参数约束

$$\begin{cases} P^{\min} \leqslant p_{\text{VBC}}^{\min}(t) \leqslant p_{\text{VBC}}^{\max}(t) \leqslant P^{\max} & \forall t \in T \\ tP^{\min} \leqslant E_{\text{VBC}}^{\text{low}}(t) \leqslant E_{\text{VBC}}^{\text{high}}(t) \leqslant tP^{\max} & \forall t \in T \\ R_{\text{VBC}}^{\text{low}}(t) \leqslant R, R_{\text{VBC}}^{\text{high}}(t) \leqslant R & \forall t \in T \end{cases} \tag{2-89}$$

式中 T——经济调度时段集合。

2）机组组合状态约束

$$b_t^i - b_{t-1}^i \leqslant z_t^i \quad \forall t \in T, \forall i \in S_D \tag{2-90}$$

式中 b_t^i ——对应于设备 i 在时刻 t 的机组组合状态的二元决策变量；

         z_t^i ——装置 i 在时刻 t 的启动变量；

         S_D ——机组集合。

3）设备的边界约束和爬坡约束

$$b_t^i P^{i,\min} \leqslant p_t^i \leqslant b_t^i P^{i,\max} \quad \forall t \in T, \forall i \in S_D \tag{2-91}$$

$$\begin{cases} p_t^i - p_{t-1}^i \leqslant b_{t-1}^i R^{i,u} + (1-b_{t-1}^i) P^{i,\max} & \forall t \in T, \forall i \in S_D \\ p_{t-1}^i - p_t^i \leqslant b_t^i R^{i,d} + (1-b_t^i) P^{i,\max} & \forall t \in T, \forall i \in S_D \end{cases} \tag{2-92}$$

式中 $P^{i,\min}$、$P^{i,\max}$ ——第 i 个设备的最小、最大出力值；

         $R^{i,u}$、$R^{i,d}$ ——第 i 个设备的上爬坡和下爬坡功率。

4）新能源机组约束

$$0 \leqslant p_t^i \leqslant P^{pre} \quad \forall t \in T, \forall i \in S_R \tag{2-93}$$

式中 P^{pre} ——新能源机组出力预测值；

  S_R ——新能源机组集合。

5）储能系统约束

$$\begin{cases} 0 \leqslant p_t^{c,i} \leqslant P^{c,i,\max} & \forall t \in T, \forall i \in S_{ES} \\ 0 \leqslant p_t^{dc,i} \leqslant P^{dc,i,\max} & \forall t \in T, \forall i \in S_{ES} \end{cases} \qquad (2-94)$$

$$E^{i,\min} \leqslant e_t^i \leqslant E^{i,\max}, \forall t \in T, \forall i \in S_{ES} \qquad (2-95)$$

$$\begin{cases} e_1^i = E_0^i + \eta^{c,i} p_1^{c,i} - \dfrac{p_1^{dc,i}}{\eta^{d,i}} & \forall i \in S_{ES} \\[3mm] e_t^i = (1-s^i)e_t^{i-1} + \eta^{c,i} p_t^{c,i} - \dfrac{p_t^{dc,i}}{\eta^{dc,i}} & \forall t \in T, \forall i \in S_{ES} \end{cases} \qquad (2-96)$$

式中 $p_t^{c,i}$、$p_t^{dc,i}$ ——储能装置 i 的充电、放电功率；

  $E^{i,\min}$、$E^{i,\max}$ ——储能装置 i 的最小和最大储存能量；

  $\eta^{c,i}$、$\eta^{dc,i}$ ——储能装置 i 的充电、放电效率；

  s^i ——储能装置 i 的损耗率；

  S_{ES} ——储能系统的集合。

6）能量平衡约束

$$p^{(\mathrm{agg})}(t) + \sum_{i \in S_G \cup S_R} p_t^i = \sum_{i \in S_L} P_t^{L,i} + \sum_{i \in S_{ES}} (p_t^{dc,i} - p_t^{c,i}) \quad \forall t \in T \qquad (2-97)$$

该约束实现了电的供需功率平衡。

综上所述，基于虚拟电厂的整体近似求解技术既考虑了灵活性资源的功率约束，又考虑了网络信息影响，突破了基于灵活性资源的近似线性求和技术的局限性。因此，该类方法适用于虚拟电厂中灵活性资源分布发散、容量较大、类型较多的场景。

2.6　河南省算例分析

2.6.1　风光荷特性分析

风力发电曲线在夏季 92 天内表现出一定的周期性趋势。具体而言，从晚间 20:00 左右到次日清晨 5:00 左右，风力发电呈现较高的出力水平，一般在 22:00 达到峰值；从次日 5:00 左右开始，风电出力开始减小，一般在 8:00 左右达到一天中的最低值，然后从 8:00 至 20:00 处于一天内的较低水平。

例如，典型日 6 月 16～18 日的风电曲线如图 2−28 所示。

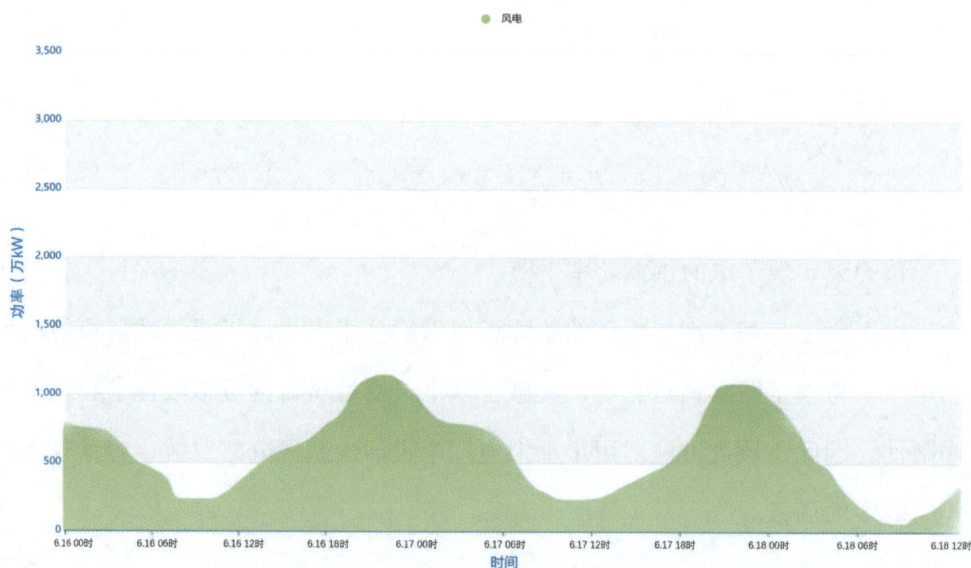

图 2−28　河南省典型日 6 月 16～18 日风电曲线

由图 2-28 可知,在风力发电在每日 8:00 左右达到最低值 230 万 kW 左右,在每日 22:00 左右达到峰值 1100 万 kW 左右。

同时,6 月共 30 天内绝大部分天数(27 天)风力发电的峰值为 500 万~1100 万 kW,最小值在 40 万~400 万 kW,如图 2-29 所示。

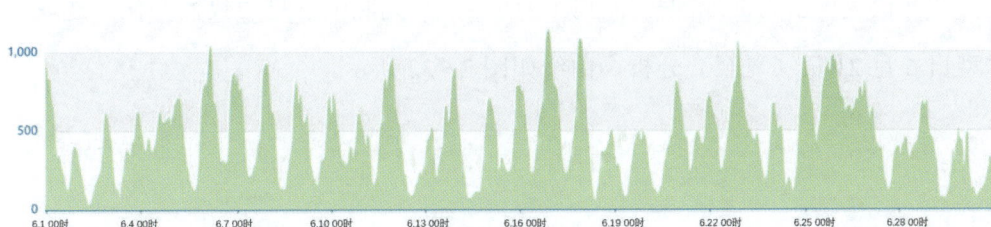

图 2-29 河南省典型日 6 月风电曲线

7 月共 31 天,每日的风力发电峰值均有所减小,有 30 天的峰值在 900 万 kW 以下,甚至在 7 月 26~31 日期间峰值跌落到 190 万~380 万 kW,风力发电最小值与 6 月份类似,为 30 万~400 万 kW,如图 2-30 所示。

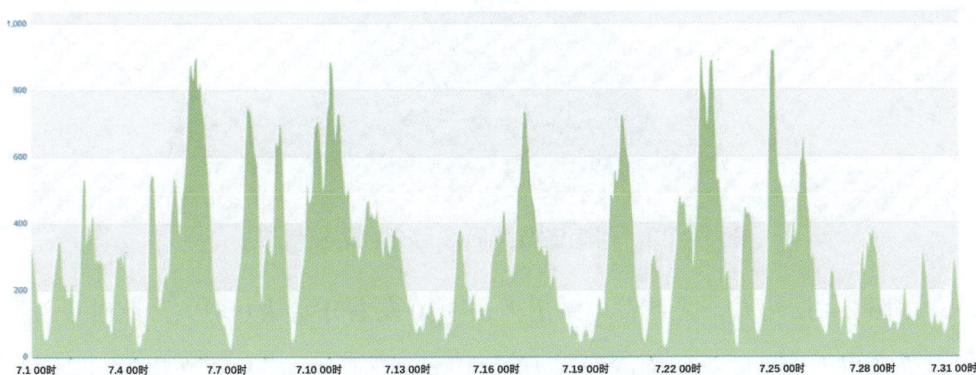

图 2-30 河南省典型日 7 月风电曲线

8 月整体趋势与 6 月类似,如图 2-31 所示。

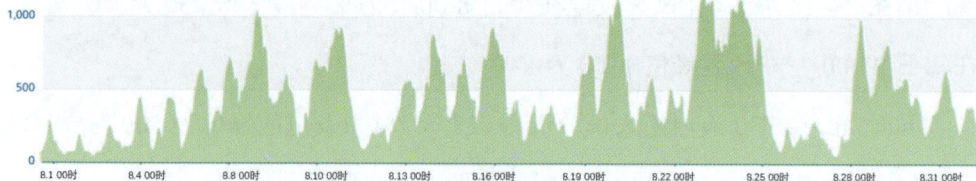

图 2-31 河南省典型日 8 月风电曲线

光伏发电出力曲线的规律性则更明显，与光照强度呈一致性变化。选取典型日 6 月 21 日（夏至）分析，曲线如图 2-32 所示。

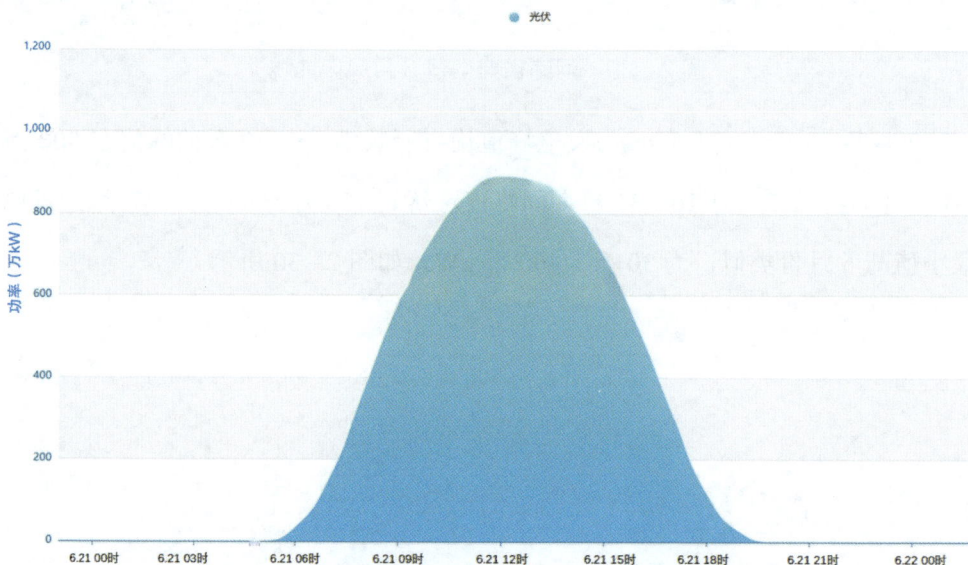

图 2-32 河南省典型日 6 月 21 日光伏曲线

由图 2-32 可知，光伏发电的出力在 5:30 左右开始从 0 增大，此时正值日出，光伏出力大小随光照强度的增大而增大，直到 12:00 左右光伏出力达到峰值 890 万 kW；随后下午开始光伏出力慢慢减小，直到 19:30 左右日落时分，光伏出力也减小为 0。

夏季负荷曲线整体情况如图 2-33 所示。

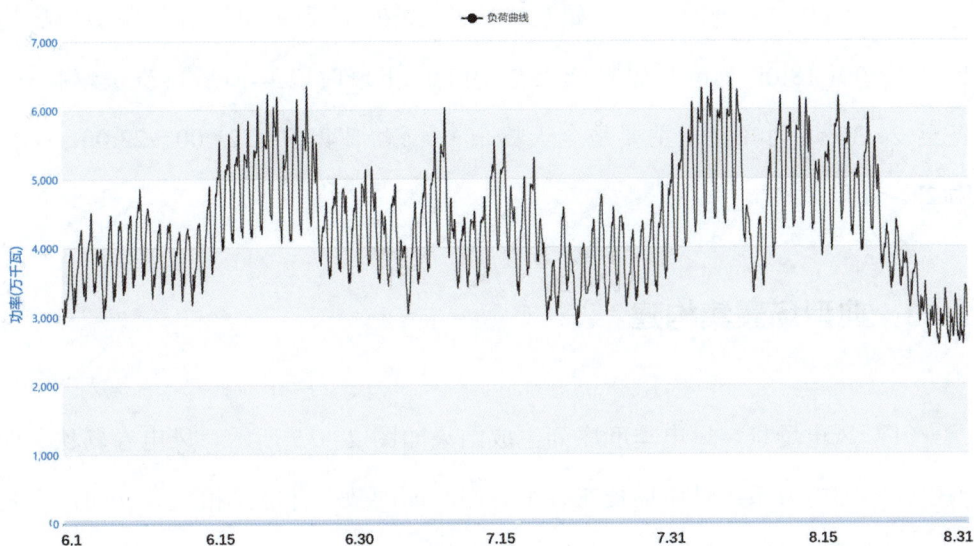

图 2-33　河南省典型日 6-8 月份负荷曲线

如图可知,夏季的省网负荷水平为 2580 万～6500 万 kW 浮动。其中 6 月 1～15 日之间负荷在 4000 万 kW 左右,6 月 16～30 日平均负荷升高到 5000 万 kW 左右;整个 7 月中上旬负荷水平在 4000 万 kW 左右;从 7 月底开始负荷水平又升高到 5000 万 kW 左右,之后 8 月下旬负荷水平回落到 3500 万 kW 左右。

选取典型日 6 月 19 日进行分析,负荷曲线如图 2-34 所示。

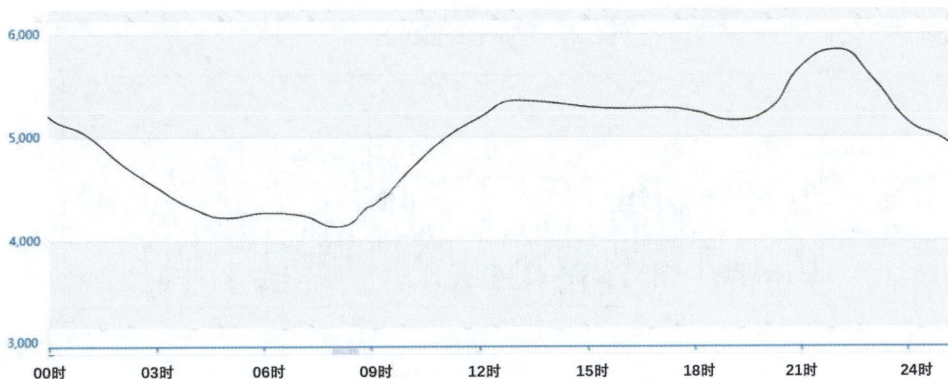

图 2-34　河南省典型日 6 月 19 日负荷曲线

清晨 5:00 左右全网负荷开始爬升，约 12:00 达到午间峰值并保持平稳趋势至 18:00；18:00 负荷开始降低直至 19:00（下班时段），而后再次快速爬升，直至 21:30 达到峰值（主要是全天峰值），该峰值集中在 21:00～23:00，持续约 2h。

2.6.2　典型场景集构建

（1）风电场景。风电季度序列生成结果如图 2−35 所示。风电春夏秋冬四季生成序列电力系统时序场景在各个时间断面的数值并非是相互独立的，而是存在不同时间尺度上的时序相关性。电力系统时序场景中随机变量的时序相关

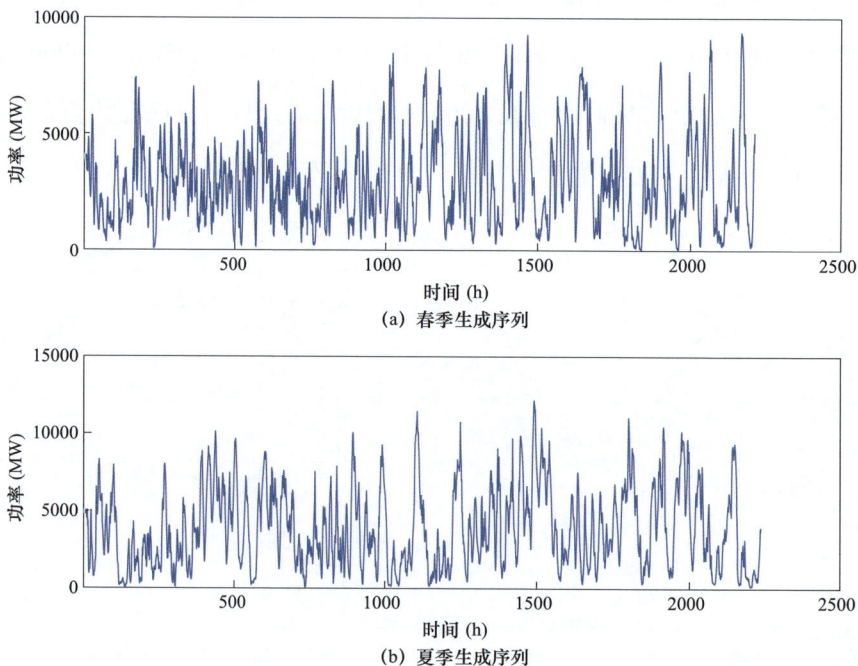

图 2−35　河南省风电季度生成序列（一）

(c) 秋季生成序列

(d) 冬季生成序列

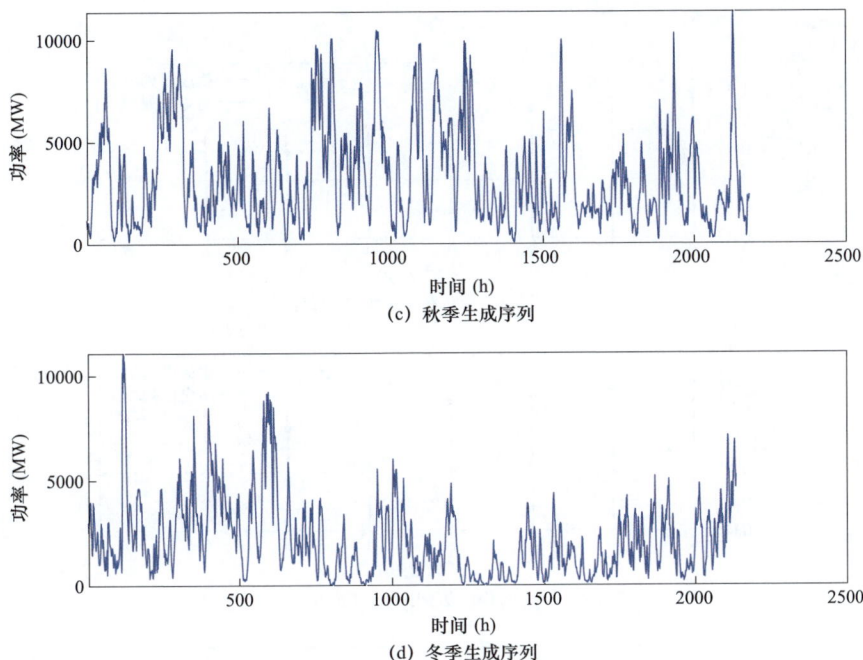

图 2-35 河南省风电季度生成序列（二）

程度可使用相关系数校验。常见的相关系数有 Pearson 系数、Spearman 系数、Kendall 系数等。Pearson 系数中常选取自相关性系数描述时间序列的线性相关关系。计算自相关性系数（auto-correlation function，ACF）描述不同时延内两出力序列的自相关关系。ACF 最大为 1，值越大相关性越强。

自相关性系数计算公式如下

$$R(\tau) = \frac{E[(S_t - \mu)(S_{t+\tau} - \mu)]}{E(S_t - \mu)^2} \qquad (2-98)$$

式中 S_t——样本在 t 时刻的出力值；

μ——整体序列的均值。

分别计算在时延为 7 时的风电与光伏生成、历史数据的 ACF，拟合如图 2-36 所示，红色为历史序列，黑色为生成序列。

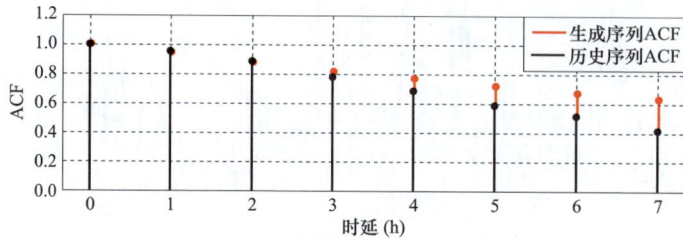

(a) 春季序列ACF拟合

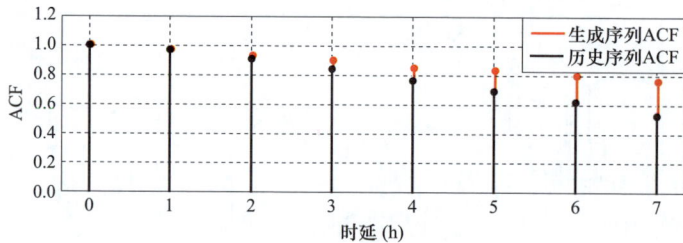

(b) 夏季序列ACF拟合

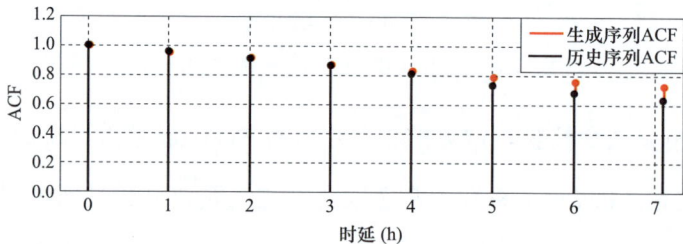

(c) 秋季序列ACF拟合

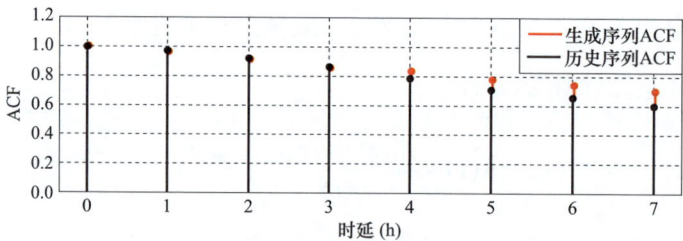

(d) 冬季序列ACF拟合

图 2-36　春夏秋冬四季季度序列 ACF 拟合

从四季季度序列 ACF 拟合图看出，四个季节下的生成序列均与历史序列 ACF 拟合较好，尤其是秋冬季节。历史场景的相关系数均能较好地被包含在生成场景中，且二者在同一时延下呈现的时间相关性一致，即在较短时间间隔内相关性较高，时间间隔越长相关性越低，符合新能源出力的纵向相似性。

使用 K-means 聚类生成各季节日前风电出力场景。用于聚类的数据可以选择季节生成场景或季节历史场景。本节中为了确保使典型日前场景的真实性，使用风电季节历史场景进行聚类。以风电日出力均值、风电日出力极差、风电日出力形状影响因子等特征进行聚类，聚类效果图如图 2-37 所示，日出力簇分类较分明。风电四季典型日聚类轮廓系数效果见表 2-3。

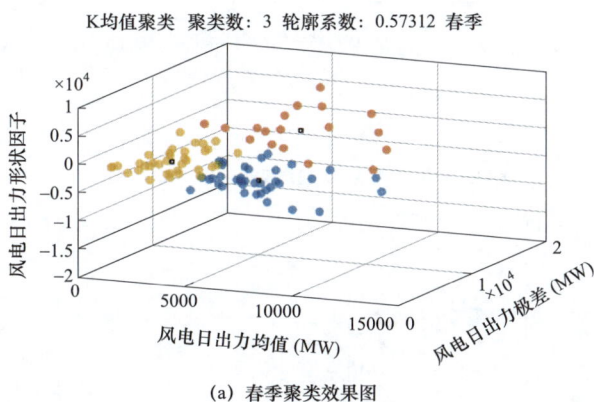

(a) 春季聚类效果图

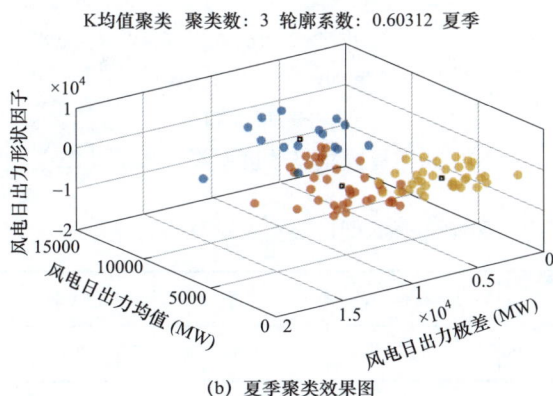

(b) 夏季聚类效果图

图 2-37 风电春夏秋冬季度聚类效果图（一）

K均值聚类　聚类数：4　轮廓系数：0.51417　秋季

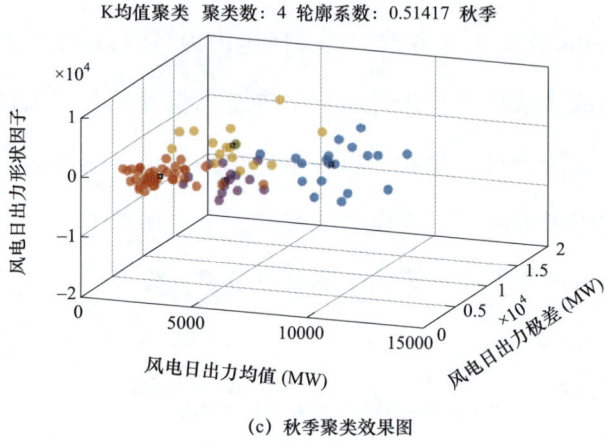

（c）秋季聚类效果图

K均值聚类　聚类数：3　轮廓系数：0.62342　冬季

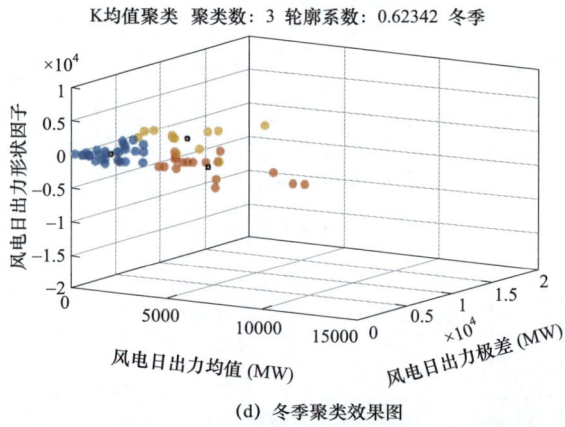

（d）冬季聚类效果图

图 2－37　风电春夏秋冬季度聚类效果图（二）

表 2－3　　　　　　　　风电四季典型日聚类轮廓系数效果

季节聚类	春季	夏季	秋季	冬季
轮廓系数	0.57	0.60	0.51	0.62

采用轮廓系数法决定最佳聚类数，轮廓系数定义如下：

通过 K－means 算法将待分类数据分为了 k 个簇，每个簇含有 N 个样本点。对于簇中的每个样本点分别计算它们的轮廓系数，对于其中的一个样本点 x_i 来说：

定义 $a(i)$ 为 i 向量到所有它属于的簇中其他点 x_n 欧式距离的均值

$$a(i) = \frac{\sum_{n=1}^{N}\sqrt{(x_i - x_n)^2}}{N} \tag{2-99}$$

式中　N——各个簇的样本总数。

定义 $a(i)$ 为 i 向量到其他簇内的所有样本点 $y_n, \cdots, z_n$ 的平均距离的最小值

$$b(i) = \min\left(\frac{\sum_{n=1}^{N}\sqrt{(x_i - y_n)^2}}{N}, \cdots, \frac{\sum_{n=1}^{N}\sqrt{(x_i - z_n)^2}}{N}\right) \tag{2-100}$$

那么 x_i 向量轮廓系数就为

$$S(i) = \frac{b(i) - a(i)}{\max\{a(i), b(i)\}} \tag{2-101}$$

可见轮廓系数的值介于 ［－1，1］ 之间，越趋近 1 代表内聚度和分离度都相对较优。下图中给出的四季典型日场景聚类的轮廓系数均达到 0.5 以上，说明聚类效果较优，聚类后所得场景具有典型代表性。

将各季节不同聚类的样本中心点作为典型日场景集，并以各典型日所在聚类占比视为该类典型日前场景出现的概率，四季不同典型日及占比如图 2－38～图 2－41 所示。

风电出力典型日所在聚类占比：20.65% 春季

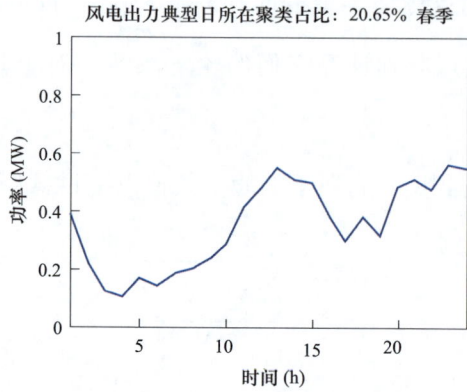

（a）春季第一类典型场景

风电出力典型日所在聚类占比：38.04% 春季

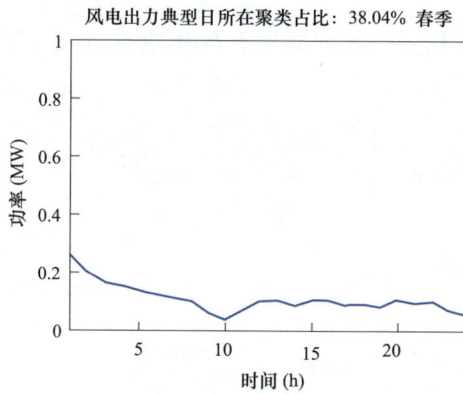

（b）春季第二类典型场景

风电出力典型日所在聚类占比：41.30% 春季

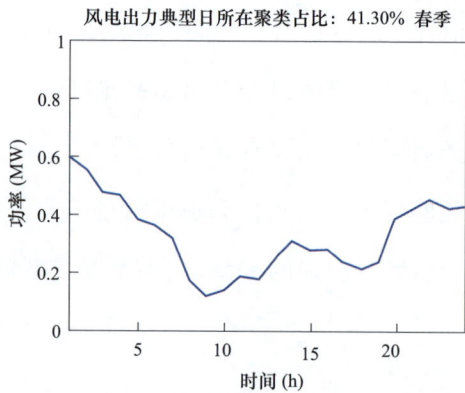

（c）春季第三类典型场景

图 2-38　春季各典型日场景及占比图

80

风电出力典型日所在聚类占比：15.38% 夏季

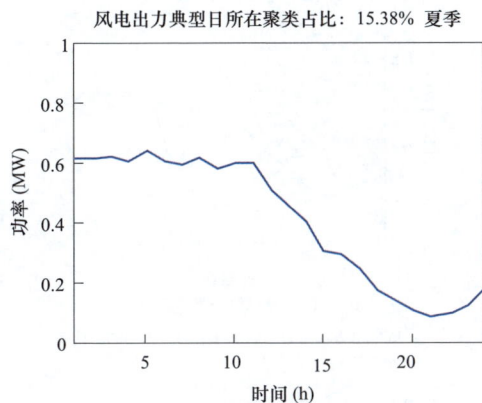

(a) 夏季第一类典型场景

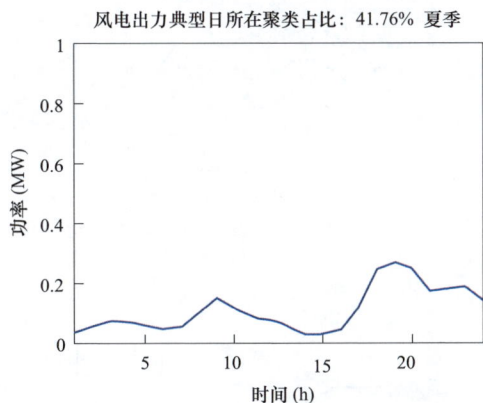

风电出力典型日所在聚类占比：41.76% 夏季

(b) 夏季第二类典型场景

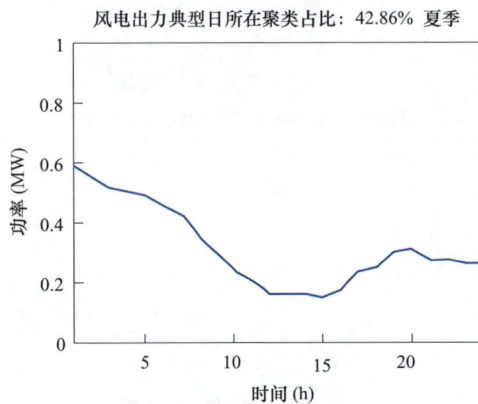

风电出力典型日所在聚类占比：42.86% 夏季

(c) 夏季第三类典型场景

图 2-39　夏季各典型日场景及占比图

风电出力典型日所在聚类占比：21.74% 秋季

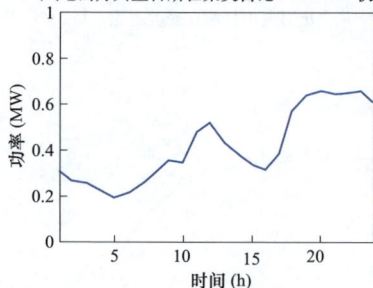

(a) 秋季第一类典型场景

风电出力典型日所在聚类占比：17.39% 秋季

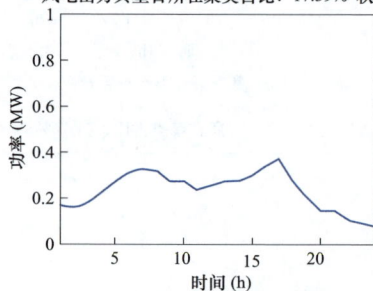

(b) 秋季第二类典型场景

风电出力典型日所在聚类占比：16.30% 秋季

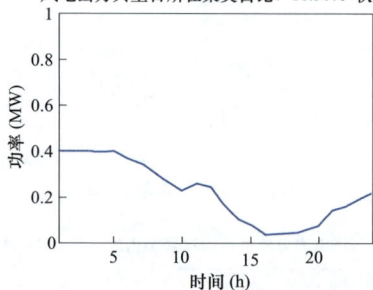

(c) 秋季第三类典型场景

风电出力典型日所在聚类占比：44.57% 秋季

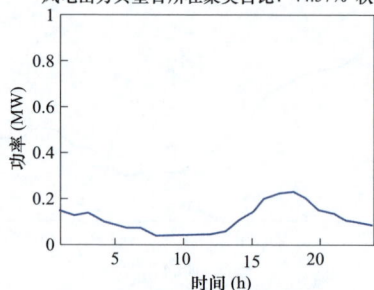

(d) 秋季第四类典型场景

图 2-40　秋季各典型日场景及占比图

风电出力典型日所在聚类占比：20.34% 冬季

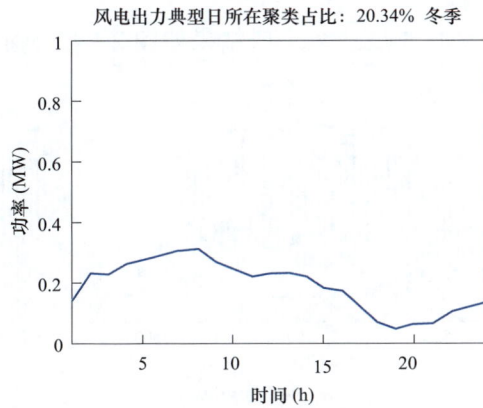

(a) 冬季第一类典型场景

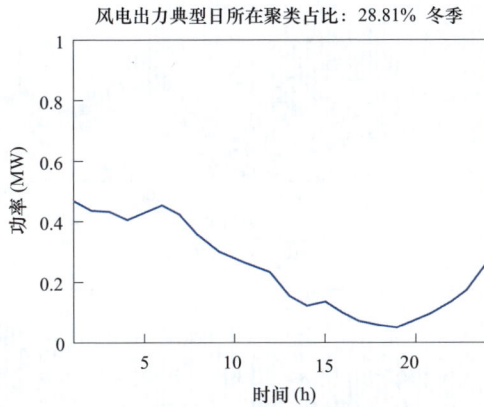

风电出力典型日所在聚类占比：28.81% 冬季

(b) 冬季第二类典型场景

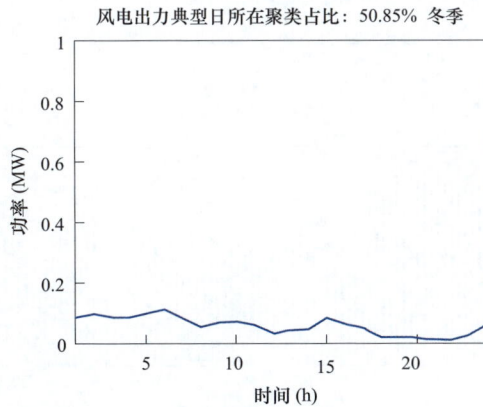

风电出力典型日所在聚类占比：50.85% 冬季

(c) 冬季第三类典型场景

图 2-41 冬季各典型日及占比图

（2）光伏场景。光伏季度序列生成结果如图2-42所示。

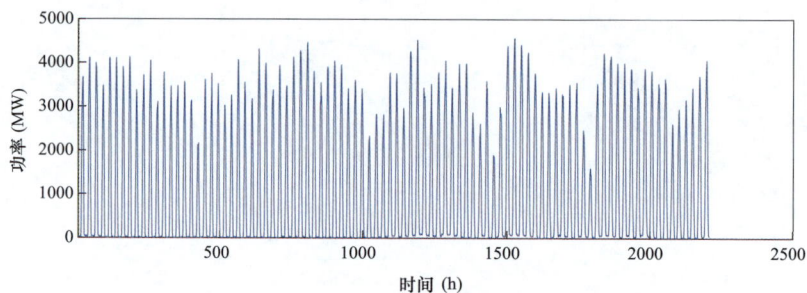

(a) 春季生成序列

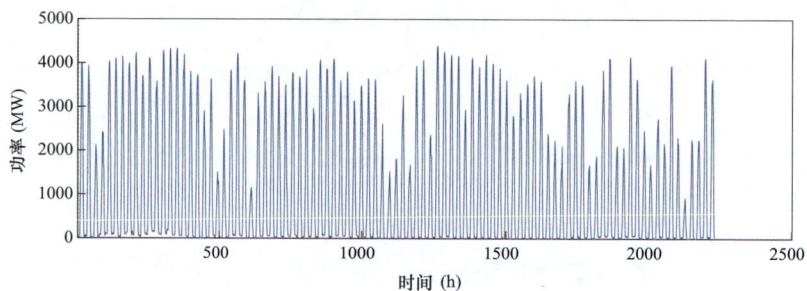

(b) 夏季生成序列

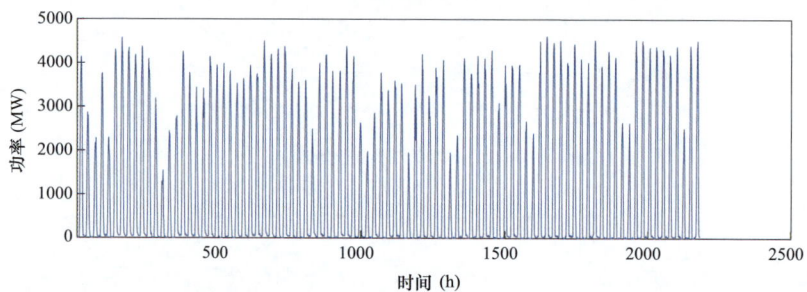

(c) 秋季生成序列

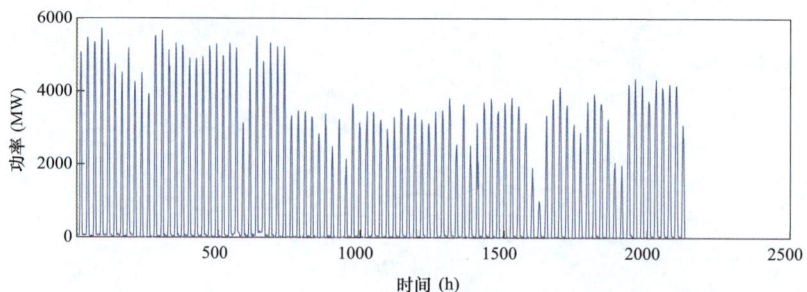

(d) 冬季生成序列

图2-42 河南省光伏季度生成序列

与校验风电序列的时间相关性方法相同,计算季度曲线 ACF 并拟合,拟合结果如图 2−43 所示。

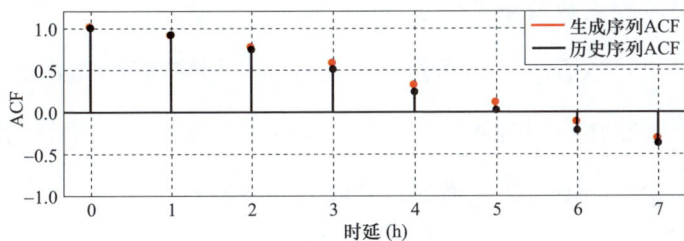

(a) 春季序列ACF拟合

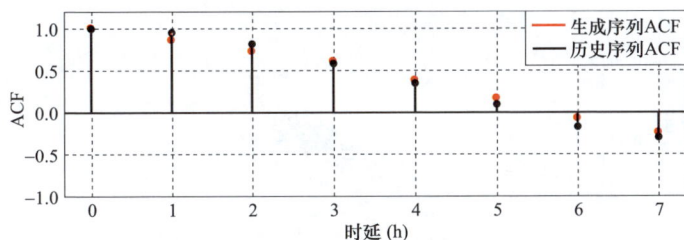

(b) 夏季序列ACF拟合

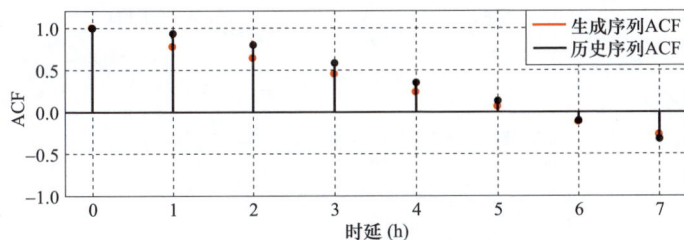

(c) 秋季序列ACF拟合

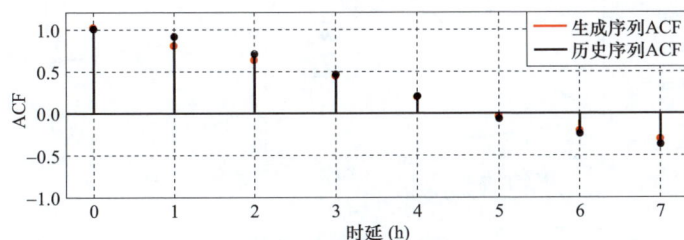

(d) 冬季序列ACF拟合

图 2−43 光伏春夏秋冬序列 ACF 拟合

光伏春夏秋冬四季序列 ACF 拟合图像表明生成场景与历史场景时间相关性一致。使用 K－means 聚类法聚合得到光伏日前出力场景。分别以日出力幅度、日出力均值和日间出力变化均值进行分类，聚类效果如图 2－44 所示。光伏四季典型日聚类轮廓系数效果见表 2－4。

从聚类结果可以看出，四季聚类的轮廓系数均较高（＞0.6），表明聚类效果较优。春夏季整体日照时间较长，日平均出力较高，且功率波动相对平稳；秋冬季部分场景日间出力幅度增加，且波动相对剧烈。

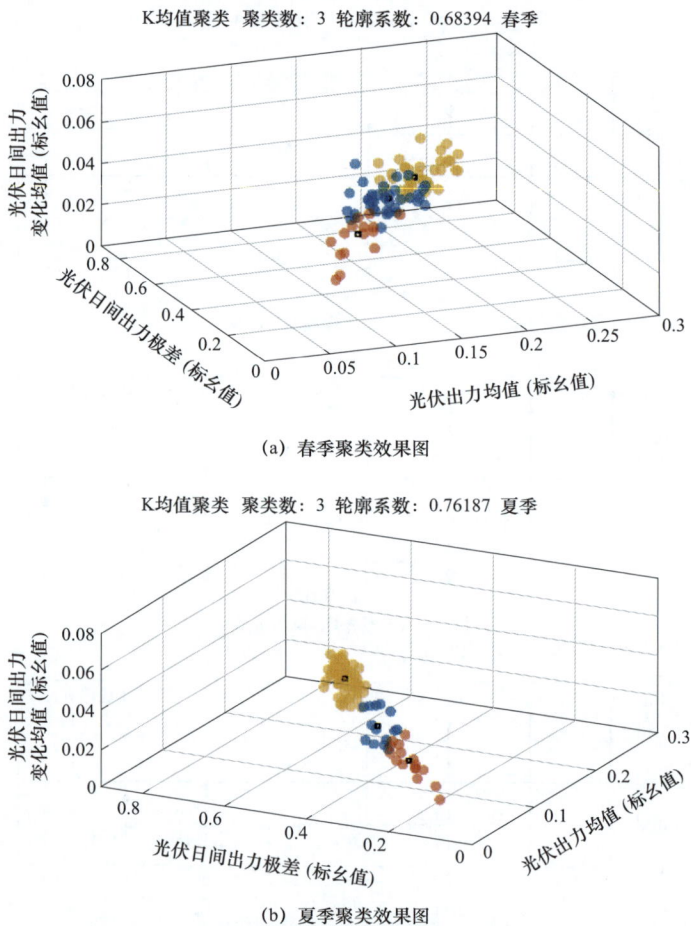

(a) 春季聚类效果图

(b) 夏季聚类效果图

图 2－44　光伏春夏秋冬四季聚合效果图（一）

K均值聚类 聚类数: 3 轮廓系数: 0.74127 秋季

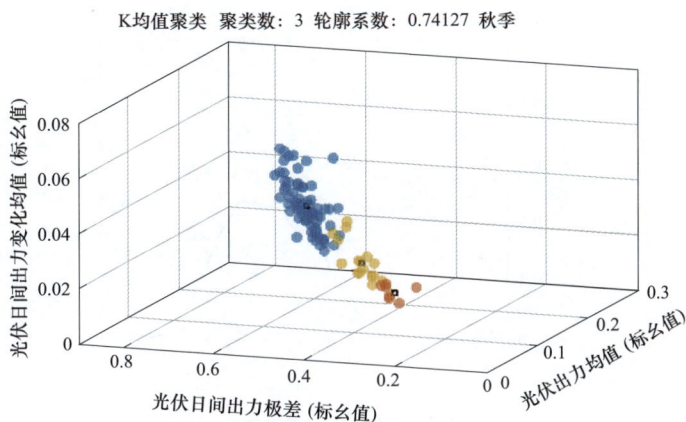

（c）秋季聚类效果图

K均值聚类 聚类数: 3 轮廓系数: 0.74574 冬季

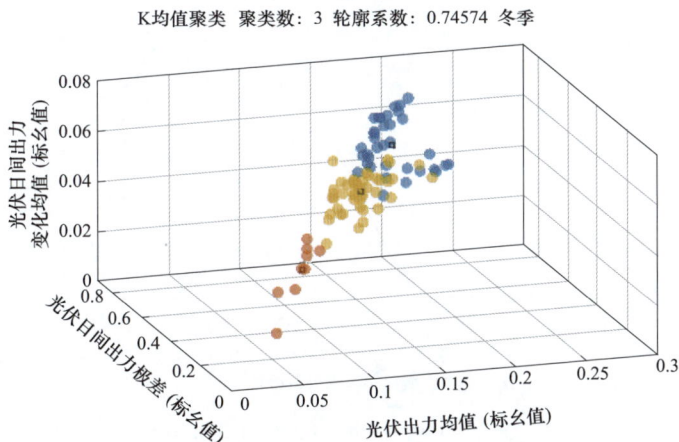

（d）冬季聚类效果图

图2-44 光伏春夏秋冬四季聚合效果图（二）

表2-4 光伏四季典型日聚类轮廓系数效果

季节聚类	春季	夏季	秋季	冬季
轮廓系数	0.68	0.76	0.74	0.75

将各季节不同聚类的样本中心点作为典型日场景集，将各典型日所在聚类占比视为日前场景成为该典型日的概率，四季不同典型日及占比如图2-45~图2-48所示。

光伏出力典型日所在聚类占比：16.30% 春季

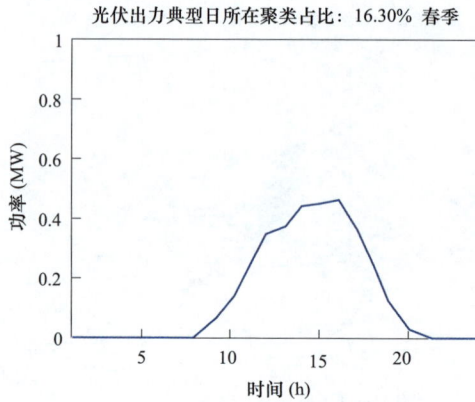

(a) 春季第一类典型场景

光伏出力典型日所在聚类占比：42.39% 春季

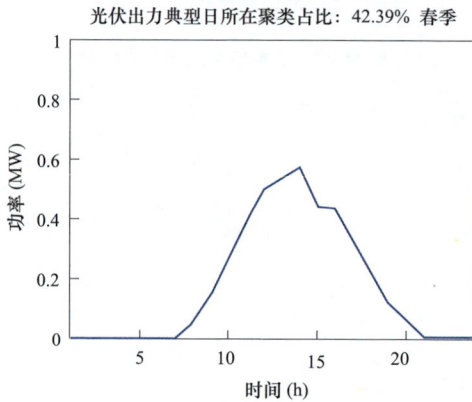

(b) 春季第二类典型场景

光伏出力典型日所在聚类占比：41.30% 春季

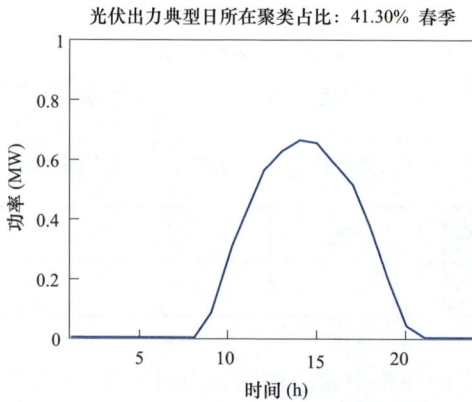

(c) 春季第三类典型场景

图 2-45 春季光伏典型日出力场景

光伏出力典型日所在聚类占比：13.19% 夏季

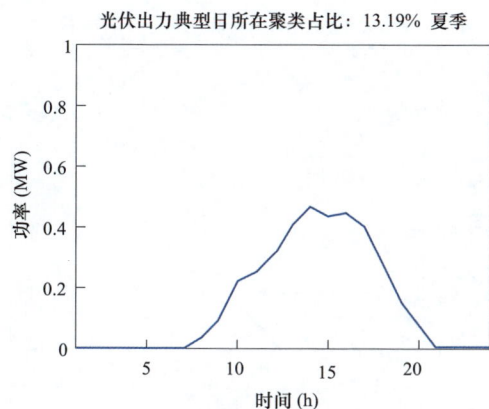

(a) 夏季第一类典型场景

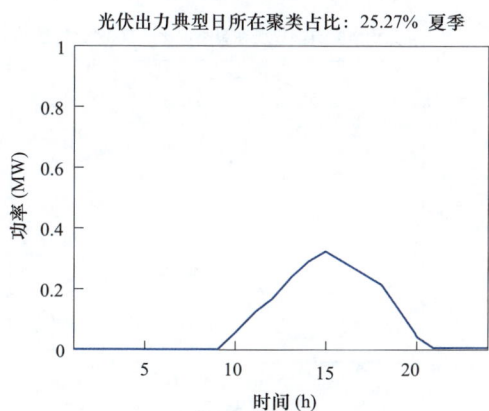

光伏出力典型日所在聚类占比：25.27% 夏季

(b) 夏季第二类典型场景

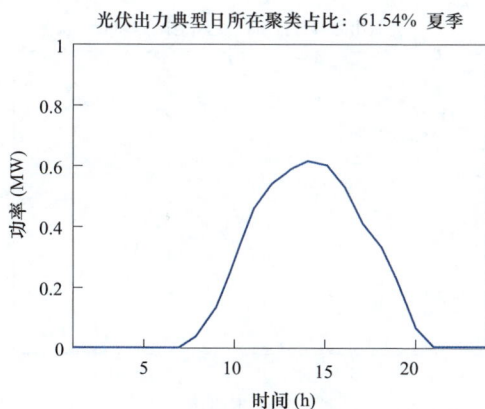

光伏出力典型日所在聚类占比：61.54% 夏季

(c) 夏季第三类典型场景

图 2-46 夏季各典型日场景集占比图

光伏出力典型日所在聚类占比：7.61% 秋季

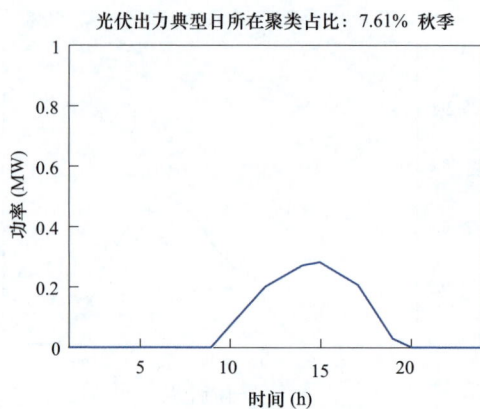

(a) 秋季第一类典型场景

光伏出力典型日所在聚类占比：17.39% 秋季

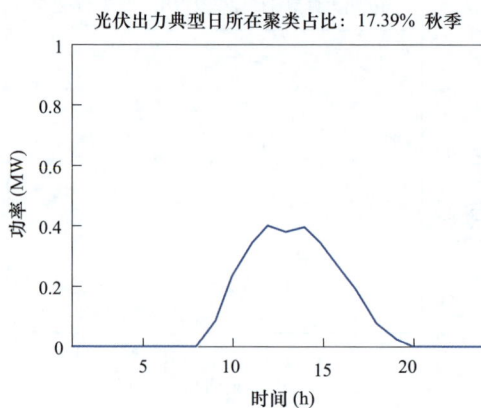

(b) 秋季第二类典型场景

光伏出力典型日所在聚类占比：75.00% 秋季

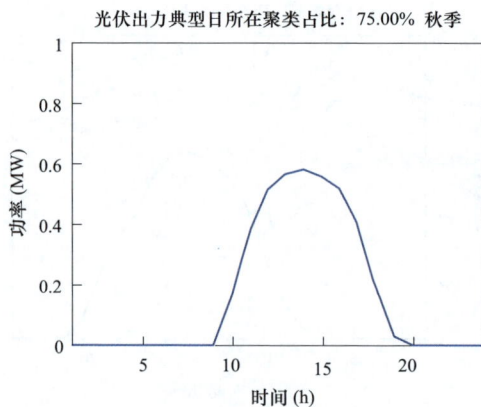

(c) 秋季第三类典型场景

图 2-47　秋季各典型日场景集占比图

光伏出力典型日所在聚类占比：10.00% 冬季

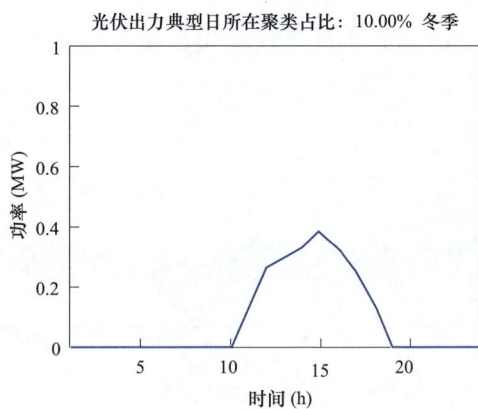

(a) 冬季第一类典型场景

光伏出力典型日所在聚类占比：43.33% 冬季

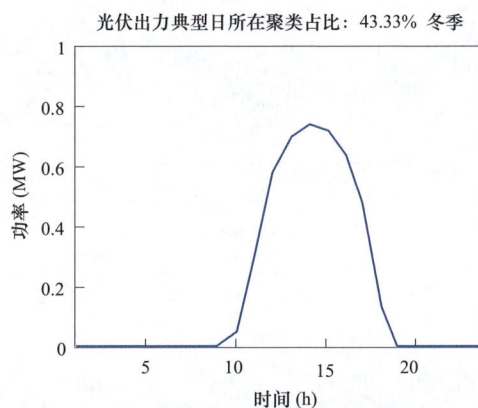

(b) 冬季第二类典型场景

光伏出力典型日所在聚类占比：46.67% 冬季

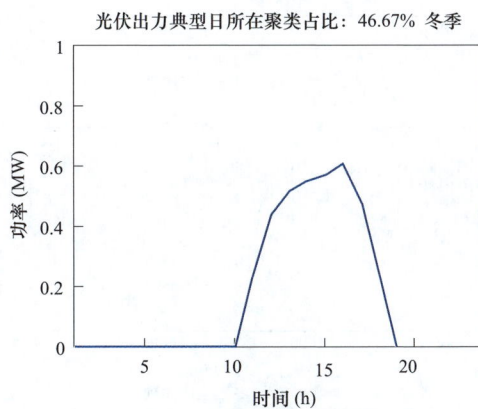

(c) 冬季第三类典型场景

图 2-48　冬季各典型日场景集占比图

（3）负荷场景。负荷季度序列生成结果如图 2−49 所示。

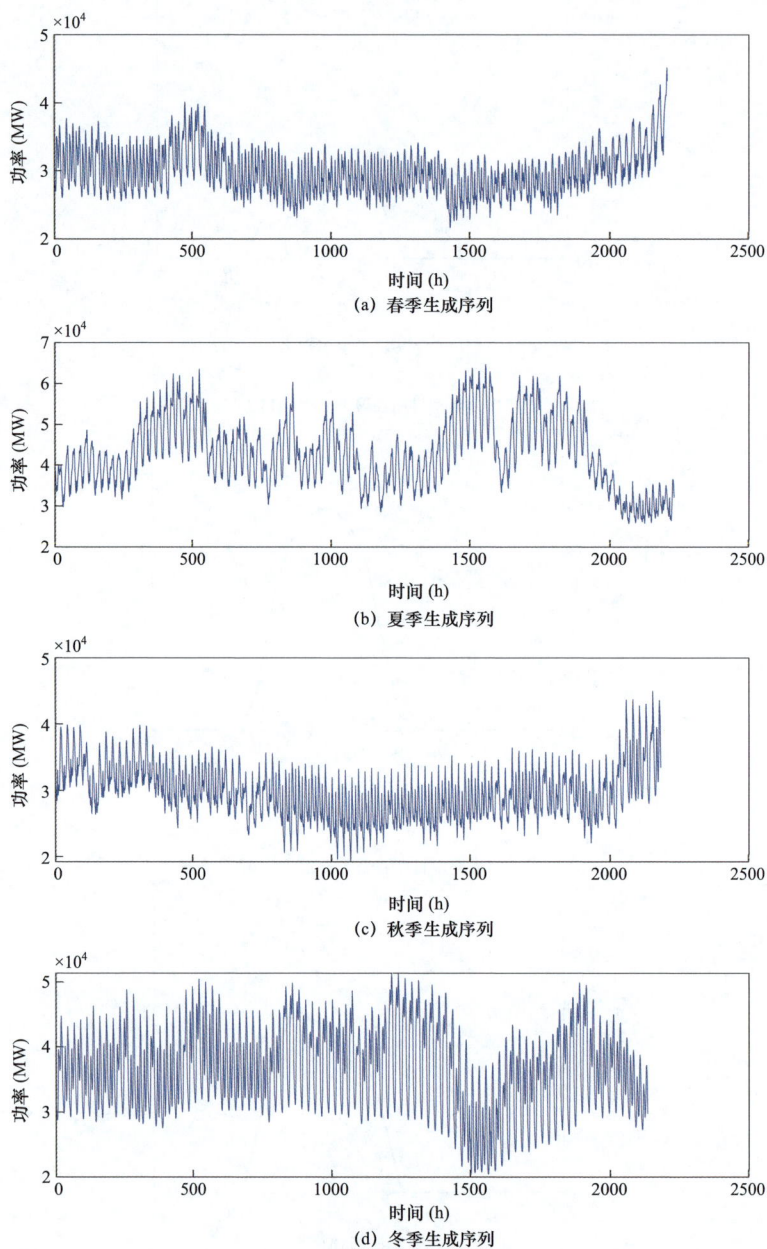

(a) 春季生成序列

(b) 夏季生成序列

(c) 秋季生成序列

(d) 冬季生成序列

图 2−49　河南省负荷季度生成序列

累积分布函数（cumulativedistributionfunction，CDF）能描述随机变量的概率分布。分别拟合生成数据与历史数据的累积分布函数，如图2-50和图2-51所示。

四季CDF拟合图像表明，生成序列均能较准确的拟合历史序列的概率分布特性，生成序列与历史序列统计特性一致。

与校验新能源序列的时间相关性方法相同，计算季度曲线ACF并拟合，拟合结果如图2-52所示。

由于负荷曲线较为稳定，采用所提场景削减法辨识出四季度典型负荷场景如图2-53所示。

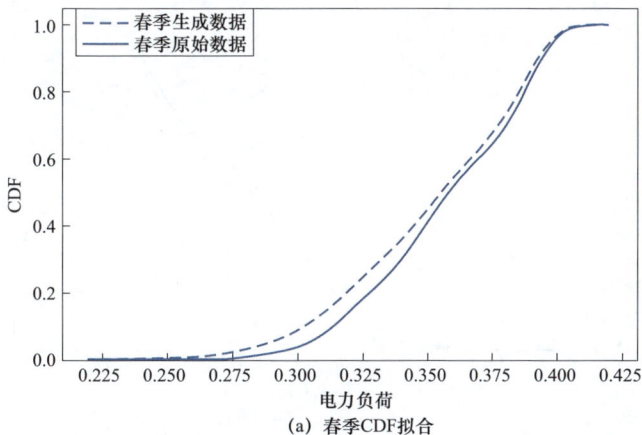

(a) 春季CDF拟合

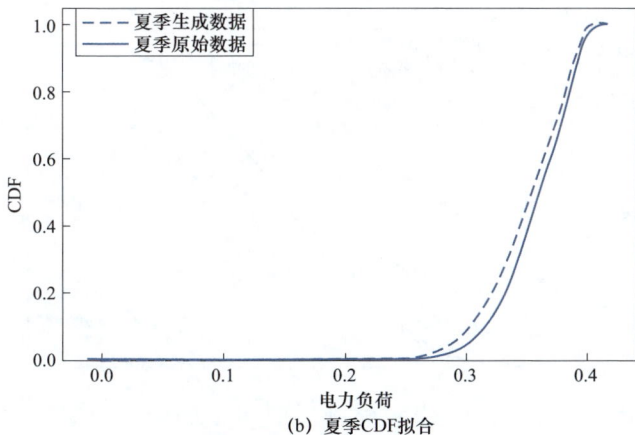

(b) 夏季CDF拟合

图2-50 春夏秋冬四季CDF拟合（一）

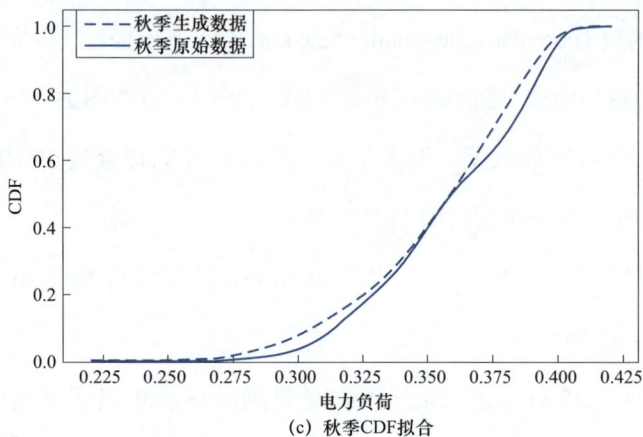

(c) 秋季CDF拟合

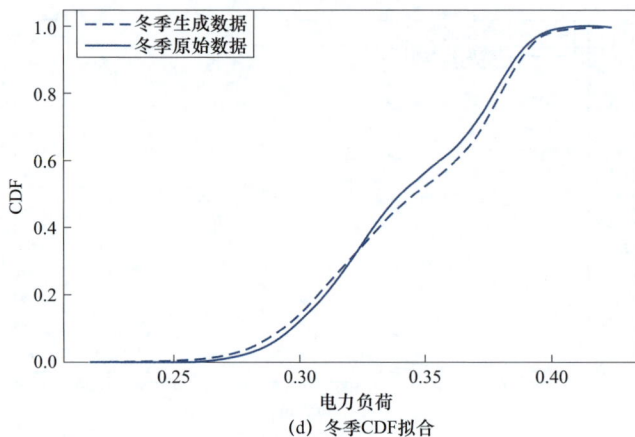

(d) 冬季CDF拟合

图 2-50 春夏秋冬四季 CDF 拟合（二）

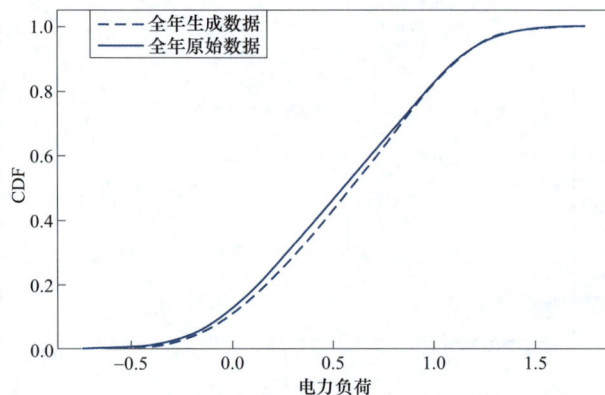

图 2-51 全年 CDF 拟合

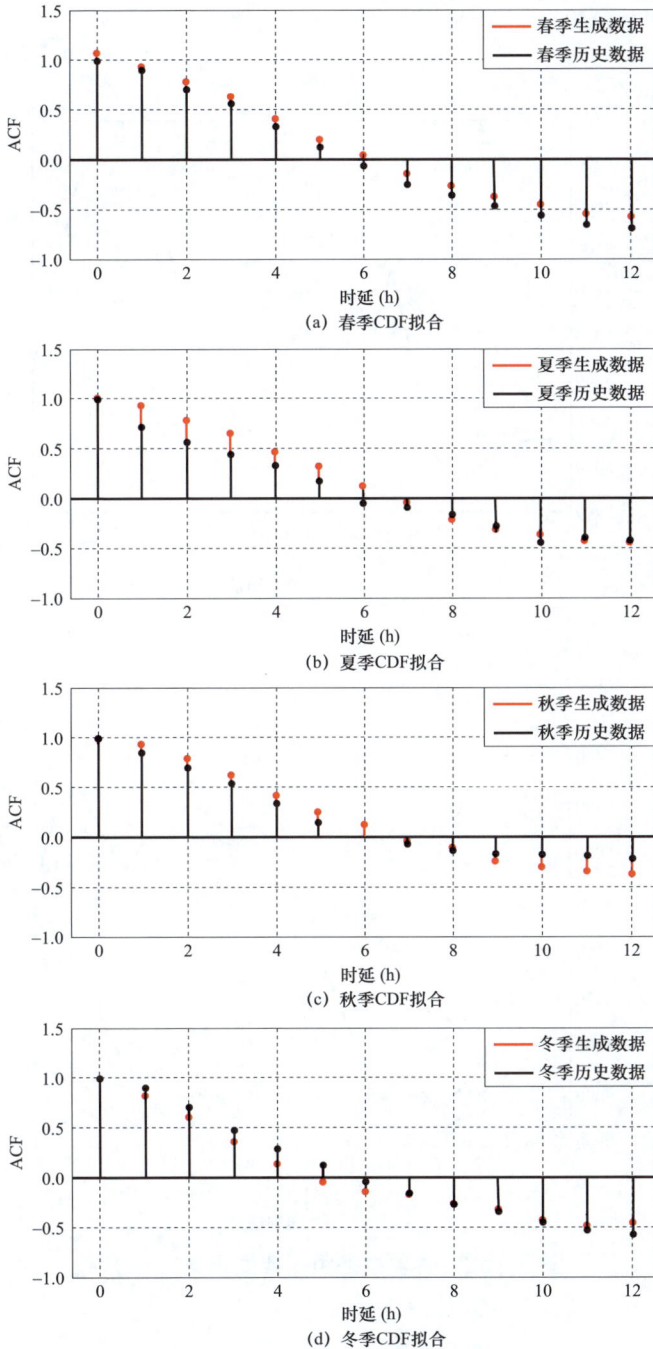

(a) 春季CDF拟合

(b) 夏季CDF拟合

(c) 秋季CDF拟合

(d) 冬季CDF拟合

图 2−52　春夏秋冬四季 ACF 拟合

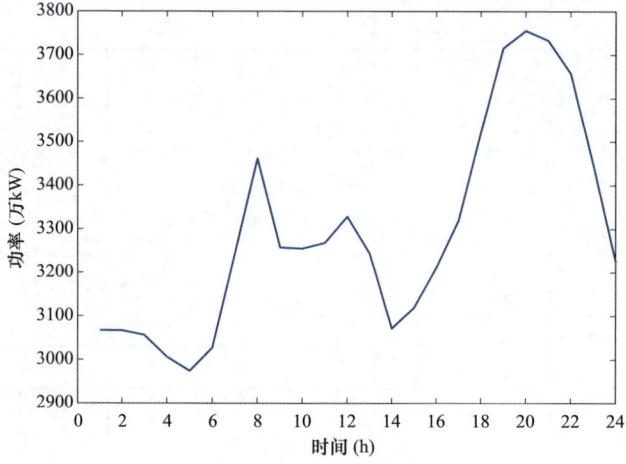

(a) 春季典型场景

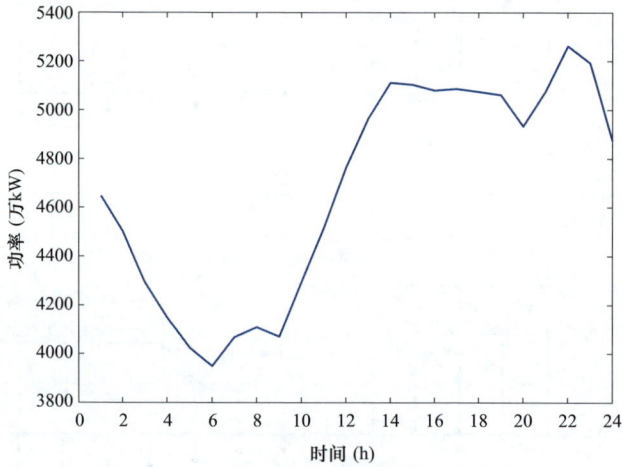

(b) 夏季典型场景

图 2-53　春夏秋冬负荷典型场景（一）

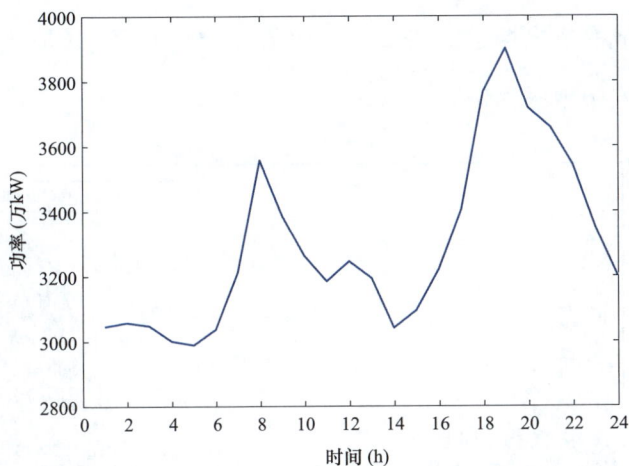

(c) 秋季典型场景

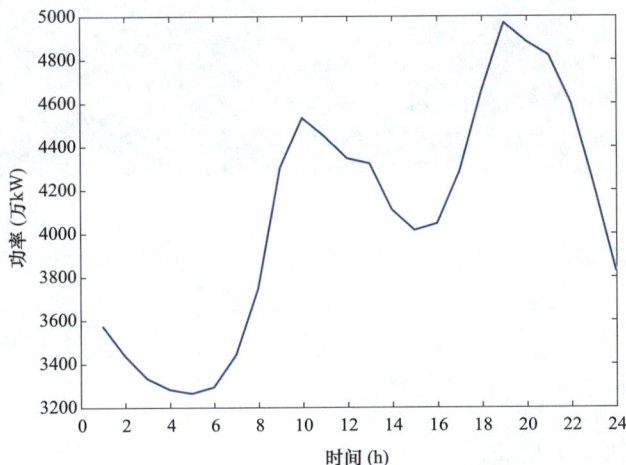

(d) 冬季典型场景

图 2-53 春夏秋冬负荷典型场景(二)

2.6.3 极端场景集构建

首先,利用所提场景生成方法对河南省 18 地市的历史风-光-荷统计特性进行分析,捕获各地市风-光-荷场景的概率分布特性,每个地市生成 500 组历史场景,结果如下:

河南省生成的风电场景如图 2-54 和图 2-55 所示（选取风电资源较丰富的南阳地区和安阳地区为例）。

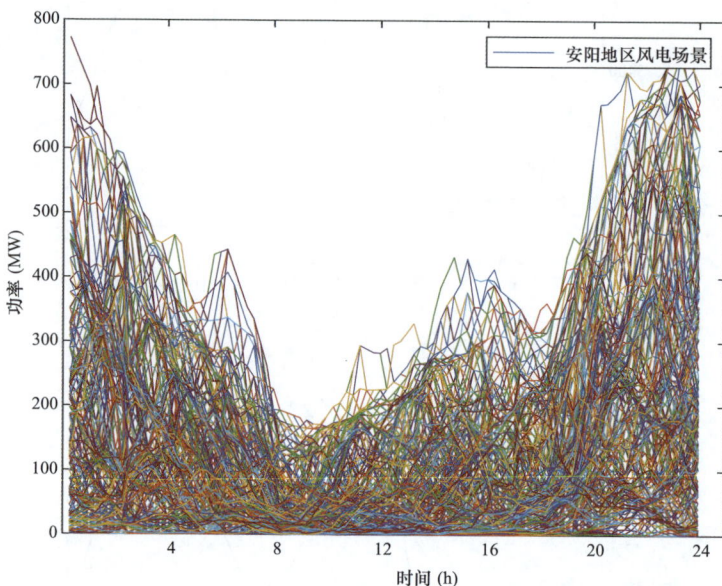

图 2-54　河南省安阳地区生成的风电曲线（不同颜色代表该地区不同出力场景）

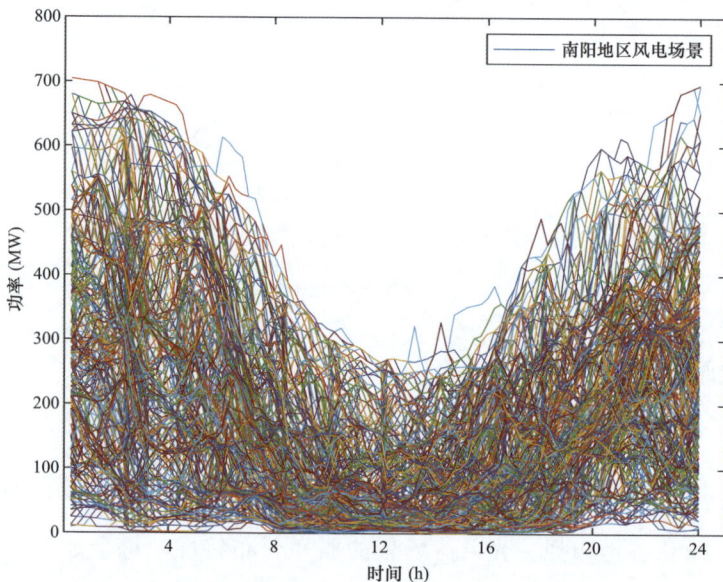

图 2-55　河南省南阳地区生成的风电曲线（不同颜色代表该地区不同出力场景）

河南省生成的光伏场景如图 2−56 和图 2−57 所示（选取光伏资源较丰富的平顶山地区和新乡地区为例）。

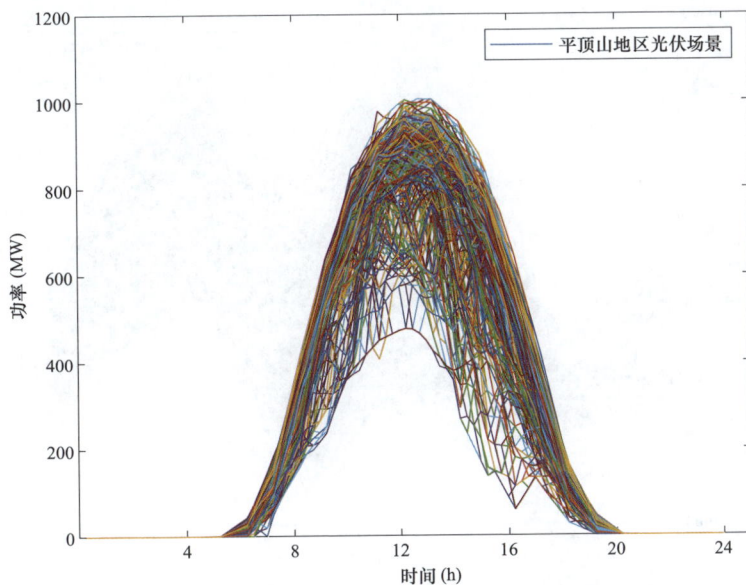

图 2−56 河南省平顶山地区生成的光伏曲线（不同颜色代表该地区不同出力场景）

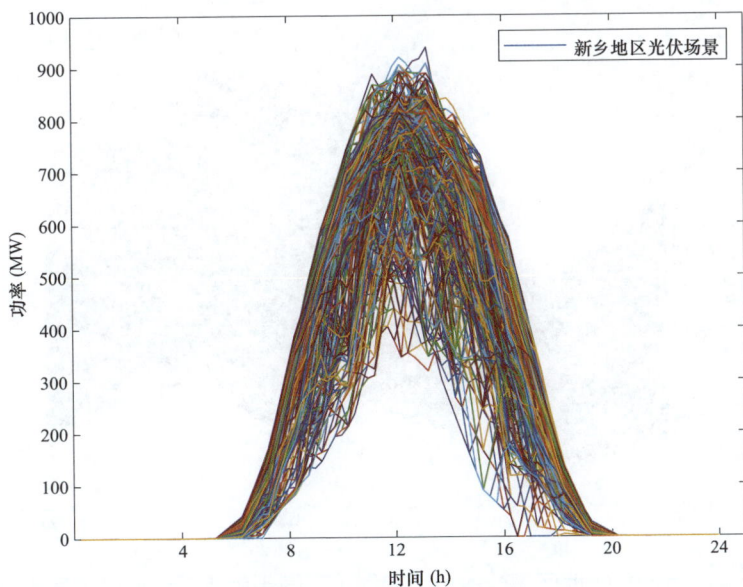

图 2−57 河南省新乡地区生成的光伏曲线（不同颜色代表该地区不同出力场景）

河南省生成的负荷场景如图 2−58 和图 2−59 所示（选取负荷占比较大的南阳地区和郑州地区为例）。

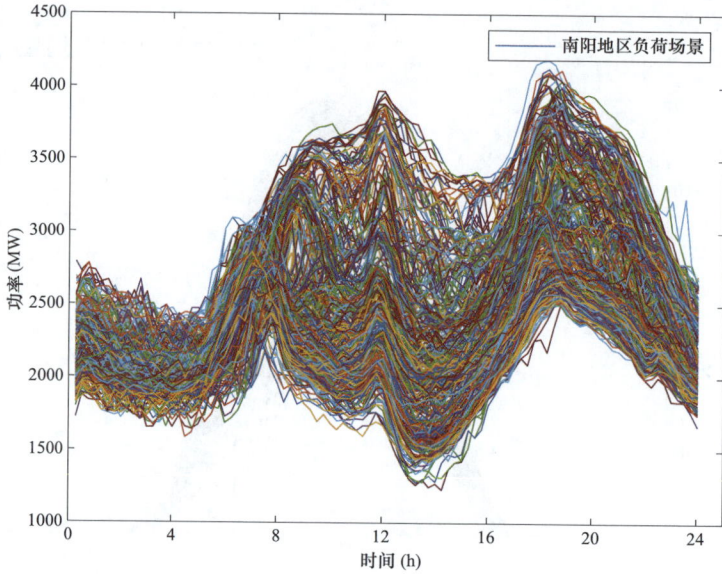

图 2−58 河南省南阳地区生成的负荷曲线（不同颜色代表该地区不同出力场景）

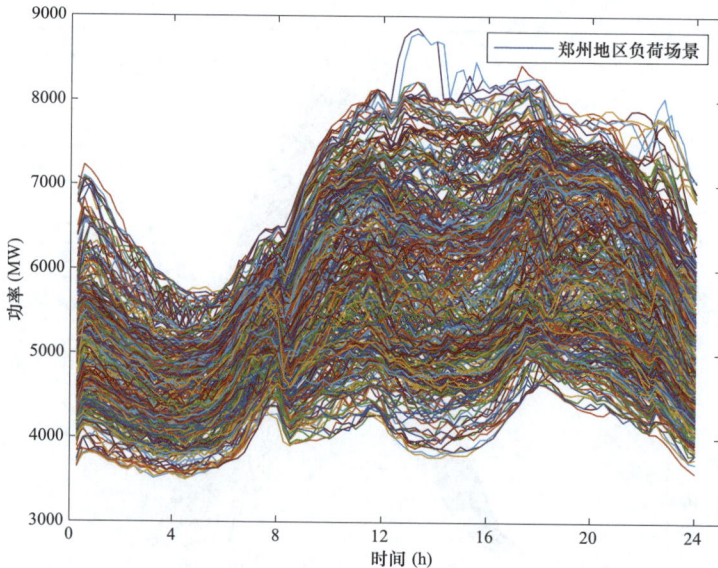

图 2−59 河南省郑州地区生成的负荷曲线（不同颜色代表该地区不同出力场景）

然后,基于所生成历史场景集,利用高维菱形凸包方法构建面向"双保"的极端场景,再利用所提生成削减方法对极端场景进行聚合,缩减至 10 个极端场景,结果如下:

河南省极端风电场景如图 2-60 和图 2-61 所示(选取风电资源较丰富的南阳地区和安阳地区为例)。

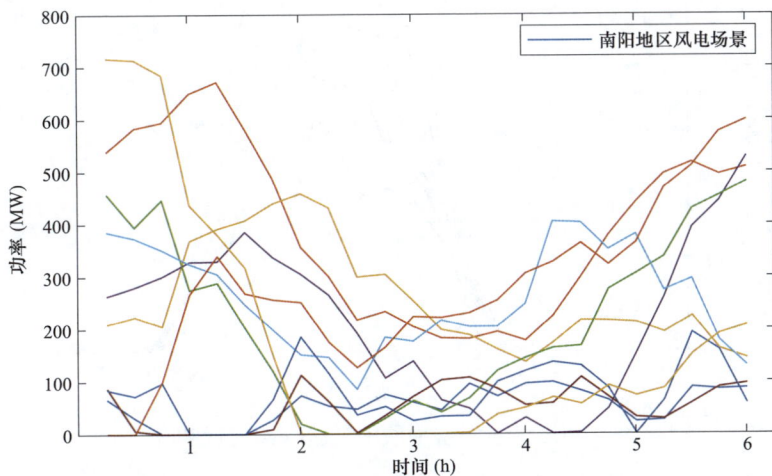

图 2-60　河南省南阳地区极端风电曲线

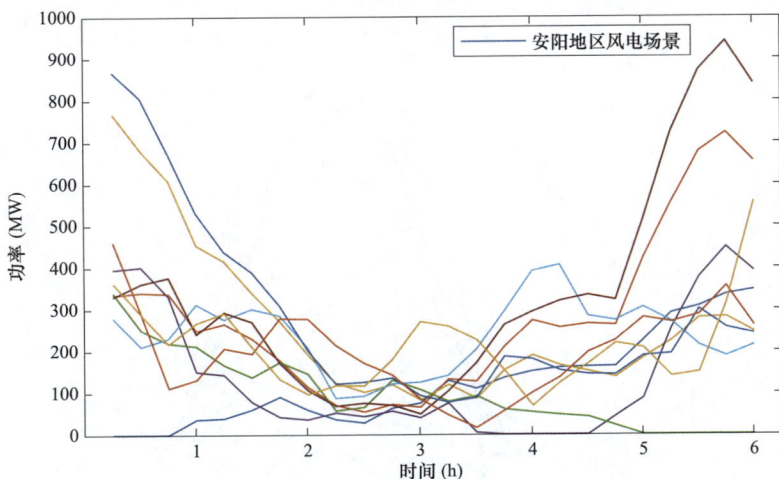

图 2-61　河南省安阳地区极端风电曲线

河南省极端光伏场景如图 2-62 和图 2-63 所示（选取光伏资源较丰富的平顶山地区和新乡地区为例）。

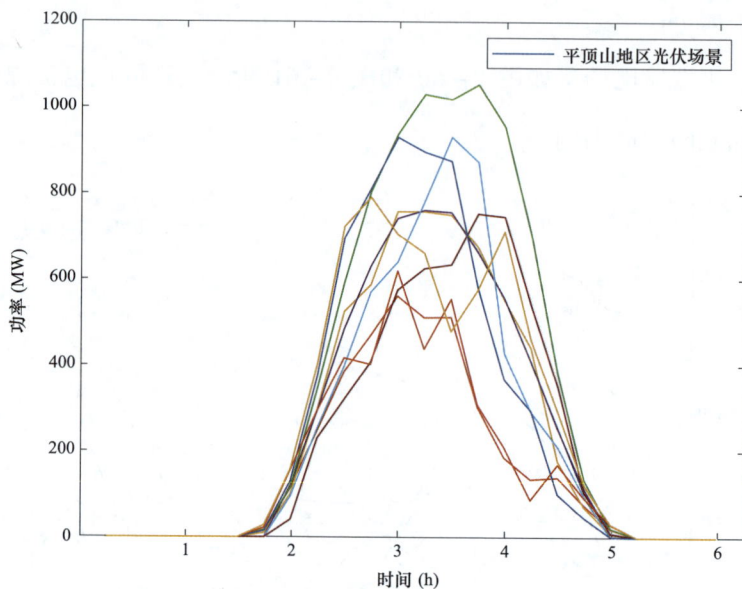

图 2-62　河南省平顶山地区极端光伏曲线

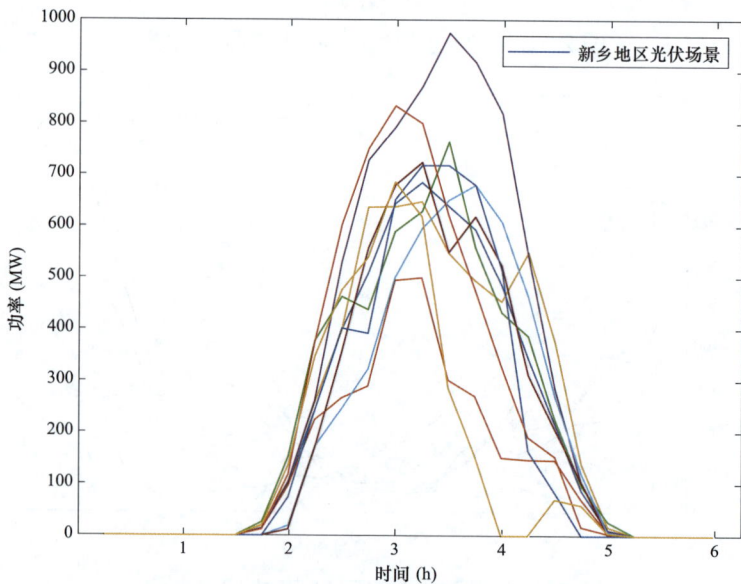

图 2-63　河南省新乡地区极端光伏曲线

河南省极端负荷场景如图 2-64 和图 2-65 所示（选取负荷占比较大的南阳地区和郑州地区为例）。

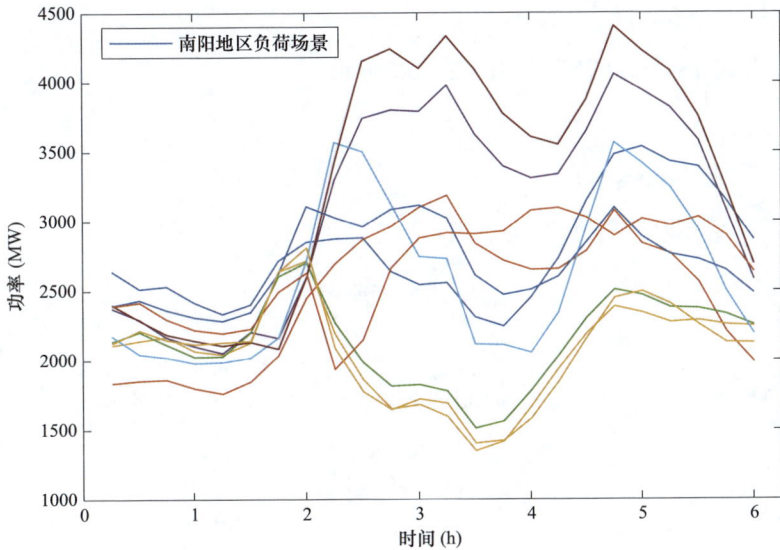

图 2-64 河南省南阳地区极端负荷曲线

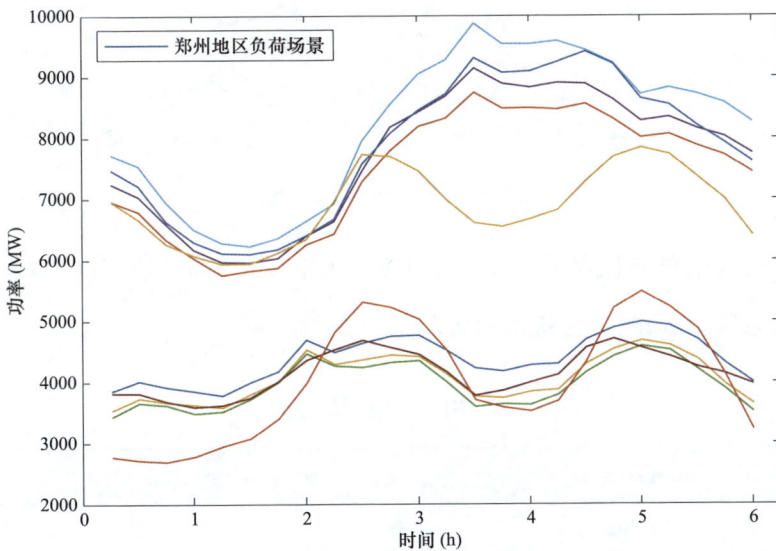

图 2-65 河南省郑州地区极端负荷曲线

2.6.4　面向保供与消纳的场景分析

河南省共 18 个地级市，如图 2−66 所示。

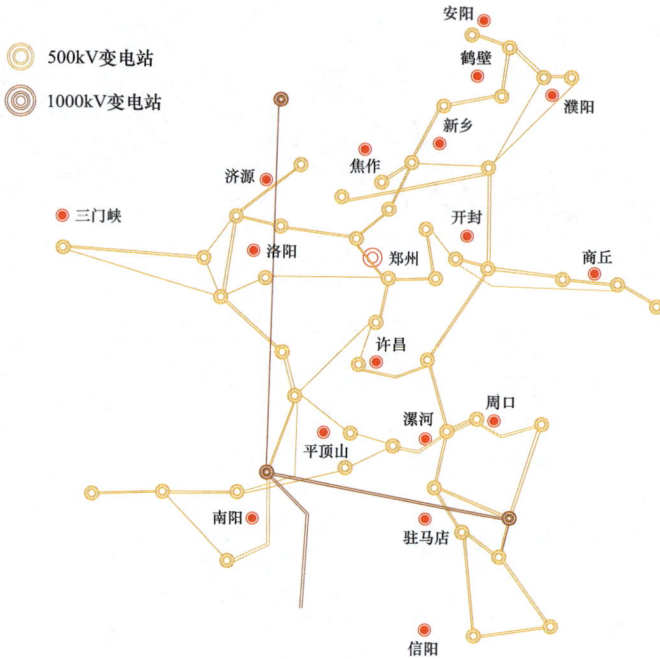

图 2−66　河南省地图

全省的火电总装机容量为 75217MW，风电场总装机容量为 15965.1MW，光伏电站总装机容量为 6258.02MW，见表 2−5。

表 2−5　　　　　　　　装 机 容 量 情 况

发电类型	总装机容量（MW）
火电	75217
风电	15965.1
光伏	6258.02

（1）"保供"场景分析。以上数据是基于火电机组最大发电功率等于其设计装机容量分析的，考虑到未来火电机组的退役，导致装机容量大幅降低，届时必将产生保供问题。于是先将火电机组的出力最大值调到装机容量的 70%，模拟火电机组的部分退役，观察切负荷的情况，如图 2-67 所示。

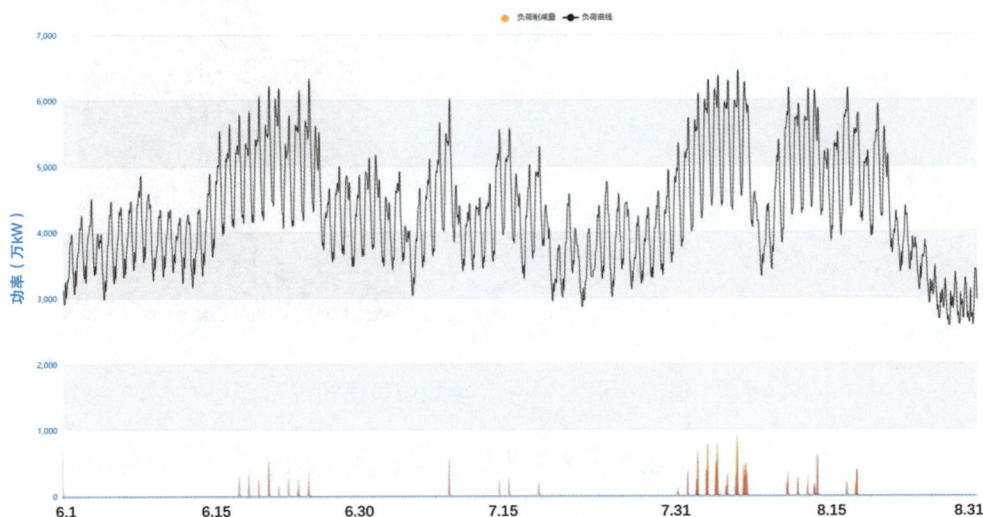

图 2-67　保供场景负荷曲线

整体来看，夏季切负荷的情况，即保供问题，仅发生在全网平均负荷水平升高的 6 月中下旬、7 月中旬和 8 月中上旬。同时，负荷削减量的峰值会随着负荷水平的峰值而变化，其大部分处于 500 万～1000 万 kW。其余时段由于平均负荷水平低，火电机组和风光出力能够满足负荷需求，则不会出现切负荷的情况。

选取典型日 6 月 22 日，分析当日全网切负荷情况，如图 2-68 所示。

如图 2-68 可知，负荷削减量的趋势与负荷水平的部分曲线趋势类似，从 16:00 开始负荷削减量开始增加，在 18:00 左右达到第一个峰值约 420 万 kW；然后在 21:00 左右即用电量大的时段达到第二个峰值，约 800 万 kW，并维持 2 个小时；然后随着负荷水平降低，负荷削减量也慢慢减少。

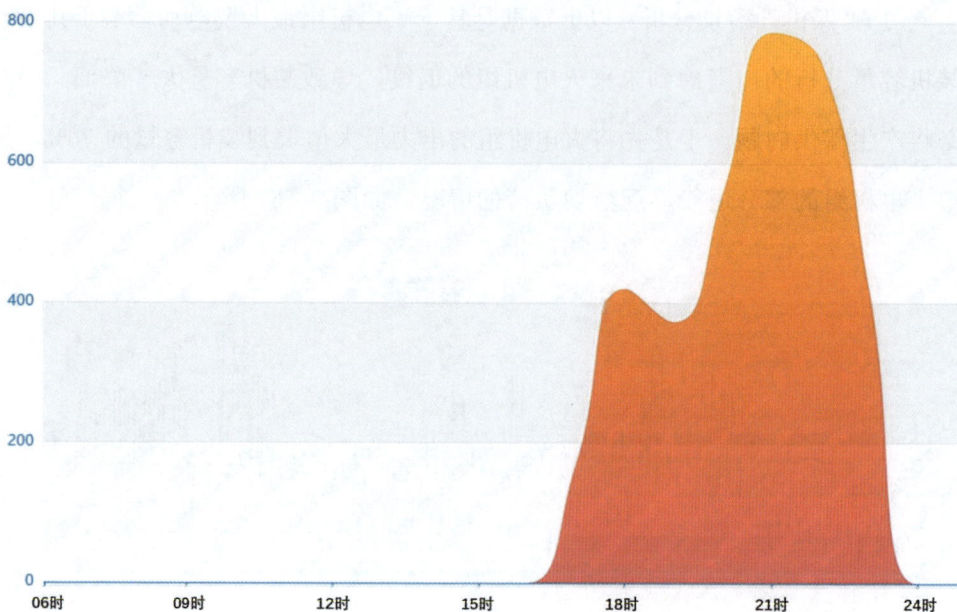

图 2-68 "保供"场景切负荷曲线

进一步地，将火电机组的出力最大值调到装机容量的 60%，观察切负荷的情况，如图 2-69 所示。

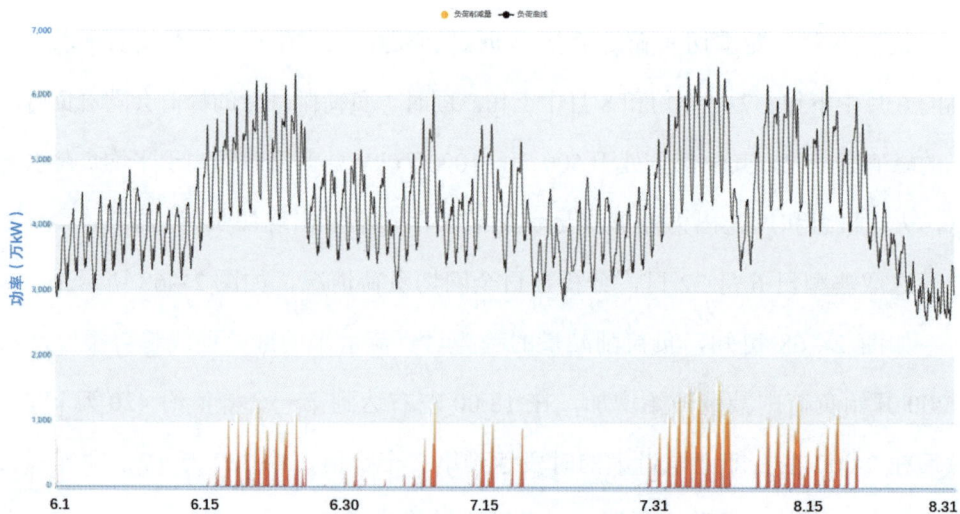

图 2-69 "保供"场景火电退役负荷曲线

可知：此时全网的负荷削减量有几点变化：

第一，出现切负荷的天数明显增多。

第二，负荷削减量的峰值变大，部分峰值从之前的 500 万～1000 万 kW 增大到 1500kW 左右。

第三，对于负荷水平高的时期，可能会出现切负荷时间变长，甚至有全天大部分时间都在切负荷的情况。

（2）"保消纳"场景分析。考虑未来的风电和光伏装机容量将提高，电力系统可能会出现"保消纳"的问题。根据河南省"十三五"规划能源发展主要成就，风电和光伏装机容量年均增长率为 66% 和 88%，因此，预测 2028 年后，风电装机容量增加约三倍，光伏容量增加约四倍，模拟新能源容量提高的情况，用时序生产模拟整个夏季河南省电力系统的弃风弃光情况，结果如图 2-70 和图 2-71 所示。

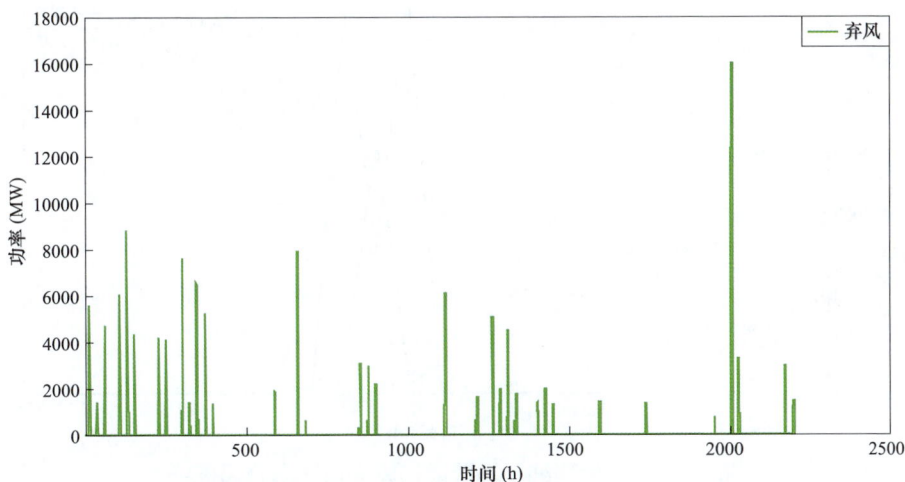

图 2-70 "保消纳"场景弃风曲线

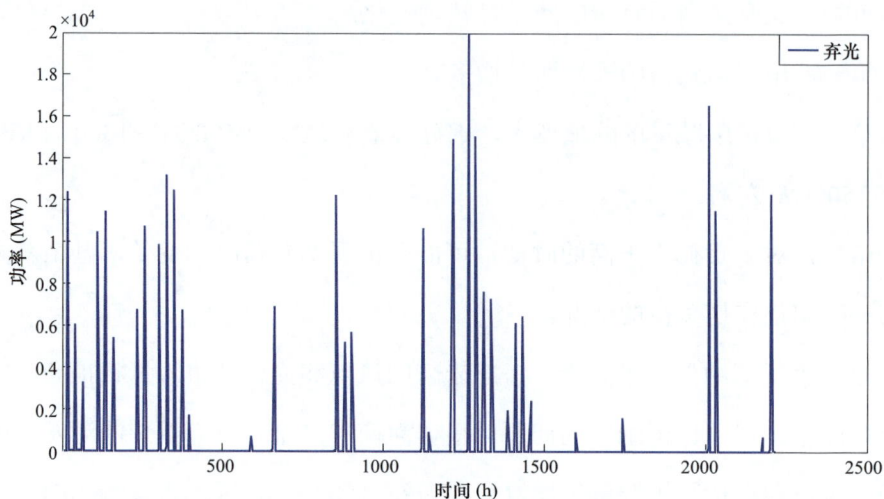

图 2-71 "保消纳"场景弃光曲线

如图 2-71 所示，在增大风电和光伏装机容量后，全省夏季出现弃风弃光情况，选取典型日 6 月 9 日分析，如图 2-72 所示。

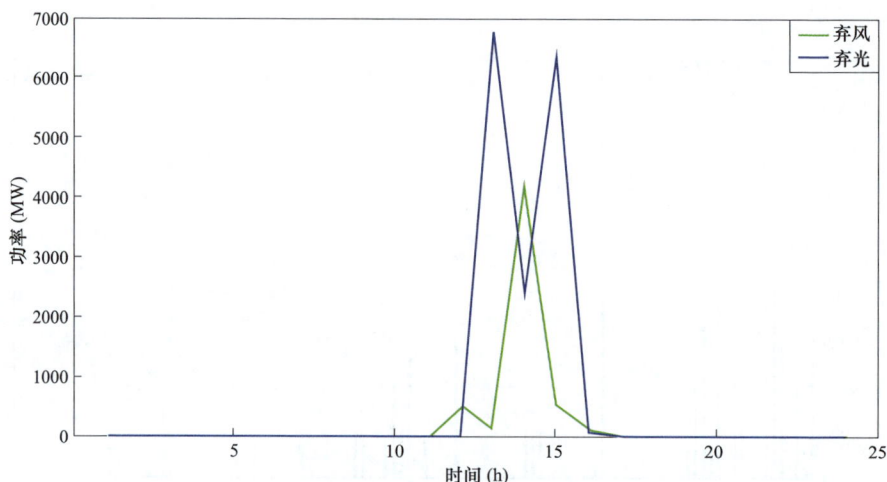

图 2-72 "保消纳"场景增加风光占比后弃风曲线

如图 2-72 可知，一天内大部分弃风和弃光出现在午后时段，由于此时光伏大发，无法消纳，弃光量在 13:00 和 15:00 达到峰值，弃风量在 14:00 达到峰值。

本 章 小 结

对于"保供"场景，重点关注电网切负荷的情况，即在全网平均负荷水平升高的 6 月中下旬、7 月中旬和 8 月中上旬出现切负荷，单日从 16:00 左右开始切负荷开始增加，在 18:00 左右达到第一个峰值，然后在 21:00 左右即用电高峰时段达到第二个峰值，在负荷高峰处容易引发保供问题；对于"保消纳"场景，重点关注弃风弃光情况，即一天内大部分弃风和弃光出现在午后时段，弃光量在 13:00 和 15:00 达到峰值，弃风量在 14:00 达到峰值，在风光大发时段容易引发保消纳问题。

3 分行业分产业调节能力裕度量化评估方法

近年来，以风电、光伏为代表的新能源电源在电网中占据的比例逐年提高，对电网消纳可再生能源的能力提出了更高的要求。与此同时，负荷侧存在巨大可调节潜力，以暖通空调和电动汽车为代表的可调居民负荷和以柔性工业电解铝为代表的可调工业负荷逐渐在维持电网安全稳定运行、提高电网对可再生能源的消纳能力、降低电力系统峰谷差以及电网经济调度等方面可以发挥重要作用。然而，空调负荷属于分布分散的需求响应资源，而且功率只能离散变化，大规模空调负荷的聚合建模和协同调控对于提升电力系统的灵活性具有十分重要的作用。现有研究中往往针对单一场景和单一需求响应功能对空调/电动汽车负荷的聚合调控策略进行设计，难以充分利用其灵活性。如何考虑需求响应功能的多样性设计相应的聚合调控策略，并基于此建立大规模空调负荷/电动汽车与电力系统优化调度的模型接口以增强系统灵活性存在进一步提升空间。另一方面，针对电解铝负荷建模的研究，现有模型大多采用有限元模型，虽然考虑因素非常详细，但是相应地也会带来繁重的计算负担，使得该方法难以嵌入电力系统优化调度问题。而采用能量平衡方程和热量计算公式的研究中，仅考虑了铝电解槽从稳态到另一个稳态的变化，忽略了中间的动态过程。现有研究缺乏能够反映电解铝温度动态特性且可以直接应用于电力系统优化调度问题中的电解铝负荷模型。

为此，本章将研究分行业分产业调节能力裕度量化评估方法，回答"什么行业产业电力负荷适合参与保供与消纳"的问题。

3.1　研　究　思　路

首先，提出分行业分产业灵活资源的群体特征识别技术。分析河南省全年用电负荷数据，提出面向居民用电负荷的灵活资源群体特征识别技术；接着利用数据驱动方法，提出面向第二第三产业负荷的灵活资源群体特征识别技术。

接着，提出电动汽车负荷的调节能力量化评估方法和群体智能匹配方法。针对电动汽车的物理特性建立了单体电动汽车充放电模型，然后采用约束归类方法构建大规模电动汽车提供调节灵活性的聚合模型并将其线性化，通过数学推导证明了聚合模型的求解精度与原单体模型的求解精度相同。

再则，提出空调负荷的调节能力量化评估方法和群体智能匹配方法。设计海量异质空调负荷建模方法，进一步构建海量异质空调负荷聚合方法，进而提出海量异质空调负荷的调节能力量化评估模型，进一步在验证聚合有效性。

最后，提出电解铝负荷的调节能力量化评估方法和群体智能匹配方法。分析柔性工业电解铝负荷特性，从而建立铝电解槽热传导模型，进而提出柔性工业电解铝负荷的调节能力量化评估模型，进一步验证模型有效性。

研究思路如图 3－1 所示。

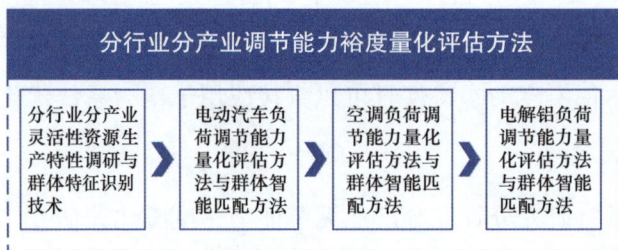

图 3-1　研究思路

3.2　分行业分产业灵活性资源生产特性调研与群体特征识别技术

3.2.1　居民用电负荷

首先，以 2022 年 7~8 月夏季和 2021 年 12 月~2022 年 1 月河南省负荷作对比，分析大电网冬夏负荷特性。具体特征为：

（1）夏季。上午 6:00 全网负荷开始爬升，约 13:00 达到午间峰值并保持平稳趋势至 18:00；18:00 负荷开始降低直至 19:00（下班时段），而后再次快速爬升，直至 21:30 达到峰值（主要是全天峰值），该峰值集中在 21:00~23:00，持续约 2h。河南省度夏负荷场景如图 3-2 所示。

再选取 2022 年 8 月 6 日为度夏典型日，在夏季晚高峰（21:00~23:00）时段全行业用电整体保持当日低位，而居民用电出现时段性反超，居民空调的大量使用导致晚高峰时段保供压力巨大。

与此同时，全行业用电在日间时段（9:00~17:00）的负荷值相对稳定，负荷均值保持在 3500 万 kW，高于凌晨时段（2:00~6:00）基础负荷 600 万 kW，

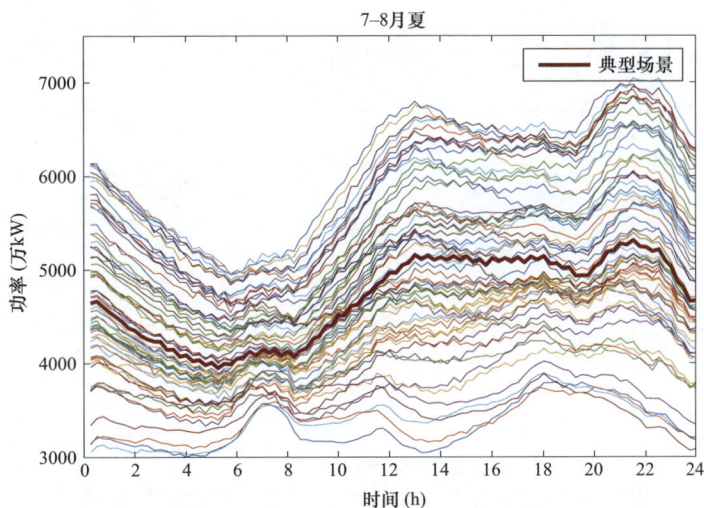

图3-2　河南省度夏负荷场景

说明在日间的可调节空间相对较大。全行业负荷中，第一产业占比较小，第二产业和第三产业占比较大，其中第二产业全天负荷呈现平稳趋势，全行业负荷变化主要由第三产业造成。因此，第二产业和第三产业具备潜在日间可调节潜力。另一方面，在晚高峰（21:00～23:00）时段的全行业负荷均值3200万kW，仅高于凌晨基础负荷100万kW，负荷调节空间已经大幅缩减。与此同时，夏季晚高峰时段全行业用电负荷呈下降趋势，而总体负荷位于全体峰值，可见电网高峰时段与工商业用户负荷下降时段具有天然矛盾，增大晚高峰时段保供难度。河南省度夏典型日场景如图3-3所示。

（2）冬季。上午5:00开始负荷逐渐爬升，直至9:00达到午前峰值，而后略有下降直至12:00；12:00后逐渐降低至15:00，从15:00开始再次爬升，直至18:00达到晚峰（主要是全天的峰值），该峰值集中在18:00～21:00，持续约3h。和夏季晚高峰相比，冬季晚高峰更稳定，爬坡速度比夏季缓慢，冬季波峰集中在18:00～21:00，夏季集中在21:00～23:00，持续时间长1h，出现时刻提前约3h。河南省度冬负荷场景如图3-4所示。

第一产业　　　第三产业　　　　　　　　B、城乡居民生活用电合计
第二产业　　　A、全行业用电合计　　　合计

2022年8月6日度夏典型日

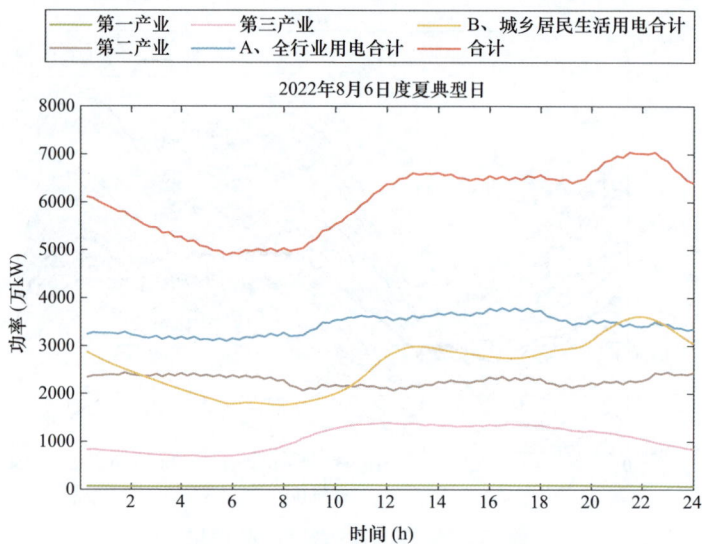

图3-3　河南省度夏典型日场景

典型场景

12-1月冬季

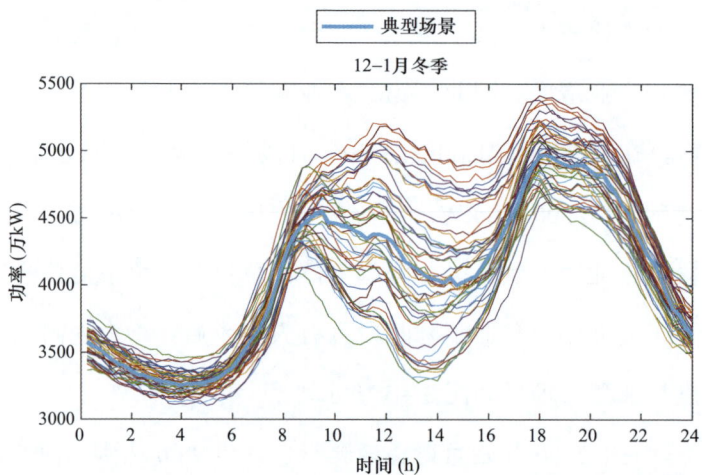

图3-4　河南省度冬负荷场景

再选取2022年1月20日为冬季参考日，该天为2022年度冬期间最大负荷日，冬季晚高峰（18:00~21:00）时段全行业负荷也呈下降趋势，而大电网负荷峰值显现，冬季电网高峰时段与工商业用户负荷下降时段也具有天然矛盾。若

把 1:00～6:00 低谷时段作为全行业用户基础负荷段，将晚高峰时段与基础负荷段的差值作为可压降空间，则全省全行业用户在度冬晚高峰时段理论可压降均值为 200 万 kW。河南省度冬典型日场景如图 3-5 所示。

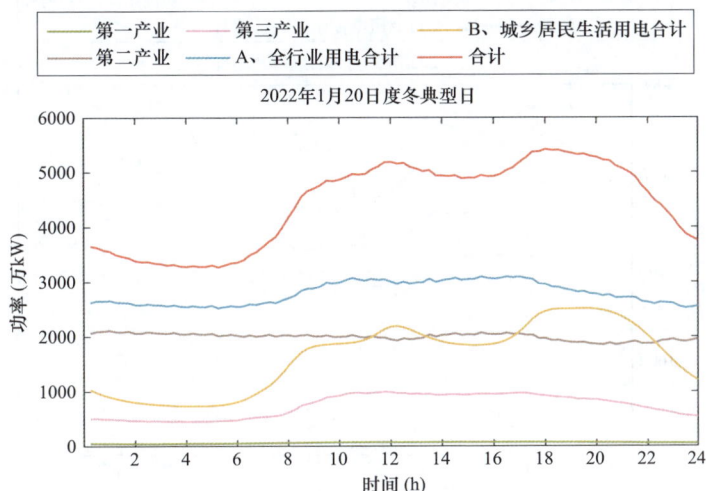

图 3-5　河南省度冬典型日场景

（3）居民温控负荷。再以秋季 10 月 19 日为典型基准日，此时期温度较为适宜，空调降温/采暖用电负荷基本还未出现，可作为全年的工商业用户基础负荷。该日的负荷组成如下图所示。秋季晚高峰出现在 18:00～19:00 区间。河南省度秋典型日场景如图 3-6 所示。

再以 2022 年 1 月 20 日（冬）、2022 年 8 月 6 日（夏）和 2022 年 10 月 19 日（秋）三个典型日的全网负荷和城乡居民生活用电负荷评估冬季采暖和夏季降温负荷，如图 3-7 和图 3-8 所示。

从图 3-7 和图 3-8 可以看到，秋季全天居民负荷波动较小，相对稳定，视为低压生活用电的基础负荷。对于冬季而言，在 18:00～21:00，全省采暖负荷约 5370-3770=1600 万 kW，其中居民采暖负荷约 2500-1100=1400 万 kW；

对于夏季而言，在 21:00～23:00，全省降温负荷约 7000−3400＝3600 万 kW，其中居民降温负荷约 3600−900＝2700 万 kW。总体上，低压用户的冬季采暖负荷是夏季降温负荷的 52%，全省用户的冬季采暖负荷是夏季降温负荷的 44%。

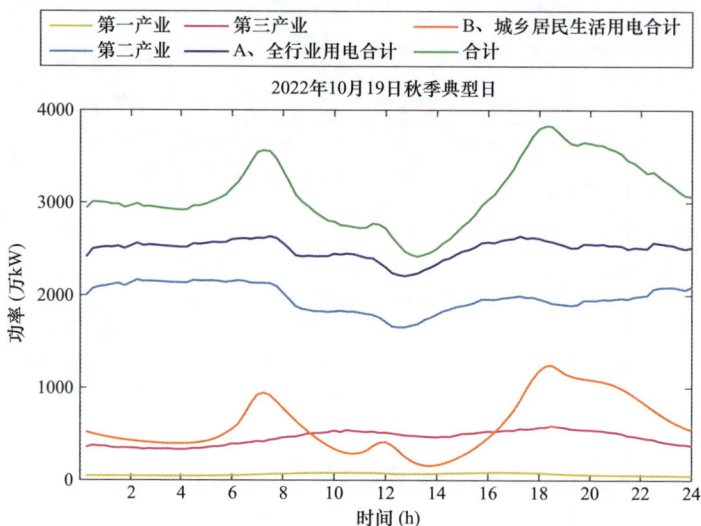

图 3-6　河南省度秋典型日场景

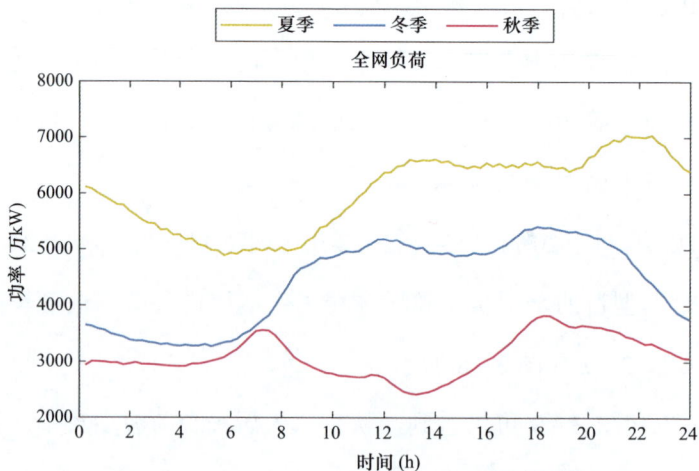

图 3-7　河南省全网负荷夏秋冬典型场景

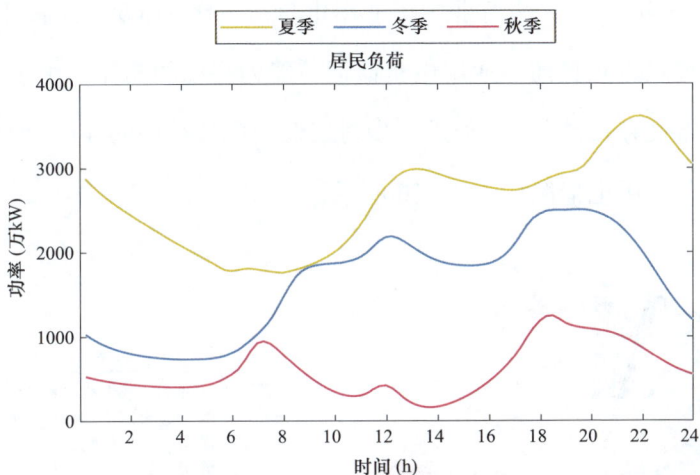

图 3-8　河南省居民负荷夏秋冬典型场景

3.2.2　第二产业和第三产业用电负荷

首先，收集 2022 年河南省第二第三产业的全年用电负荷数据，对十一大行业用电负荷情况进行统计，如图 3-9 所示。

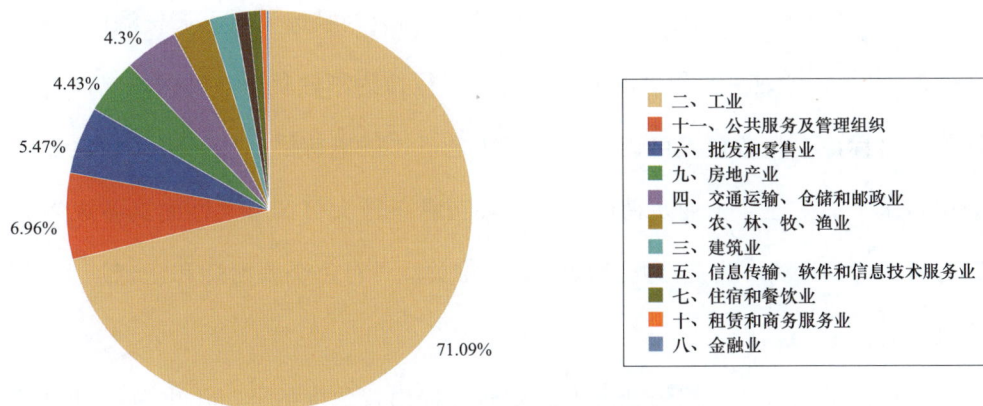

图 3-9　十一大行业用电负荷占比

由图 3-9 可见,十一大行业中工业用电负荷占比 71.09%,远高于其他行业。为此,本研究将重点关注工业用电负荷调节能力裕度的测算。由于各工业用电负荷的用电特征存在差异,此处进一步对工业用电负荷中的 40 大细分门类进行进一步统计,其用电情况如图 3-10 所示。

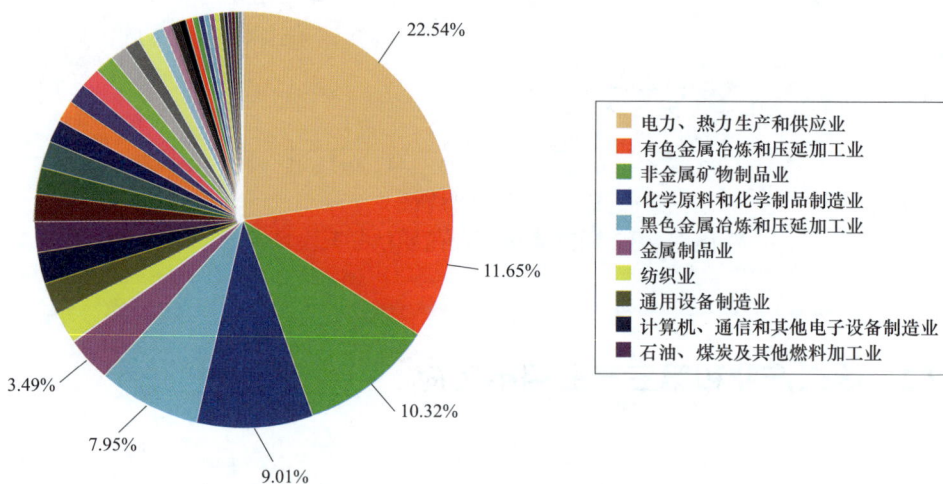

图 3-10　工业用电各负荷占比

由图 3-10 可见,"电力、热力生产和供应业"和"有色金属冶炼和压延加工业"在工业用电负荷中占比排名前二,均达到成为候选灵活可调资源的要求。然而,"电力、热力生产和供应业"用电负荷往往为刚性负荷,以保供电保安全为首要目标,不具备较大可调潜力。相比之下,以电解铝为代表的"有色金属冶炼和压延加工业"工业负荷因其生产环节具备较大可调节柔性而具备成为灵活可调资源的潜力。为此,此处后续重点将关注"有色金属冶炼和压延加工业"用电负荷。

在统计用电负荷数据的基础上,本研究提出置信度估计对用电负荷可调潜力进行初步估算,公式如下

$$\max \sum_t (P_{i,t}^{\max} - P_{i,t}^{\min}) \tag{3-1}$$

$$\Pr(P_{i,t}^{\min} \leqslant P_{i,t} \leqslant P_{i,t}^{\max}) > 1 - \varepsilon \tag{3-2}$$

式中　i——节点索引；

　　　t——时间窗索引；

　　　P——用电负荷功率；

$P^{\max}/P^{\min}$——待决策的用电负荷功率上下限；

　　　ε——反映决策者面对可调潜力估计的风险接受度，此处取 5%。式（3-1）

　　　　　和式（3-2）的含义是：在尽最大可能估计可调潜力的目标下，

　　　　　给出的可调潜力测算结果有 $1-\varepsilon$ 的概率不会违背功率约束。

以河南省 2022 年工业用电负荷进行分析，对负荷占比排名前 5 的工业用电负荷得到估算结果如图 3-11 所示。

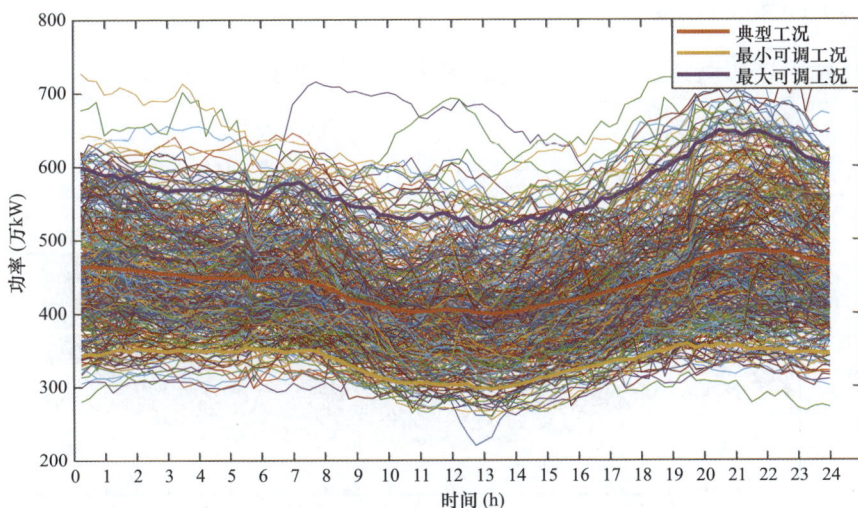

图 3-11　有色金属冶炼和压延加工业负荷可调潜力估算

由图 3-11 可见，有色金属冶炼和压延加工业负荷工况较为平稳，典型工况约为 480 万 kW，具备上下调节约 120 万 kW 的潜力，占负荷的约 25%，是优质的候选可调资源。有非金属矿物制品业负荷可调潜力估算如图 3－12 所示。

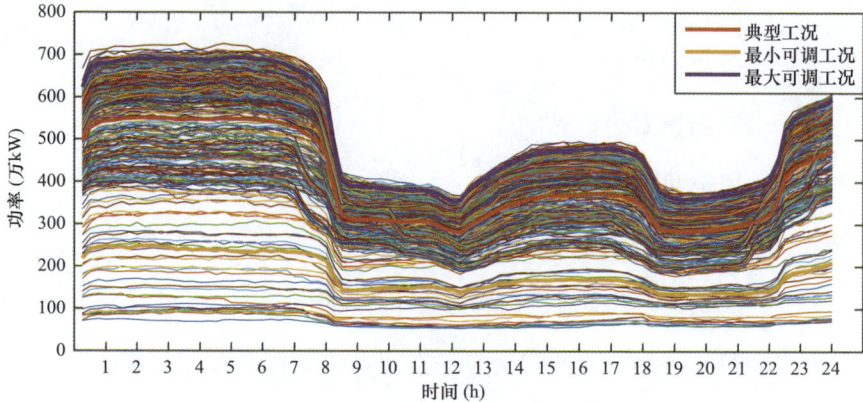

图 3－12　有非金属矿物制品业负荷可调潜力估算

由图 3－12 可见，非金属矿物制品业的负荷高峰在全省负荷低谷时期的夜间，其白天可调潜力较小，初步测算结果为夜间上调节潜力约 140 万 kW，下调节潜力约 300 万 kW，白天上调节潜力约 80 万 kW，下调节潜力约 140 万 kW。黑色金属冶炼和压延加工业负荷可调潜力估算如图 3－13 所示。

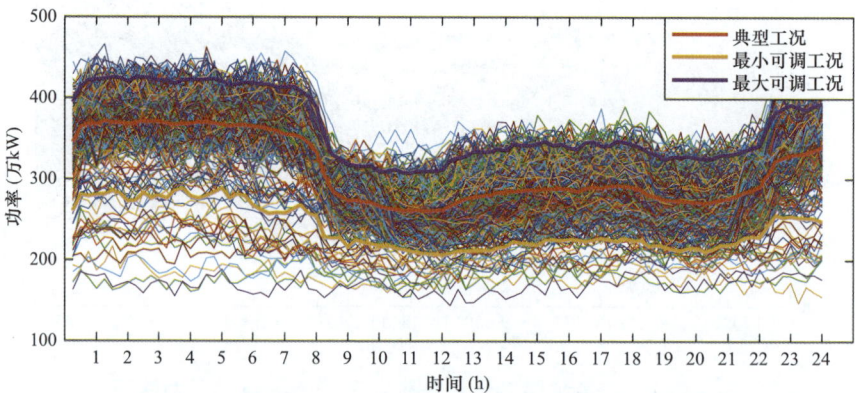

图 3－13　黑色金属冶炼和压延加工业负荷可调潜力估算

由图 3－13 可见，黑色金属冶炼和压延加工业的负荷高峰在全省负荷低谷时期的夜间，其白天可调潜力较小，初步测算结果为夜间上调节潜力约 60 万 kW，下调节潜力约 75 万 kW，白天上调节潜力约 50 万 kW，下调节潜力约 70 万 kW。化学原料和化学制品制造业负荷可调潜力估算如图 3-14 所示。

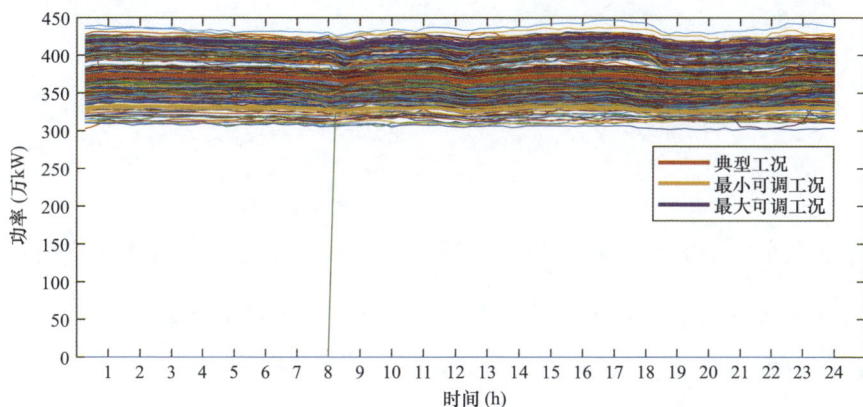

图 3-14　化学原料和化学制品制造业负荷可调潜力估算

由图 3-14 可见，化学原料和化学制品制造业负荷工况较为平稳，初步测算结果为上调节潜力约 50 万 kW，下调节潜力约 50 万 kW。金属制品业负荷可调潜力估算如图 3-15 所示。

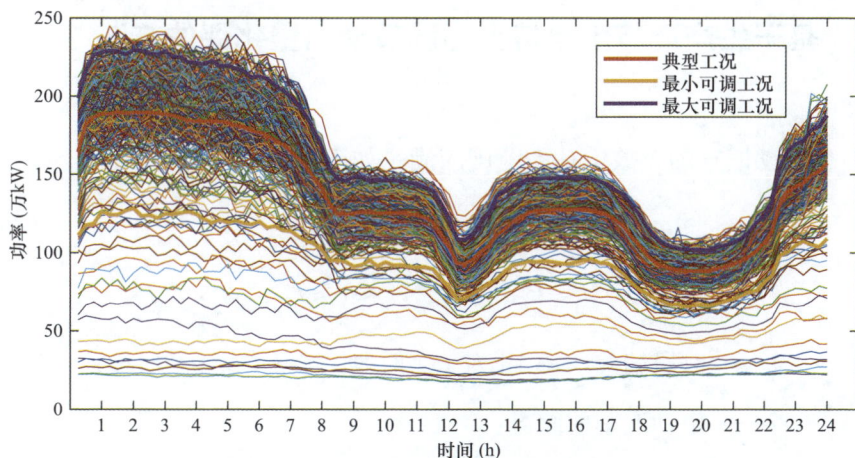

图 3-15　金属制品业负荷可调潜力估算

由图 3-15 可见，金属制品业负荷高峰在全省负荷低谷时期的夜间，其白天可调潜力较小，初步测算结果为夜间上调节潜力约 40 万 kW，下调节潜力约 60 万 kW，白天上调节潜力约 20 万 kW，下调节潜力约 30 万 kW。

3.3 电动汽车负荷

电动汽车由于其零污染、噪声小等特点，顺应全球低碳减排的战略背景，是各国政策支持的主要对象之一。根据国际能源署 IEA 的预测报告，电动汽车的市场渗透率将在 2025 年达到 17%，在 2030 年则提升至 34%。此外，电动汽车兼具可控负荷和储能单元的特性，大规模电动汽车具有巨大的调节潜能，是一种良好的调节资源。然而，电动汽车参与调节的调控方式、建模方法与传统调节资源差异较大，在研究电动汽车提供电力系统调节灵活性前，有必要对电动汽车充放电物理特性及用户行为特性进行建模分析。

3.3.1 基于生产环节用电特征的调节能力量化评估方法

单体电动汽车的充放电功率范围应满足如下约束

$$0 \leqslant P_{rt}^c \leqslant P_{r,\max}^c, t_r^{in} \leqslant t \leqslant t_r^{out} \tag{3-3}$$

$$0 \leqslant P_{rt}^d \leqslant P_{r,\max}^d, t_r^{in} \leqslant t \leqslant t_r^{out} \tag{3-4}$$

式中　　t——时段编号，每 1h 为 1 个时段，全天共 24 个时段；

　　　　r——电动汽车的编号；

　　　　P_{rt}^c、P_{rt}^d——电动汽车 r 在 t 时段的充、放功率；

$P_{r,\max}^c$、$P_{r,\max}^d$ ——电动汽车 r 的最大充、放电功率；

t_r^{in}、t_r^{out} ——电动汽车 r 接入、离开充电桩的时间。

此外，电动汽车的充放电功率还应满足如下互斥约束

$$P_{rt}^c \cdot P_{rt}^d = 0 \qquad (3-5)$$

式（3-5）表示电动汽车 r 无法在某一时段内同时充放电。

电动汽车净充电量约束为

$$\left(\sum_{t=t_{r,0}^{Ctrl}}^{t_{r,1}^{Ctrl}} P_{r,t}^c - \sum_{t=t_{r,0}^{Ctrl}}^{t_{r,1}^{Ctrl}} P_{r,t}^d \right) \Delta t = E_{r,1}^{Ctrl} - E_{r,0}^{Ctrl} \qquad (3-6)$$

式中 $t_{r,0}^{Ctrl}$、$t_{r,1}^{Ctrl}$ ——电动汽车 r 可控时段的起始、终止时刻；

Δt ——时间间隔；

$E_{r,0}^{Ctrl}$、$E_{r,1}^{Ctrl}$ ——电动汽车在可控时段起始、终止时段的电池电量。

电动汽车充放电模型中，约束，式（3-5）为非线性约束，存在模型求解困难的问题；约束，式（3-6）为对电动汽车可调度时间范围内的净充电量计算，仅适用于电动汽车只有一个可控时段的情况。为了将上述模型线性化并扩展至有多个可控时段的电动汽车，本节将电动汽车群的充、放电功率用一个决策变量 P_{rt} 表示，$P_{rt} < 0$ 表示电动汽车群向电网放电，$P_{rt} > 0$ 表示电动汽车群从电网充电，省略约束，式（3-5），并引入二进制参数。

对电动汽车的充放电功率范围作合理假设：最大充电功率等于最大放电功率，则电动汽车的功率范围约束可转换为

$$-P_{r,\max} U_{rt} \leqslant P_{rt} \leqslant P_{r,\max} U_{rt} \qquad (3-7)$$

$$\begin{cases} U_{rt} = 1, \ t \in [t_r^{in}, t_r^{out}] \\ U_{rt} = 0, \ t \notin [t_r^{in}, t_r^{out}] \end{cases} \qquad (3-8)$$

式中 P_{rt} ——电动汽车 r 在 t 时段的功率；

$P_{r,\max}$ ——电动汽车 r 的最大功率；

U_{rt} ——电动汽车 r 的二进制状态变量，$U_{rt}=1$ 表示电动汽车已接入充电桩，$U_{rt}=0$ 表示电动汽车未接入充电桩。

电动汽车各时段的电池电量约束为

$$E_{rt} = E_{rt-1} + P_{rt}U_{rt}\Delta t \qquad (3-9)$$

$$E_{rt} = E_r^{init}, t = t_r^{in} \qquad (3-10)$$

$$E_r^{\min} \leqslant E_{rt} \leqslant E_r^{\max} \qquad (3-11)$$

式（3-9）～式（3-11）中　E_{rt} ——电动汽车 r 在 t 时段的电池电量值；

E_r^{init} ——电动汽车接入充电桩时的初始电量值；

$E_r^{\max}$、$E_r^{\min}$ ——电动汽车 r 电池电量的最大、最小值。上述电池电量约束适用于一天内有任意个可控时段的电动汽车。

每辆电动汽车在离开充电桩时需要满足电动汽车用户设定的充电量需求，则有

$$E_{rt} \geqslant E_r^{req}, t = t_r^{out} \qquad (3-12)$$

式中　E_r^{req} ——电动汽车用户设定的充电量需求值。

3.3.2　基于柔性场景特征的群体智能匹配方法

由于电动汽车分布广泛、规模较大，若对提供电力系统调频辅助服务的电动汽车单独调度，既不经济也难以实现。此外，单体电动汽车也不满足电力市场准入条件，无法参与竞价。因此，有必要对电动汽车充放电模型进行约束归类及可行域放大，建立电动汽车充放电聚合模型。

约束归类是指将总数为 N_{EV} 电动汽车中，具有相同型号、相同可控起止时间、相同充电需求的电动汽车归为一类，视为一辆电动汽车，并将单辆电动汽车的个体变量转换为每一类电动汽车的群体变量，从而减少变量个数，缩短计算时间。

设 N_{EV} 辆电动汽车归为 J 类，每一类的车辆数量为 $v_1, v_2, \cdots, v_J$，则

$$\sum_{\pi=1}^{J} v_{\pi} = N_{EV} \qquad (3-13)$$

电动汽车一阶段的各项功率单体变量可通过以下公式转换为群体变量

$$P_{j,t}^e = \sum_{r=1}^{v_j} P_{(j,r)t}^e \qquad (3-14)$$

$$P_j^{\max} = P_{(j,r)}^{\max} \cdot v_j \qquad (3-15)$$

$$R_{j,t}^{up} = \sum_{r=1}^{v_j} R_{(j,r)t}^{up}, \quad R_{j,t}^{dn} = \sum_{r=1}^{v_j} R_{(j,r)t}^{dn} \qquad (3-16)$$

$$Crt_j^{up} = \sum_{r=1}^{v_j} Crt_{(j,r)}^{up}, \quad Crt_j^{dn} = \sum_{r=1}^{v_j} Crt_{(j,r)}^{dn} \qquad (3-17)$$

式（3-14）~式（3-17）中　　j——电动汽车群编号；

R——电动汽车群内车辆编号；

T——一天内的时段编号，每 1h 为一个时段，一天共 24（T）个时段；

$P_{j,t}^e$——第 j 类车辆在 t 时段的功率；

$P_{(j,r)t}^e$——第 j 类车辆中第 r 辆电动汽车在 t 时段的功率；

$P_j^{\max}$——第 j 类车辆的最大功率，$P_{(j,r)}^{\max}$ 第 j 类车辆中第 r 辆电动汽车的最大功率，每类车辆中各电动汽车的最大功率相同；

$R_{j,t}^{up}$、$R_{j,t}^{dn}$ ——第 j 类车辆在 t 时段的上、下调频容量；

$R_{(j,r)t}^{up}$、$R_{(j,r)t}^{dn}$ ——第 j 类车辆中第 r 辆电动汽车在 t 时段的上、下调频容量；

Crt_j^{up}、Crt_j^{dn} ——第 j 类车辆可提供的最大上、下调频容量；

$Crt_{(j,r)}^{up}$、$Crt_{(j,r)}^{dn}$ ——第 j 类车辆中第 r 辆电动汽车可提供的最大上、下调频容量。

电动汽车一阶段的各项能量单体变量可通过以下公式转换为群体变量

$$E_j^{max} = E_{(j,r)}^{max}, E_j^{min} = E_{(j,r)}^{min} \cdot v_j \qquad (3-18)$$

$$E_j^{req} = E_{(j,r)}^{req} \cdot v_j, E_j^{init} = E_{(j,r)}^{init} \cdot v_j \qquad (3-19)$$

$$\eta_j^{ch} = \eta_r^{ch}, \eta_j^{dis} = \eta_r^{dis}, r \in v_j \qquad (3-20)$$

$$t_j^{in} = t_r^{in}, t_j^{out} = t_r^{out}, r \in v_j \qquad (3-21)$$

式（3-18）～式（3-21）中 E_j^{max}、E_j^{min} ——第 j 类车辆电池电量值上、下限；

$E_{(j,r)}^{max}$、$E_{(j,r)}^{min}$ ——第 j 类车辆中第 r 辆电动汽车电池电量值上、下限；

E_j^{req} ——第 j 类车辆充电需求；

$E_{(j,r)}^{req}$ ——第 j 类车辆中第 r 辆电动汽车充电需求；

E_j^{init} ——第 j 类车辆初始电量；

$E_{(j,r)}^{init}$ ——第 j 类车辆中第 r 辆电动汽车初始电量；

η_j^{ch}、η_j^{dis} ——第 j 类车辆电池的充、放电效率；

t_j^{in}、t_j^{out} ——第 j 类车辆接入、离开充电桩的时间。

电动汽车二阶段的各项单体变量可通过以下公式转换为群体变量

$$P_{j,t,\tau} = \sum_{r=1}^{v_j} P_{(j,r)t,\tau} \qquad (3-22)$$

$$p_{j,t,\tau}^{ch} = \sum_{r=1}^{v_j} p_{(j,r)t,\tau}^{ch}, \ p_{j,t,\tau}^{dis} = \sum_{r=1}^{v_j} p_{(j,r)t,\tau}^{dis} \qquad (3-23)$$

$$p_{j,t,\tau,l}^{dis} = p_{(j,r)t,\tau,l}^{dis} \cdot v_j \qquad (3-24)$$

$$E_{j,t,\tau} = \sum_{r=1}^{v_j} E_{(j,r)t,\tau} \qquad (3-25)$$

式（3-22）～式（3-25）中 τ ——1h 内的次级时段编号，1h 内共 12（$\hat{T}$）个时段；

$P_{j,t,\tau}$ ——第 j 类车辆在 t 时内第 τ 个次级时段的功率；

$P_{(j,r)t,\tau}$ ——第 j 类车辆中第 r 辆电动汽车在 t 时段内第 τ 个次级时段的功率；

$p_{j,t,\tau}^{ch}$、 $p_{j,t,\tau}^{dis}$ ——第 j 类车辆在 t 时段内第 τ 个次级时段分解得到的充、放电功率分量；

$p_{(j,r)t,\tau}^{ch}$、 $p_{(j,r)t,\tau}^{dis}$ ——第 j 类车辆中第 r 辆电动汽车在 t 时段内第 τ 个次级时段分解得到的充、放电功率分量；

$p_{j,t,\tau,l}^{dis}$ ——第 j 类车辆在 t 时段第 τ 个次级时段的 l 段循环深度放电功率；

$p_{(j,r)t,\tau,l}^{dis}$ ——第 j 类车辆中第 r 辆电动汽车在 t 时段第 τ 个次级时段的 l 段循环深度放电功率；

$$E_{j,t,\tau}$$ ——第 j 类车辆在 t 时段第 τ 个次级时段的电

池电量值；

$$E_{(j,r)t,\tau}$$ ——第 j 类车辆中第 r 辆电动汽车在 t 时段第 τ

个次级时段的电池电量值。

3.3.3　聚合有效性证明

由聚合模型可知，电动汽车聚合前后模型的目标函数等价，记电动汽车调频最优投标策略单体模型为 M1，电动汽车调频最优投标策略聚合模型为 M2。可以看出，当 M1 模型中的各约束成立时，M2 模型中的各约束也成立，则 M1 模型的可行域包含在 M2 模型的可行域中，即

$$Income_{M1\max}(P_{r,t}^e, R_{r,t}^{up}, R_{r,t}^{dn}, P_{r,t,\tau}) \leqslant Income_{M2\max}(P_{j,t}^e, R_{j,t}^{up}, R_{j,t}^{dn}, P_{j,t,\tau}) \quad （3-26）$$

假设 M2 模型目标函数的最大值为 $Income_{M2\max}(P_{j,t}^{e\prime}, R_{j,t}^{up\prime}, R_{j,t}^{dn\prime}, P_{j,t,\tau}{}')$ ，则必然有

$$Income_{M1\max}(P_{r,t}^e, R_{r,t}^{up}, R_{r,t}^{dn}, P_{r,t,\tau}) \leqslant Income_{M2\max}(P_{j,t}^{e\prime}, R_{j,t}^{up\prime}, R_{j,t}^{dn\prime}, P_{j,t,\tau}{}') \quad （3-27）$$

又由于 M2 模型的解 $(P_{j,t}^{e\prime}, R_{j,t}^{up\prime}, R_{j,t}^{dn\prime}, P_{j,t,\tau}{}')$ 联立式（3-13）～式（3-25）求解得到的单体电动汽车变量解 $(P_{r,t}^{e\prime}, R_{r,t}^{up\prime}, R_{r,t}^{dn\prime}, P_{r,t,\tau}{}')$ 满足 M1 模型的各项约束，因此有

$$\begin{aligned} Income_{M2\max}(P_{j,t}^{e\prime}, R_{j,t}^{up\prime}, R_{j,t}^{dn\prime}, P_{j,t,\tau}{}') &= Income_{M1\max}(P_{r,t}^{e\prime}, R_{r,t}^{up\prime}, R_{r,t}^{dn\prime}, P_{r,t,\tau}{}') \\ &\leqslant Income_{M1\max}(P_{r,t}^e, R_{r,t}^{up}, R_{r,t}^{dn}, P_{r,t,\tau}) \end{aligned} \quad （3-28）$$

又因式（3-27），有

$$Income_{M1\max}(P_{r,t}^{e\prime}, R_{r,t}^{up\prime}, R_{r,t}^{dn\prime}, P_{r,t,\tau}{}') = Income_{M1\max}(P_{r,t}^e, R_{r,t}^{up}, R_{r,t}^{dn}, P_{r,t,\tau}) \quad （3-29）$$

即：这组分解后得到的电动汽车单体变量解是 M1 模型的一组最优解。因此，电动汽车聚合前后模型的求解精度不变。

3.4　空　调　负　荷

空调负荷作为一种典型的温控负荷，随着使用场景的多样化，技术也在不断更新发展。空调采用压缩机制冷，主要应用于居民楼或者商用写字楼中小型房屋的制冷。在大型商场或者办公楼中，一般采用暖通空调系统进行温度调节，由多台冷水机组共同为其提供连续可调的制冷量。多冷水机组暖通空调的调节速度快，适合作为电力系统的需求响应资源。

3.4.1　基于生产环节用电特征的调节能力量化评估方法

在多冷水机组暖通空调系统中，冷水机组的负荷分配策略是其节能的关键手段。若多个冷水机组之间的制冷量分配不当，暖通空调系统消耗的电功率会显著增加。然而，考虑此策略的系统功耗模型通常是非线性的，难以直接嵌入电力系统机组组合模型中。本报告将考虑多台冷水机组之间的负荷分配策略，对暖通空调系统的能量转换进行线性化建模。

采用多冷水机组为建筑物提供冷量的系统简化架构如图 3-16 所示。常温水被送入多台冷水机组进行冷却，然后由输送管道送到建筑物中，并采用热交换的方式对室内温度进行调整。本节的主要目标是考虑冷水机组的负荷分配策略以满足系统的节能需求，因此在建模时忽略冷却水在传输过程中的热量损失。

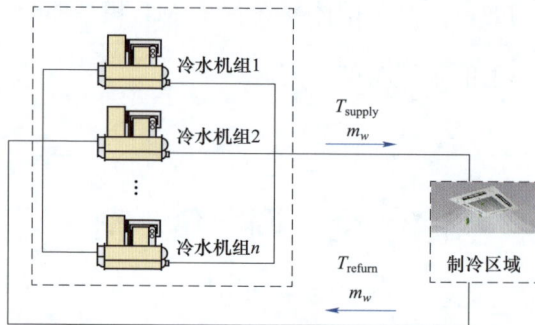

图 3-16 多冷水机组暖通空调负荷系统架构

在暖通空调系统中，每台冷水机组的能量转换特性因生产厂家和使用年限等因素的不同而表现出差异性。第 i 台冷水机组消耗的电功率 P_i^c 与其制冷量 Q_i^c 之间的关系可以拟合为三次函数的形式

$$P_i^c(t) = \sum_{n=0}^{3} a_{i,n}(Q_i^c(t))^n \qquad (3-30)$$

式中 $a_{i,n}, i \in I$ ——表示拟合多项式的系数参数。

$$0.3Q_i^{c,rate} \leqslant Q_i^c(t) \leqslant Q_i^{c,rate} \qquad (3-31)$$

式中 $Q_i^{c,rate}$ ——表示第 i 台冷水机组的制冷量范围；

$Q_i^{c,rate}$ ——表示第 i 台冷水机组的额定制冷量。图 3-17 给出了六台冷水机组的功耗曲线，横坐标表示冷水机组的负荷率（实际制冷量和额定制冷量的比值），纵坐标表示其消耗的电功率。从图中可以看出，冷水机组 4 号和 5 号的制冷效率高于冷水机组 1 号。

当建筑物的总制冷需求 Q^{De} 确定后，暖通空调系统将为各个冷水机组分配制冷负荷

$$Q^{De}(t) = \sum_I \mu_i Q_i^c(t) \qquad (3-32)$$

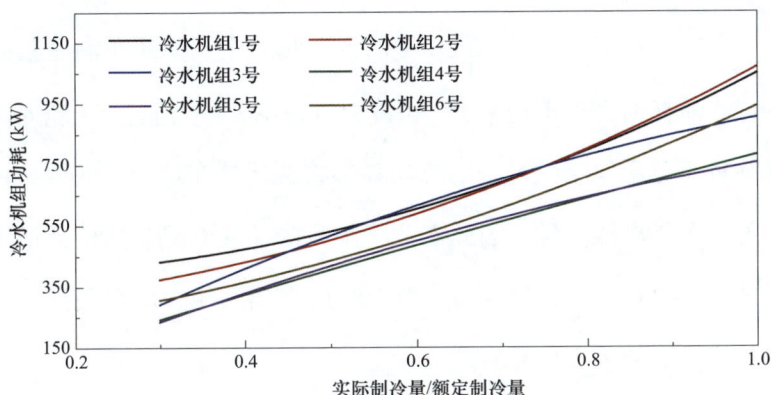

图 3-17　单台冷水机组功耗特性曲线

式中　μ_i——表示第 i 台冷水机组的启动（$\mu_i=1$）/关停（$\mu_i=0$）状态。此时暖通空调系统的总功耗 P^{Su} 等于所有冷水机组功耗之和

$$P^{Su}(t)=\sum_I \mu_i P_i^c(t) \qquad (3-33)$$

通过式（3-30）～式（3-33）可以得到暖通系统的功率消耗和总制冷量的关系，但该关系并不唯一。当采取不同的策略对冷水机组的制冷负荷进行分配时，整个系统的能量转换效率会有所差异。因此，此处通过求解多冷水机组的最优和最劣负荷分配策略，得到暖通空调系统的能量转换效率分布区间。随后，利用最小二乘法进行线性近似，得到在此区间内的暖通空调系统最优线性功耗曲线。

多冷水机组的最优负荷分配策略，目标是在满足暖通空调系统制冷需求时消耗的电功率最小，即

$$\min P^{Su} \qquad (3-34)$$

类似地，多冷水机组的最劣负荷分配策略，目标是在满足暖通空调系统制冷需求时消耗的电功率最大，即

$$\max P^{Su} \qquad\qquad (3-35)$$

根据式（3-34）和式（3-35）可以得到暖通空调系统在满足其制冷需求的前提下可能消耗的最小电功率 $\underline{P^{Su}}$ 和最大电功率 $\overline{P^{Su}}$ 。而且，无论对多冷水机组采用何种负荷分配策略，系统的总功耗都将会保持在这个区间内。由于冷水机组的开关状态是离散变量，因此本节将制冷需求从 0 到最大值离散采样，并分别基于式（3-34）和式（3-35）得出暖通空调系统在所有采样点下的消耗的电功率范围，如图 3-18 所示。

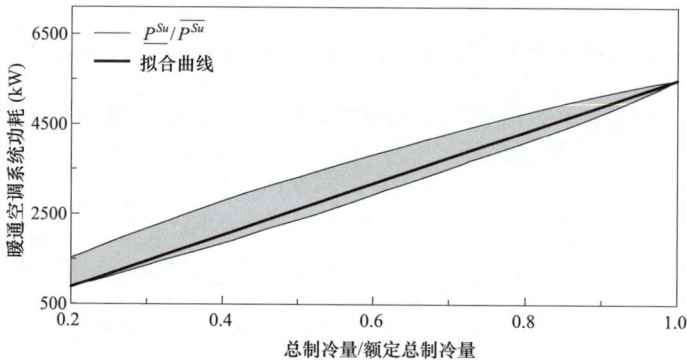

图 3-18　暖通空调系统功耗曲线

上下两条灰色实线分别表示各采样点下暖通空调系统功耗的最大值和最小值，横坐标表示暖通空调系统的负荷率（实际制冷量和额定制冷量的比值），纵坐标表示其消耗的电功率。随后，通过最小二乘法拟合出在此范围内的最优线性功耗曲线

$$P^{Su} = k^{Su}Q^{De} + l^{Su} \qquad\qquad (3-36)$$

式中　k^{Su} 和 l^{Su}——表示待求解的拟合曲线的斜率和截距。最小二乘法的目标是实现每个采样点制冷需求对应的功耗 P^{Su} 到达其下边界的距

离的平方和最小，其中每台冷水机组的功耗 P^{su} 应该保持在额定功耗范围内。获取的拟合线性最优功耗曲线如图 3-18 所示中黑色实线所示。

当已知暖通空调系统在满足各采样点制冷需求时对应的电功率消耗时，可以根据式（3-30）～式（3-33）计算得到冷水机组的负荷分配策略。图 3-19 给出了不同冷水机组在不同采样点制冷需求下优化得出的启停状态，横坐标表示暖通空调系统的负荷率（实际总制冷量和额定总制冷量的比值），纵坐标表示冷水机组的编号，实心点表示其处于开机状态，空心点表示其处于关停状态。曲线上的每个采样点均可求出可行解。与图 3-17 相对应，冷水机组 4 号和冷水机组 5 号由于制冷效率较高，在负荷分配策略中通常是优先开启的机组，而冷水机组 1 号的优先级较低。

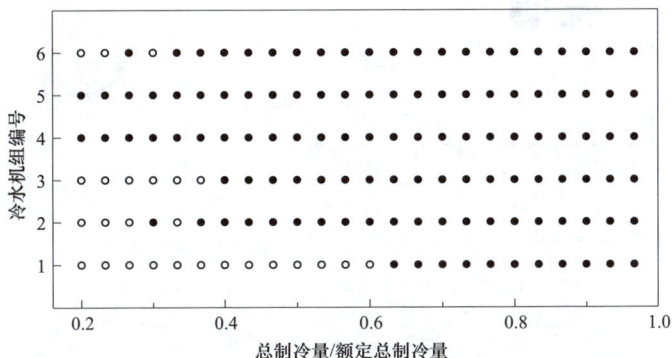

图 3-19　冷水机组在不同制冷需求下的启停状态

3.4.2　基于柔性场景特征的群体智能匹配方法

由于建筑物的热储能特性，多冷水机组暖通空调负荷能够为电力系统提供备用响应。然而，相较于火电机组，多冷水机组暖通空调负荷具有单体容量小和总体数量多的特点。由于不同负荷间设备参数、用户习惯等的异质性，直接由调度中心对所有负荷进行调控将会造成较大的通信负担。因此，需要引入负荷聚合商对其进行聚合和调度，从而实现多冷水机组暖通空调负荷在系统层面与火电机组的协同优化。考虑大规模异质多冷水机组暖通空调负荷为电力系统提供需求响应的电力系统调度框架如图 3-20 所示。每个负荷节点上均设置一个负荷聚合商，可对连接在节点上的所有多冷水机组暖通空调负荷进行调控，并向调度中心提交聚合后的备用响应模型。

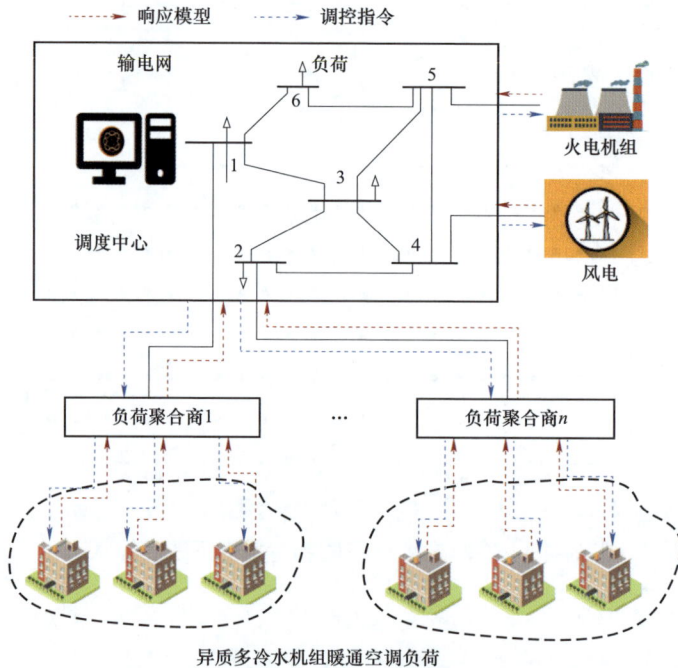

图 3-20 考虑多冷水机组暖通空调负荷提供需求响应的调度框架

调度中心采用随机优化调度方法实现火电机组和聚合商的协同优化，以应对风电出力的随机性。该方法计及风电出力的不确定性，并基于两阶段随机优化对能量和备用容量同时决策。第一阶段的决策对应于日前的调度计划，第二阶段的决策与不同风电出力场景下的功率实时调整相关。聚合商将在第一阶段为系统预留备用容量，从而在第二阶段提供部署备用以实现功率实时调整。

此处将基于所提出的线性能量转换模型，建立单个多冷水机组暖通空调负荷的备用响应模型，然后基于统一调度信号提出针对大规模异质多冷水机组暖通空调负荷的聚合建模和协同调控方法。

安装有多冷水机组暖通空调负荷的建筑物内部的热特性变化可以表示为如下数学形式

$$C^b \frac{dT^i(t)}{dt} = \frac{T^o(t) - T^i(t)}{R^b} - Q^{De}(t) \qquad (3-37)$$

与空调只有 0 和额定功率两个运行状态不同的是，多冷水机组暖通空调负荷的电功率可以连续调节。因此，在不提供需求响应时，建筑物的室内温度能够一直维持在设定温度值。结合式（3-36）和式（3-37），可以计算得到多冷水机组暖通空调负荷消耗的基线电功率 $P^{Base}(t)$

$$P^{Base}(t) = k^{Su} \left(\frac{T^o(t) - T^{set}(t)}{R^b} \right) + l^{Su} \qquad (3-38)$$

由于用户对于室内温度的舒适度具有一定的容忍度，而建筑物的热惯性使得冷水机组可以在保持用户热舒适度的前提下适当增加或减少电能消耗。因此，多冷水机组暖通空调负荷具有为电网提供备用的潜力。单个暖通空调负荷可以为系统提供的上部署备用 $R^{u,Su}(t)$ 和下部署备用 $R^{d,Su}(t)$ 可表示如下

$$R^{u,Su}(t) - R^{d,Su}(t) = P^{Base}(t) - P^{Su}(t), R^{u,Su}(t) \geqslant 0, R^{d,Su}(t) \geqslant 0 \qquad (3-39)$$

$$T^{set} - \varepsilon \leqslant T^i(t) \leqslant T^{set} + \varepsilon \qquad (3-40)$$

式中 P^{Su} ——表示暖通空调负荷的实际消耗的电功率，需要满足由式（3-36）、

式（3-37）和式（3-40）组成的约束集。式（3-39）表示若

实际消耗的电功率大于基线电功率，多冷水机组暖通空调负荷

将为系统提供下部署备用量，反之则提供上部署备用。

假设有 $N(k)$ 个多冷水机组暖通空调负荷连接到负荷节点 k 上，则可以计算出该节点上的负荷聚合商在第 s 个风电出力场景下可提供的上部署备用 $Re_{s,k}^{u,H}(t)$ 和下部署备用 $R_{s,k}^{d,H}(t)$ 为

$$R_{s,k}^{u,H}(t) = \sum_{N(k)} R_{s,k,n}^{u,Su}(t), R_{s,k}^{d,H}(t) = \sum_{N(k)} R_{s,k,n}^{d,Su}(t) \qquad (3-41)$$

式中 n——表示节点 k 上暖通空调负荷的索引。

系统运营商将根据负荷聚合商提供的部署备用和备用容量的大小对其进行结算，因此，还需确定备用容量的大小。负荷聚合商为系统提供的上备用容量 $Re_{s,k}^{u,H}(t)$ 和下备用容量 $Re_{s,k}^{u,H}(t)$ 应分别不小于其在各场景下提供的上部署备用 $Re_{s,k}^{u,H}(t)$ 和下部署备用 $R_{s,k}^{d,H}(t)$

$$R_{s,k}^{u,H}(t) \leqslant Re_{s,k}^{u,H}(t), R_{s,k}^{d,H}(t) \leqslant Re_{s,k}^{u,H}(t) \qquad (3-42)$$

若采用上述模型，虽然调度中心不需要直接对多冷水机组暖通空调负荷进行通信和调度，但依然需要处理大量的变量和约束，增加计算负担。如果负荷聚合商能够基于统一信号对所有负荷进行调控，那么不仅能够实现备用容量和部署备用在各个暖通空调负荷之间的自主分配，还可以将上述模型中的变量和约束进行聚合。因此，本文定义了安装有暖通空调的建筑物的室内温度状态（state of temperature，SOT）作为其备用提供能力的指标，并将其作为统一信号

$$SOT(t) = \frac{T^i(t) - T^{set}}{\varepsilon} \qquad (3-43)$$

式中　$SOT(t)$——表示室内温度对于用户设定温度的偏差率，也称为用户舒适
度的偏差率。其绝对值越大，用户体验到的舒适度越差，在
该时刻能够提供备用的能力越小。当所有负荷的 $SOT(t)$ 值相
同时，可认为所有用户的舒适度体验是相同的。由式（3-40）
可知，$SOT(t)$ 需要满足以下约束

$$-1 \leqslant SOT(t) \leqslant 1 \qquad (3-44)$$

将式（3-43）代入式（3-37）中，则可以推导得到单个多冷水机组暖通
空调负荷的制冷量需求与室内温度状态 $SOT(t)$ 的关系

$$Q^{De}(t) = \alpha SOT(t) + \beta \frac{\mathrm{d}SOT(t)}{\mathrm{d}t} + \gamma(t)$$
$$\begin{cases} \alpha = -\varepsilon / R^b \\ \beta = -\varepsilon C^b \\ \gamma(t) = (T^o(t) - T^{set}) / R^b \end{cases} \qquad (3-45)$$

式中　$\mathrm{d}SOT(t)/\mathrm{d}t$ 表示室内温度状态的变化率。结合式（3-45）和式（3-36）
可以计算单个多冷水机组暖通空调负荷消耗的电功率曲线。节点 k 上连
接有 $N(k)$ 个多冷水机组暖通空调负荷，因此，该节点上负荷聚合后的总
功耗可表示为

$$\begin{cases} \sum_{N(k)} P_{k,n}^{Su}(t) = \sum_{N(k)} k_{k,n}^{Su} Q_{k,n}^{De}(t) + \sum_{N(k)} l_{k,n}^{Su} \\ k_{k,n}^{Su} Q_{k,n}^{De}(t) = k_{k,n}^{Su} \left(\alpha_{k,n} SOT_{k,n}(t) + \beta_{k,n} \frac{\mathrm{d}SOT_{k,n}(t)}{\mathrm{d}t} + \gamma_{k,n}(t) \right) \end{cases} \qquad (3-46)$$

为了确保不同用户在舒适度上的一致性，此处将每个建筑物的 $SOT(t)$ 和
$\mathrm{d}SOT(t)/\mathrm{d}t$ 应控制为相同的值

$$\begin{cases} \tilde{SOT}_k(t) = SOT_{k,1}(t) = SOT_{k,2}(t) = \cdots = SOT_{k,n}(t) \\ \frac{\mathrm{d}\tilde{SOT}_k(t)}{\mathrm{d}t} = \frac{\mathrm{d}SOT_{k,1}(t)}{\mathrm{d}t} = \frac{\mathrm{d}SOT_{k,2}(t)}{\mathrm{d}t} = \cdots = \frac{\mathrm{d}SOT_{k,n}(t)}{\mathrm{d}t} \end{cases} \qquad (3-47)$$

负荷聚合商可以向每个多冷水机组暖通空调负荷发送统一调度信号 [$SOT(t)$ 和 $dSOT(t)/dt$]，然后各负荷根据信号值和式（3.14）调整其功耗。因此，式（3-46）可改写为

$$
\begin{aligned}
\sum_{N(k)} P_{k,n}^{Su}(t) &= S\tilde{O}T_k(t)\sum_{N(k)} k_{k,n}^{Su}\alpha_{k,n} \\
&+ \frac{dS\tilde{O}T_k(t)}{dt}\sum_{N(k)} k_{k,n}^{Su}\beta_{k,n} + \sum_{N(k)} k_{k,n}^{Su}\gamma_{k,n}(t) + \sum_{N(k)} l_{k,n}^{Su}
\end{aligned} \tag{3-48}
$$

相应地，式（3-41）中负荷聚合商在第 s 个风电出力场景中提供的上部署备用 $R_{s,k}^{u,H}(t)$ 和下部署备用 $R_{s,k}^{d,H}(t)$ 可改写为

$$
\begin{cases}
R_{s,k}^{u,H}(t) - R_{s,k}^{d,H}(t) = \sum_{N(k)} P_{s,k,n}^{Base}(t) - \sum_{N(k)} P_{s,k,n}^{Su}(t) \\
R_{s,k}^{u,H}(t) \geqslant 0, R_{s,k}^{d,H}(t) \geqslant 0
\end{cases} \tag{3-49}
$$

综上所述，负荷聚合商提交给调度中心的备用响应模型可以表示为式（3-42）、式（3-44）、式（3-48）和式（3-49）。每个负荷节点上的备用容量和部署备用可以通过负荷聚合商统一发布的 $SOT(t)$ 和 $dSOT(t)/dt$ 信号在异质多冷水机组暖通空调负荷之间自动分配。

3.4.3 聚合有效性验证

在 IEEE 标准系统中安装有 54 台火电机组，总容量为 7220MW。此外，在节点 59 安装有一个风电场，容量为 2000MW。电力负荷和风电出力的历史数据来自 EirGrid，并按比例缩小以匹配系统。每台火电机组提供部署备用和备用容量的价格分别设置为其单位发电价格的 1.3 倍和 0.4 倍。可以为系统提供备用响应的多冷水机组暖通空调负荷总容量为 700MW，分别分布在 10 个不

同的负荷节点上，相应的负荷节点上均设置有负荷聚合商，以对具有备用响应功能的多冷水机组暖通空调负荷进行聚合和调控。负荷聚合商提供部署备用和备用容量的价格分别设置为 13 \$/MWh 和 4 \$/MWh。多冷水机组暖通空调负荷所在建筑物的室内温度设定点和用户的舒适度范围分别在[22℃，24℃]和[0℃，3℃]区间内随机分布。所有负荷聚合商的离散化备用响应模型选取的时间步长均为 1h。

设计了如下两个算例进行分析比较：

算例 1：不考虑需求响应的电力系统随机优化调度；

算例 2：考虑多冷水机组暖通空调负荷聚合需求响应的电力系统随机优化调度。

上述两组算例的运行成本结果如表 3-1 所示，系统对于火电机组和多冷水机组负荷聚合商的备用容量分配结果如图 3-21 所示。对比算例 1 和算例 2 可知，在电力系统随机优化调度中考虑多冷水机组负荷备用响应后，系统的总运行成本减少了 14092 \$。结果表明同时从火电机组和多冷水机组负荷聚合商处采购备用容量比仅从火电机组处采购更经济。

表 3-1 运 行 成 本 结 果

成本	算例 1	算例 2
火电机组燃料成本（\$）	1210578	1210152
火电机组备用容量成本（\$）	78664	51586
火电机组部署备用成本（\$）	11498	6121
负荷聚合商备用容量成本（\$）	0	17659
负荷聚合商部署备用成本（\$）	0	1130
总成本（\$）	1300740	1286648

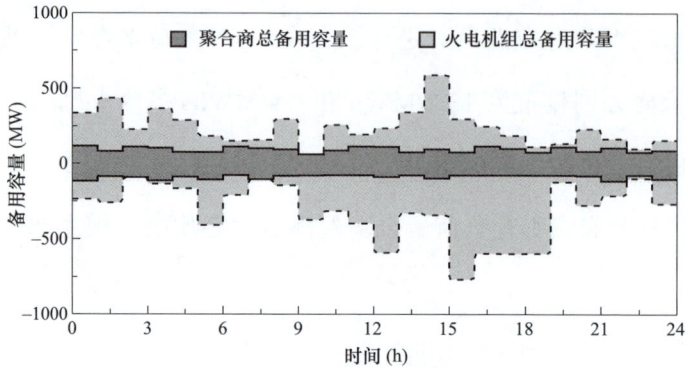

图 3-21　备用容量分配结果

　　随机优化调度包含日前调度阶段和实时调整阶段，聚合商在日前调度阶段中预留的备用容量将在实时调整阶段中被部署，以保证不同风电场景下的功率平衡。聚合商在实时调整阶段中不同场景下的 *SOT* 值的优化结果如图 3-22 所示，其值在调度周期内均保持在[-1，1]的区间内，表明聚合需求响应模型能够保证用户的舒适度。

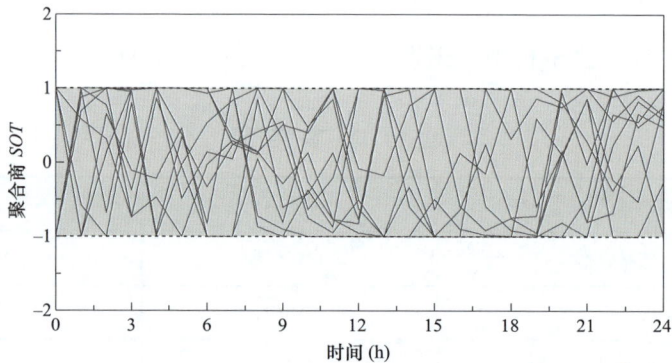

图 3-22　负荷聚合商在实时调整阶段中不同场景下的
SOT（室内温度状态）值

　　负荷聚合商基于优化得到的实时调整阶段中的 *SOT* 值，可以实现部署备用需求在异质多冷水机组暖通空调负荷间的自动分配。选取负荷节点 77 上的负荷聚合商作为代表，分析验证本文所提聚合方法及调控策略的有效性。节点 77 上连接有 50 个具有备用响应功能的多冷水机组暖通空调，单个负荷的容量分布在区间［1MW，2MW］上。聚合参数如表 3-2 所示。

表 3-2　　　　　　　　　　聚合备用响应模型的相关参数

参数	$\sum_{N(k)} k_{k,n}^{Su} \alpha_{k,n}'$	$\sum_{N(k)} k_{k,n}^{Su} \beta_{k,n}'$	$\sum_{N(k)} l_n^{Su}$
数值	7.78	-9.75	-6.15

聚合模型中的时变参数曲线与聚合基线功耗曲线如图 3-23 所示。比较两条曲线可知，其在调度周期内的差值始终保持为一个常数值 6.15MW，等于 $\sum_{N(k)} l_n^{Su}$ 的相反数。由于多冷水机组负荷聚合商提供部署备用等于其基线功耗与实际功耗之间的差值，因此可以根据上述结果和式（3-48）得出结论：多冷水机组负荷聚合商在某时刻提供的部署备用与建筑物在该时刻的室内温度状态 SOT_t 及其变化率 $SOT_{t+1} - SOT_t$ 线性相关。

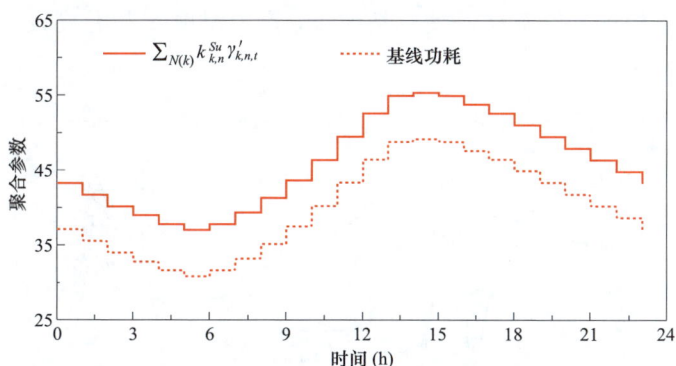

图 3-23　聚合备用响应模型的时变参数

在实时调整阶段的某个风电出力场景下，聚合商 SOT 及其为系统提供的部署备用随时间变化的曲线如图 3-24 所示。由图可知，聚合商提供的上部署备

用最大值出现在 $SOT_t < 0$ 且 $SOT_{t+1} - SOT_t$ 取最大值时；而下部署备用的最大值出现的时间则对应于 $SOT_t \geqslant 0$ 且 $SOT_{t+1} - SOT_t$ 取最小值时。结果表明 SOT_t 的快速变化可使更多上/下部署备用被利用。

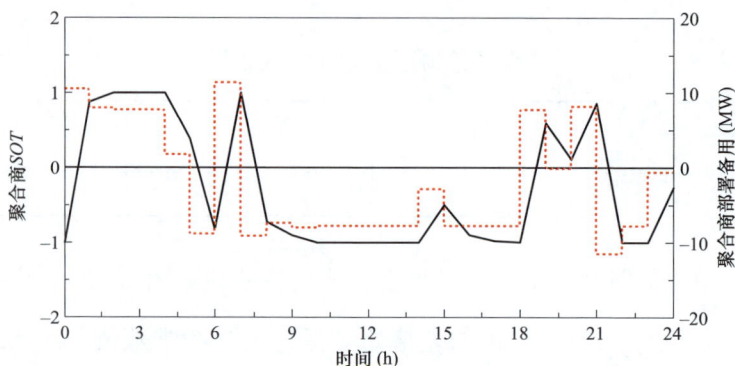

图 3-24　负荷聚合商的 *SOT* 和部署备用曲线

负荷聚合商根据图 3-24 中获取的 *SOT* 曲线向异质多冷水机组暖通空调负荷发布统一的调度信号，各个负荷根据此信号自动分配部署备用。异质负荷的室内温度 *T* 随时间变化的曲线如图 3-25 所示。根据式（3-43）可知，室内温度 *T* 与 *SOT* 正相关。在 *SOT* 不变的情况下，室内温度 *T* 与温度设定点和用户的

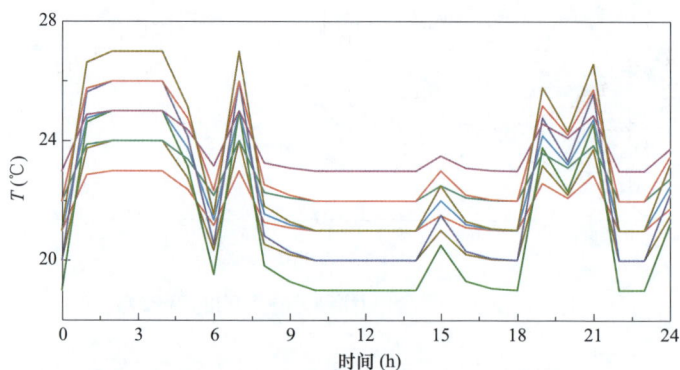

图 3-25　异质负荷的室内温度 *T* 曲线

舒适度范围均为线性相关。而在本书中，室内温度设定点和用户的舒适度范围各有三种不同取值，因此异质负荷的室内温度 T 有 9 组不同的取值。同时，各个多冷水机组负荷基于室内温度 T 自动分配的部署备用之和等于系统分配给聚合商的部署备用需求。结果表明基于统一的 SOT 信号分配系统部署备用需求的方法是有效的。

为了验证所提多冷水机组负荷建模和聚合方法对于提高调度中心计算效率的作用，本节对比了两种场景的计算时间。第一个场景是采用所提方法，求解电力系统随机优化调度问题的时间约为 5min；第二个场景是对每台冷水机组的能量转换模型直接进行分段线性化，然后在电力系统随机调度中考虑所有冷水机组的调度计划，问题的求解时间超过一天。由于机组组合模型主要用于调度中心的日前调度，计算时间若超过 1 天将无法满足实际需求。因此，所提建模和聚合方法的必要性得以验证。

选取由节点 77 上的聚合商管辖的某个容量为 1.8MW 的多冷水机组暖通空调负荷作为代表，分析所提线性能量转换模型的节能效果。基于多冷水机组暖通空调负荷提供部署备用后的冷量需求，采用所提模型与最优负荷分配策略进行计算，得到的功耗需求如图 3-26 所示。结果表明，所提模型在仅损失 1.8%

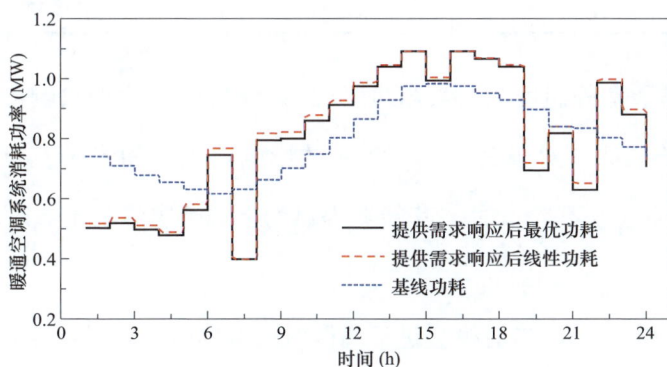

图 3-26　多冷水机组负荷消耗的电功率

的节能需求的情况下，大幅减少了含多冷水机组暖通空调负荷需求响应的优化调度问题的计算求解时间。

由于 $\sum\limits_{N(k)}k_{k,n}^{Su}\beta'_{k,n}$ 的值与求解式（3−45）时选取的时间步长有关。因此，本节选取负荷节点 77 上的多冷水机组负荷聚合商作为代表，分析时间步长对于多冷水机组暖通空调负荷聚合商调节能力的影响。同时，$\sum\limits_{N(k)}k_{k,n}^{Su}\gamma'_{k,n}$ 的取值与室外温度有关。因此，表 3−3 给出了不同时间步长和温度下负荷聚合商的需求响应模型参数。由表 3−3 可知，在室外温度相同的条件下，随着时间步长取值的增加，$\sum\limits_{N(k)}k_{k,n}^{Su}\beta'_{k,n}$ 的值逐渐增加。当时间步长的取值相同时，$\sum\limits_{N(k)}k_{k,n}^{Su}\gamma'_{k,n}$ 的值随着温度的升高而增大。

表 3−3　　　　　　　　聚合需求响应模型的相关参数

Δt	$\sum\limits_{N(k)}k_{k,n}^{Su}\alpha'_{k,n}$	$\sum\limits_{N(k)}k_{k,n}^{Su}\beta'_{k,n}$	$\sum\limits_{N(k)}k_{k,n}^{Su}\gamma'_{k,n}$		$\sum\limits_{N(k)}l_n^{Su}$
			34.7℃	37.7℃	
$\Delta t=0.1$h	7.78	−52.59	43.63	55.32	−6.15
$\Delta t=0.3$h	7.78	−20.41	43.63	55.32	−6.15
$\Delta t=0.5$h	7.78	−14.14	43.63	55.32	−6.15
$\Delta t=0.7$h	7.78	−11.56	43.63	55.32	−6.15
$\Delta t=0.9$h	7.78	−10.22	43.63	55.32	−6.15

首先，基于室外温度为 34.7℃时负荷聚合商提供的需求响应模型参数，分析时间步长的选取对于其上调节容量的影响。当时间步长及负荷聚合商当前时刻 SOT 分别取不同值时，其能够提供的上调节容量与下一时刻的 SOT 值如图 3−27 所示。

从图 3−27 可知，当对模型进行离散时选取的时间步长减小，聚合商可提供的上调节容量将保持不变或变大。这表明如果随机优化调度中选取的时间间隔较大,将不利于挖掘聚合商的调节潜力。随着聚合商当前时刻 SOT 值的减小,上调节容量也会增加,这是由于前后两个时刻间的 SOT 变化速率与上调节容量成正相关。

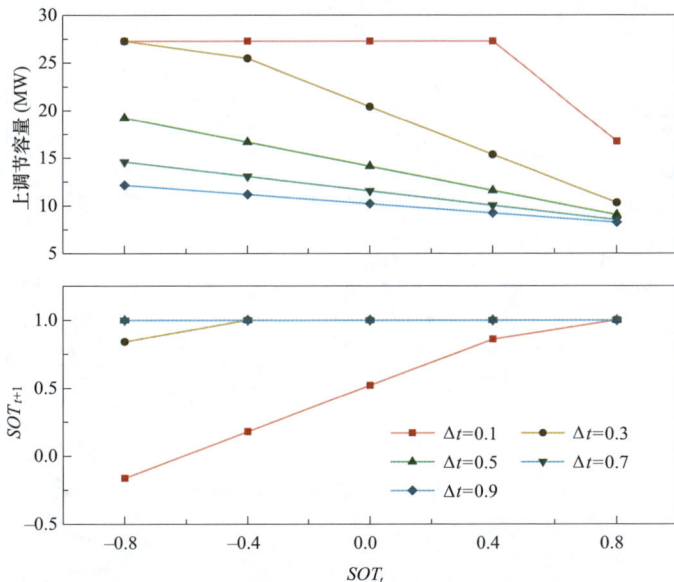

图 3-27 时间步长的选取对于聚合商上调节容量的灵敏度分析

上调节容量的大小与聚合商下一时刻 SOT 取最大值时需要消耗的电功率及其额定电功率有关。时间步长取值的减小意味着 $\sum\limits_{N(k)} k_{k,n}^{Su} \beta'_{k,n}$ 值的增加,当相邻时刻间的 SOT 值变化相同时,选择的时间步长越小,聚合商需要消耗的电功率将越小,其能够为系统提供的上调节容量将越大。而当时间步长足够小时,聚合商若想要使其下一时刻的 SOT 达到最大值,所需消耗的电功率值将超过其额定电功率的最小值。因此,负荷的上调节容量由于受到额定电功率的限制而保持不变。对应图 3-27,当时间步长不大于 0.3h,若聚合商当前时刻的 SOT 值过小,其在下一时刻的 SOT 值将小于 1。即当时间步长足够小时,聚合商能够以牺牲少量的用户舒适度为代价提供更大的上调节能力。

然后，分析时间步长的选取对于聚合商下调节容量的影响。当时间步长及聚合商当前时刻 SOT 分别取不同值时，其能够提供的下调节容量与下一时刻的 SOT 值如图 3-28 所示。

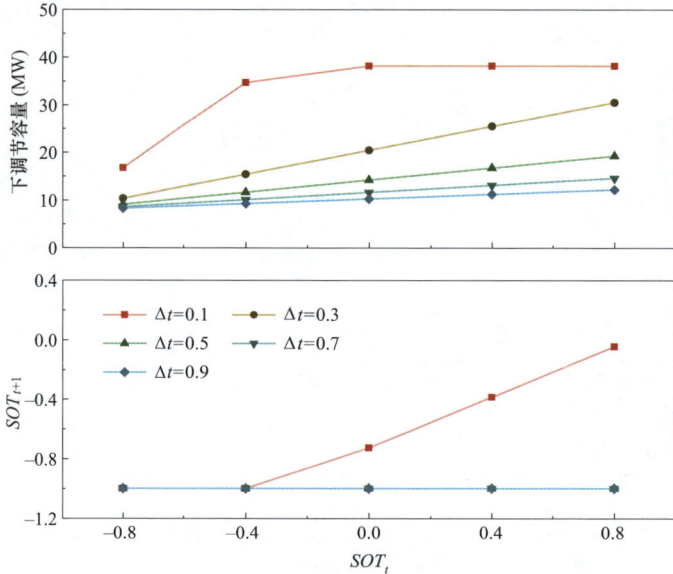

图 3-28　时间步长的选取对于聚合商下
调节容量的灵敏度分析

由图 3-28 可知，当选取的时间步长变小时，聚合商可提供的下调节容量将保持不变或变大。同样地，可以得出随机优化调度中选取的时间间隔较长将不利于挖掘聚合商调节潜力的结论。不同的是，由于下调节容量的大小与温控负荷下一时刻 SOT 取最小值时需要消耗的电功率及其额定电功率有关。因此，下调节容量值会随着聚合商当前时刻 SOT 值的减小而增加。

由于前后两个时刻间的 SOT 变化速率与下调节容量呈负相关，因此，当选择的时间步长较小且聚合商当前时刻的 SOT 值较大时，聚合商使下一时刻的 SOT 达到最小值所需消耗的电功率值将超过其额定电功率的最大值。因此，负

荷的下调节容量由于受到额定电功率的限制而保持不变。对应图 3-28，当时间
步长不大于 0.3h，若聚合商当前时刻的 SOT 值较大，其在下一时刻的 SOT 值将
大于 -1。因此，当时间步长足够小时，聚合商能够以牺牲少量的用户舒适度为
代价提供更大的下调节能力。

最后，选取室外温度为 37.7℃时聚合商提供的需求响应模型参数，分析时
间步长的选取对于其上调节容量和下调节容量的影响。聚合商在不同时间步长
和当前时刻 SOT 值下能够提供的上调节容量、下调节容量及对应的下一时刻
SOT 值分别如图 3-29 和图 3-30 所示。在此温度下，时间步长对于上调节容
量和下调节容量的影响趋势与前文所述分析保持一致。

此外，由图 3-29 可以看出，当温度较高时，聚合商的上调节容量有
所提高，而下调节容量却有所减少。其主要原因在于聚合商消耗的基线电
功率增加。

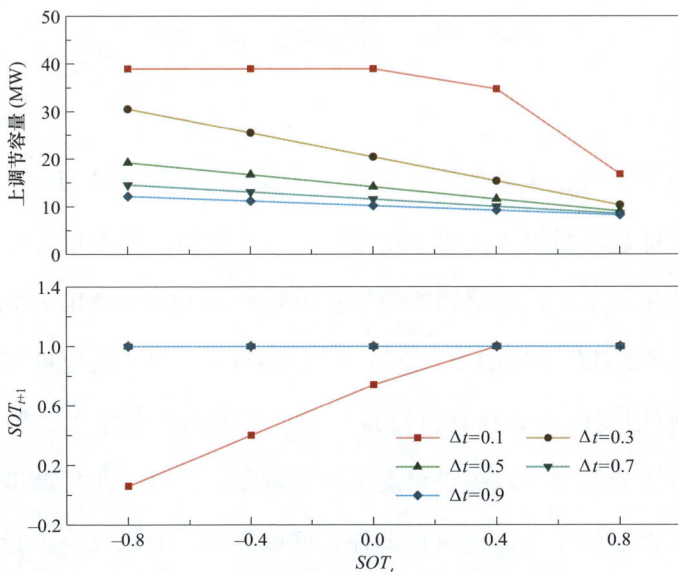

图 3-29　时间步长的选取对于聚合商上
调节容量的灵敏度分析

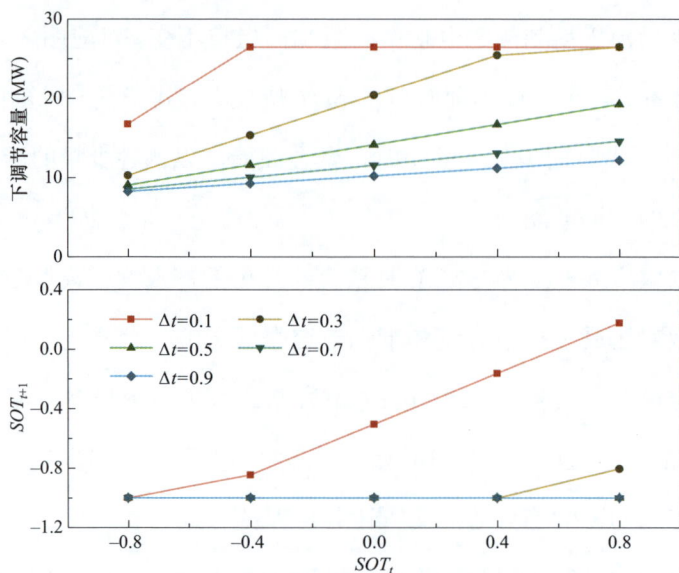

图 3-30　时间步长的选取对于聚合商下
调节容量的灵敏度分析

3.5　电解铝负荷

　　电解铝负荷是我国重要的工业负荷，其具有两个显著特点——高耗能和高排放。高耗能即耗电量巨大，单个电解铝厂的容量便可达数百兆瓦。

　　按照平均生产工艺，电解铝的吨铝耗电量约为 13324kWh，则 2023 年电解铝产量折合电量消耗约 5593.4 亿 kWh，约占 2023 年全社会用电量 92241 亿 kWh 的 6.1%。电解铝高耗能的特点也为其带来了巨大的调节潜力。若对电解铝的生产进行合理引导，便可以提供可观的响应容量。此外，工厂高度的自动化系统和完善的数据监管系统使得负荷调控方便而灵活，并且减少了设备的投资成本。对于电解铝企业自身而言，参与需求响应也不失为促进节能减排的良好举措，有利于推动产业用能的高效化、低碳化和绿色化。

3.5.1　基于生产环节用电特征的调节能力量化评估方法

电解铝工业生产过程电力消耗非常稳定，全天 24h 生产，其负荷率一般在 90%以上，在无检修或事故情况下负荷率甚至可达 95%。电解铝的负荷曲线相对平稳，并且受季节影响小。

现代电解铝工业生产普遍采用冰晶石－氧化铝融盐电解法。以氧化铝为原料，将其溶解于冰晶石中，阳极为碳素体，阴极为铝液，在强直流电作用下发生电化学反应。电解铝化学反应式如下

$$2Al_2O_3 + 3C = 4Al + 3CO_2 \qquad (3-50)$$

电解铝生产流程如图 3－31 所示。电解铝的生产主要在铝电解槽中进行。直流电通过含有氧化铝和其他有利于电解的元素的熔融冰晶石熔体，经过电化学反应生成金属铝。熔融的金属铝沉淀在电解槽底部，经真空抬包吸出后送入铸造厂铸造。氧化铝不仅是生产原料之一，而且还可以吸附排出烟气中的有害物质（氟化物），从而降低烟气中的氟化物含量。在电解过程中，阳极材料会因

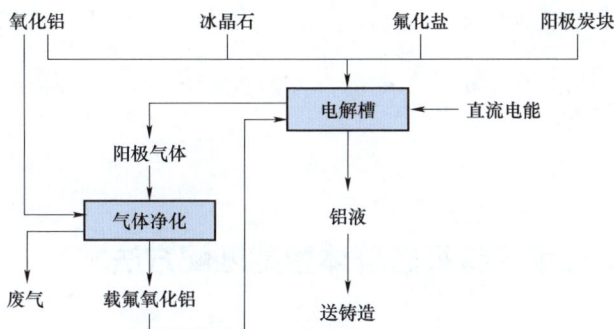

图 3－31　电解铝生产流程图

为电化学反应而不断减少，因此需要及时地对阳极进行补充，以确保生产过程的连续和稳定。

电解铝负荷作为高耗能负荷，电力消耗巨大。其中，铝电解槽是生产的核心设备，同时也是主要的耗电设备，耗电量约占生产总电耗的 90%。通常铝电解槽是在强直流电和极低电压下运行的。电解槽的型号一般用电流强度表示，目前应用较多的电解槽型号是 400kA 系列和 500kA 系列。现下所有的工业电解槽均作为串联负载运行，数百台电解槽串联构成一个电解槽系列，每个电解槽系列的总功率可达数百兆瓦，而一家电解铝厂可能含有多个电解槽系列。如果能在不影响电解铝生产安全性与稳定性的前提下，对其负荷功率进行合理调控，那么电解铝负荷就可以对电力系统的低碳经济运行作出积极的贡献。

相较于其他分散用户，电解铝负荷参与需求响应具有许多优势。第一点是电解铝负荷可提供的响应容量较大，一个电解铝厂便可以提供数兆瓦的响应容量，而个体用户负荷通常只能提供几 kW 的响应容量。第二点是电解铝负荷调节速度快，可在数毫秒内精确调节负荷功率。第三点是电解铝负荷对气候的敏感度低，季节变换对电解铝负荷的影响较小，而其他用户的负荷水平会随季节更替波动，不利于协调统一管理。第四点是电解铝负荷作为工业负荷自动化水平较高，既可以对设备进行自动灵活的控制，也便于集中管理。正是因为电解铝负荷具有如此多的优势，本报告针对电解铝负荷参与需求响应进行了深入研究。

3.5.2 基于柔性场景特征的群体智能匹配方法

电解质温度是影响电解铝生产的重要因素，一般维持在 940～960℃。铝电解槽必须保持合适的温度使得冰晶石在电解槽中央保持熔融态而在槽壁上保持冻结状态。若电解槽温度过低，槽内的电解质将凝固于电解槽的侧部和底部，冰晶石熔体也会冻结至槽中心的阳极炭块，电解槽的热稳定性大大降低；若电解槽温度过高，冰晶石熔体将熔化至槽壁，腐蚀电解槽，进而缩短槽寿命。为保障电解铝负荷在参与需求响应时电解质温度始终维持在合理范围内，此处提出了计及电解槽热传导特性的柔性工业电解铝负荷模型。

电解铝负荷作为高耗能负荷之一，电力消耗巨大，但是其能量利用率较低，仅有 50%左右的能量用于反应物加热和电化学反应，其余能量则以热能的形式耗散。现代铝电解槽的设计以"侧部散热，底部保温"为原则，减少底部散热不仅有利于延长电解槽的寿命，而且有助于提高生产过程的可控性。因此，铝电解槽的散热以顶部散热和侧部散热为主，其中顶部散热量约占总散热量的 48%，侧部散热量约占总散热量的 43%，底部散热量仅占 9%。由于底部散热量较少，本文仅考虑铝电解槽的顶部和侧部散热。

为便于分析铝电解槽的热传导特性，此处将铝电解槽划分为两个体系：电解质—铝液体系和槽壳—阳极炭块体系，二者分别对应液态体系和固态体系。铝电解槽吸放热示意图如图 3-32 所示。

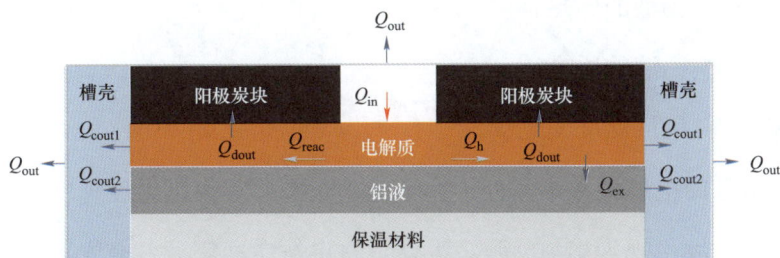

图 3-32　铝电解槽吸放热示意图

电解质—铝液体系是电化学反应的发生场所，其温度将直接影响铝电解过程。以电解质为研究对象，考虑其与其他介质间的热量交换和内部的热量损失，其热量计算公式如下

$$Q_{in1} - Q_{reac} - Q_h - Q_{cout1} - Q_{dout} - Q_{ex} = c_e m_e \Delta T_e \qquad (3-51)$$

式中　Q_{in1}——电解质吸收的电流产生的部分焦耳热；

　　　Q_{reac}——电化学反应过程所吸收的热量；

　　　Q_h——加热物料所需的热量；

　　　Q_{cout1}——电解质对侧部槽壳的散热量；

　　　Q_{dout}——电解质对顶部阳极炭块的散热量；

　　　Q_{ex}——电解质与铝液交换的热量；

　　　c_e——电解质的比热容；

　　　m_e——电解质的质量；

　　　ΔT_e——电解质温度变化量。

以铝液为研究对象，其热量计算公式如下

$$Q_{in2} + Q_{ex} - Q_{cout2} = c_1 m_1 \Delta T_1 \qquad (3-52)$$

式中　Q_{in2}——铝液吸收的电流产生的部分焦耳热；

　　　Q_{cout2}——铝液对侧部槽壳的散热量；

　　　c_1——铝液的比热容；

　　　m_1——铝液的质量；

　　　ΔT_1——铝液温度变化量。

由于熔融的电解质和铝液处于循环流动状态，其内部温度梯度很小，电解质和铝液的温度可视为均匀一致，因此可将电解质和铝液合并为一个体系。此时，电解质与铝液的温度变化量相同，即 $\Delta T_e = \Delta T_1$。

因此，可将式（3-51）和式（3-52）合并得

$$Q_{in} - Q_{reac} - Q_{h} - Q_{cout1} - Q_{cout2} - Q_{dout} = (c_{e}m_{e} + c_{l}m_{l})\Delta T_{e} \quad （3-53）$$

其中 $Q_{in} = Q_{cout1} + Q_{cout2}$，表示电流输入铝电解槽而产生的焦耳热，其表达式如下

$$Q_{in} = (U_{cell} - E)I\Delta t \quad （3-54）$$

式中 U_{cell}——槽电压；

E——电解槽反电动势；

I——通入电解槽的电流强度；

Δt——单位时间。

根据中国有色金属工业指标体系，单位时间内，每台电解槽的铝产量可按式（3-55）

$$M = 0.3356I\eta \quad （3-55）$$

式中 η——电流效率。

铝电解反应为吸热反应，其吸收的热量 Q_{reac} 可表示为

$$Q_{reac} = ME_{\Delta H_{r}}\Delta t \quad （3-56）$$

式中 $E_{\Delta H_{r}}$——生产每吨铝电化学反应的折合电能消耗。由热力学第一定律可得，温度为 900～1000℃时，铝电解反应热焓约为 1094kJ/mol，折合电能消耗约为 5.63kWh/kg（AL）。

原料氧化铝通过超浓相输送系统输送至电解槽内，将物料加热至反应温度需要吸收热量，该部分热量 Q_{h} 可表示为

$$Q_{h} = ME_{\Delta H_{h}}\Delta t \quad （3-57）$$

式中 $E_{\Delta H_{h}}$——生产每吨铝加热物料的折合电能消耗，约为 0.7kWh/kg（AL）。

在固液相边界，热量通过对流传热的形式在交界面传递。电解质和铝液向侧部槽壳的散热量以及电解质向顶部阳极炭块的散热量可由对流换热公式，即式（3-58）～式（3-60）计算得到，即

$$Q_{cout1} = h_e(T_e - T_s)A_e\Delta t \qquad (3-58)$$

$$Q_{cout2} = h_l(T_e - T_s)A_l\Delta t \qquad (3-59)$$

$$Q_{dout} = h_c(T_e - T_s)A_c\Delta t \qquad (3-60)$$

式中　T_s——电解质-铝液体系的温度；

　　　T_s——槽壳—阳极炭块体系的平均温度；

　　　h_e——电解质与侧部槽壳间的对流换热系数；

　　　A_e——电解质与侧部槽壳间的换热面积；

　　　h_l——铝液与侧部槽壳间的对流换热系数；

　　　A_l——铝液与侧部槽壳间的换热面积；

　　　h_c——电解质与顶部阳极炭块间的对流换热系数；

　　　A_c——电解质与顶部阳极炭块间的换热面积。

将式（3-54）～式（3-60）代入式（3-53）中，整理可得电解质-铝液体系温度随时间变化的表达式

$$\frac{\Delta T_e}{\Delta t} = \frac{(U_{cell} - E)I - M(E_{\Delta H_r} + E_{\Delta H_h})}{c_e m_e + c_l m_l}$$
$$- \frac{(h_e A_e + h_l A_l + h_c A_c)(T_e - T_s)}{c_e m_e + c_l m_l} \qquad (3-61)$$

槽壳-阳极炭块体系处于外部环境与电解质-铝液体系之间，槽内的热量通过槽壳散发至外界空气中。以槽壳-阳极炭块体系作为研究对象，其热量计算公式如下

$$Q_{\text{conv}} - Q_{\text{out}} = c_s m_s \Delta T_s \qquad (3-62)$$

式中　Q_{conv}——电解质－铝液体系传递到槽壳－阳极炭块体系的热量；

　　　Q_{out}——槽壳－阳极炭块体系传递到环境（空气）中的热量；

　　　c_s——槽壳－阳极炭块体系的比热容；

　　　m_s——槽壳－阳极炭块体系的质量；

　　　ΔT_s——槽壳－阳极炭块体系平均温度的变化量。

电解质－铝液体系传递到槽壳－阳极炭块体系的热量包括电解质和铝液向侧部槽壳的散热量以及电解质向顶部阳极炭块的散热量，可表示为

$$Q_{\text{conv}} = Q_{\text{cout1}} + Q_{\text{cout2}} + Q_{\text{dout}} \qquad (3-63)$$

槽壳－阳极炭块体系传递到外界空气中的热量可由对流换热公式计算得到

$$Q_{\text{out}} = h_s (T_s - T_a) A_s \Delta t \qquad (3-64)$$

式中　h_s——槽壳－阳极炭块体系与空气间的对流换热系数；

　　　A_s——槽壳－阳极炭块体系与空气间的换热面积；

　　　T_a——外界环境温度。

将式（3－58）～式（3－60）、式（3－63）和式（3－64）代入式（3－62），整理可得槽壳－阳极炭块体系平均温度随时间变化的表达式

$$\frac{\Delta T_s}{\Delta t} = \frac{(h_e A_e + h_1 A_1 + h_c A_c)(T_e - T_s)}{c_s m_s} - \frac{h_s (T_s - T_a) A_s}{c_s m_s} \qquad (3-65)$$

由式（3－61）和式（3－65）得到两个体系温度随时间变化的关系后，将两式分别对时间差分可得表达式如下（为简略形式，取 Δt 为 1h）

$$\begin{cases} T_{e(t+1)} - T_{et} = \dfrac{(U_{\text{cell}} - E)I_t - M(E_{\Delta H_r} + E_{\Delta H_h})}{c_e m_e + c_1 m_1} - \dfrac{(h_e A_e + h_1 A_1 + h_c A_c)(T_{et} - T_{st})}{c_e m_e + c_1 m_1} \\[4mm] T_{s(t+1)} - T_{st} = \dfrac{(h_e A_e + h_1 A_1 + h_c A_c)(T_{et} - T_{st})}{c_s m_s} - \dfrac{h_s (T_{st} - T_a) A_s}{c_s m_s} \end{cases} \qquad (3-66)$$

整理式（3-66）可得表达式形式如下

$$
\begin{cases}
T_{e(t+2)} = aT_{e(t+1)} - bT_{et} + cI_{t+1} - dI_t + K \\[2mm]
a = 2 - \dfrac{h_e A_e + h_1 A_1 + h_c A_c}{c_e m_e + c_1 m_1} - \dfrac{h_e A_e + h_1 A_1 + h_c A_c + h_s A_s}{c_s m_s} \\[2mm]
b = 1 - \dfrac{h_e A_e + h_1 A_1 + h_c A_c}{c_e m_e + c_1 m_1} - \dfrac{h_e A_e + h_1 A_1 + h_c A_c + h_s A_s}{c_s m_s} \\[2mm]
\quad + \dfrac{(h_e A_e + h_1 A_1 + h_c A_c)h_s A_s}{(c_e m_e + c_1 m_1)c_s m_s} \\[2mm]
c = \dfrac{U_{cell} - E - 0.3356\eta(E_{\Delta H_r} + E_{\Delta H_h})}{c_e m_e + c_1 m_1} \\[2mm]
d = \left(\dfrac{U_{cell} - E - 0.3356\eta(E_{\Delta H_r} + E_{\Delta H_h})}{c_e m_e + c_1 m_1}\right) \cdot \left(1 - \dfrac{h_e A_e + h_1 A_1 + h_c A_c + h_s A_s}{c_s m_s}\right) \\[2mm]
K = \dfrac{(h_e A_e + h_1 A_1 + h_c A_c)h_s A_s}{(c_e m_e + c_1 m_1)c_s m_s}
\end{cases}
\tag{3-67}
$$

式中 a、b、c、d、K——常系数。

式（3-67）描述了槽内电解质温度随时间和电流变化的动态过程，$t+2$ 时刻的电解质温度不仅与 $t+1$ 时刻的电解质温度和通入电流强度相关，还与 t 时刻的电解槽状态有关。

为了确保铝电解生产的安全运行，电解质温度需维持在合理范围内，即处于最小允许值和最大允许值之间

$$
T_e^{min} \leqslant T_{et} \leqslant T_e^{max} \tag{3-68}
$$

式中 T_e^{min} 和 T_e^{max} ——电解质温度的最小允许值和最大允许值。

3.5.3 模型有效性验证

为了验证铝电解槽热传导模型的合理性，本节以单台电解槽为例进行说明。由于电解槽采取串联连接，通入电流强度相同，所以单台电解槽的状态也可表

示其所在电解槽系列的状态。

电解铝负荷可以通过两种方式调节铝电解槽提供需求响应。第一种方式是调节电解槽的电流从而小幅改变负荷功率，该种调节方式可以在数毫秒内完成对负荷功率的精确调节，迅速且灵活，可认为电解槽电流的调节瞬时完成。但是，出于生产安全性的考虑，该种方式调节范围较小。在这种情况下，生产线并没有关闭，只是有小幅度的负荷功率变动。第二种方式是关停某台电解槽或一个电解槽系列，从而实现负荷功率的大幅降低。在这种情况下，电力中断的持续时间非常关键。通常一个电解槽系列的可允许中断时间从几分钟到两个小时左右不等，具体时间与设备类型及其运行情况有关。此外，拥有多个电解槽系列的电解铝厂可以将中断的负荷从一个系列转移到另一个系列，从而使可允许的总中断时间更长。一般规定铝电解槽全停电时间须小于45min。

虽然第二种方式可以实现较大的响应容量，但是关停电解槽的潜在危害较大。若因电力损失使电解槽内出现液体凝固，将对电解槽造成永久性严重损坏，甚至可能导致设备报废。因此，经过实地调研后，考虑到第二种关停电解槽的方式会对铝电解的正常生产造成较大影响，可行性较差，此处选取第一种方式调节铝电解槽。铝电解槽相关参数如表 3-4 和表 3-5 所示。

表3-4　　　　　电 解 槽 参 数

参数	密度（kg/m³）	体积（m³）	比热容[J/（kg·℃）]
电解质	2100	4	1600
铝液	2700	4	880
槽壳-阳极炭块	2600	9	900

表 3-5 电解槽各部分对流换热系数及换热面积

参数	对流换热系数〔W/m²·℃〕	换热面积（m²）
电解质与侧部槽壳	300	4
铝液与侧部槽壳	200	4
电解质与阳极炭块	5	3.6
槽壳与外界空气	5	60

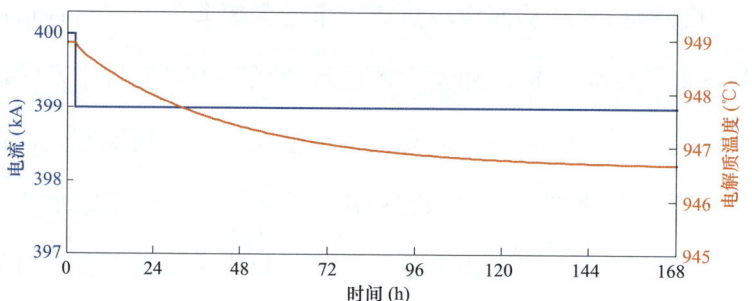

(a) 电流下降后电解质温度变化情况

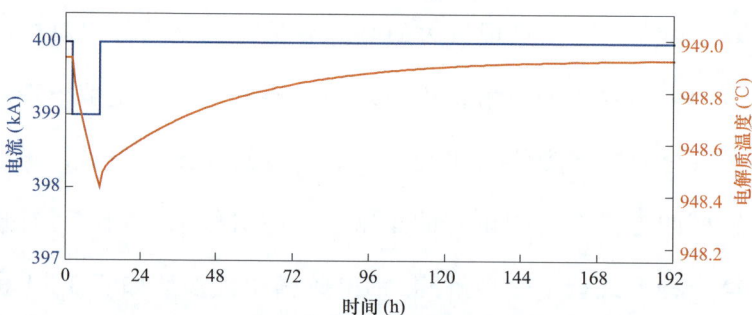

(b) 电流恢复正常后电解质温度变化情况

图 3-33 模型合理性验证

假设铝电解槽正常通入电流强度为 400kA，$t=1$h 时，电流下降 1kA，槽内电解质温度变化如图 3-33（a）所示，若在 $t=10$h 时，重新将电流恢复至正常水平，电解质温度变化如图 3-33（b）所示。从图中可以看出，当电流下降 1kA 时，电解质温度下降速率由快至慢，稳态温度约比正常温度下降约 2.26℃，符合实际生产作业情况；当电流恢复正常后，电解质温度也会随时间逐渐增加直至稳态，温度上升速率由快至慢逐渐减小。从仿真结果看，电解槽需要较长的时间才能达到新的稳态，所以当电解铝负荷参与需求响应时，电解槽的温度状态将总是处于暂态，而所提的铝电解槽热传导模型则可以很好地描述电解槽温度的动态变化，确保生产过程的安全性。

当通入铝电解槽的电流下降不同程度后，其电解质温度变化情况如图 3-34 所示。从图 3-34 中可以看出，虽然变化趋势相似，但是通入电流强度下降越多，电解质温度下降速率越快。当电流下降 40kA（下降 10%）后，仅需约 3h 电解质温度便会下降到 940℃以下，此时将会影响电解铝的生产稳定性。由此可以看出，电解槽无法在较低的电流水平下维持较长的时间。而当电流下降 90kA（下降约 22%）后，仅需约 1h 电解质温度便降到 940℃以下。因此，当调度时间为 1h 时，正常状态（运行功率为最大运行功率）下铝电解槽的极限调节比例约为 22%，当调节范围大于该比例时，槽内电解质温度下降过快，生产安全性与稳定性将难以保障。

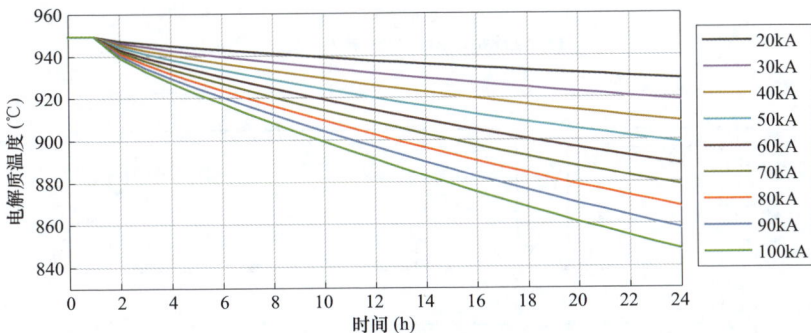

图 3-34　电流下降不同程度后电解质温度变化情况

为说明所提的铝电解槽热传导模型在保障生产安全稳定上的必要性和有效性，此处将对比未计及电解铝热传导特性的模型的仿真结果。

在未计及电解铝热传导特性的模型中，忽略了温度的影响，而采用热平衡约束保障生产的安全性与稳定性。热平衡约束可表示如下

$$\begin{cases} \sum_{t'=t-\tau+1}^{t} UI_{t'} \geqslant E^{\tau}, \forall t \geqslant \tau \\ E^{\tau} = k^{\tau} E^{\tau,\max} \end{cases} \qquad (3-69)$$

式中 τ ——电解槽维持热平衡的时间；

U——单台电解槽电压；

E^{τ} ——在连续的 τ 时段内电解槽为维持热平衡所需的最小能量输入；

$E^{\tau,\max}$ ——在连续的 τ 时段内电解槽的最大输入能量；

k^{τ} ——比例系数。

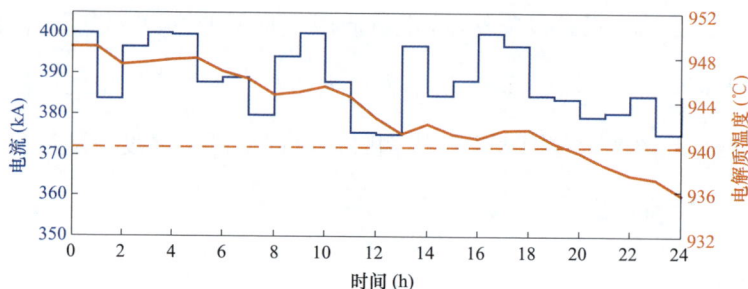

(a) 连续4h，电解槽最小输入能量95%

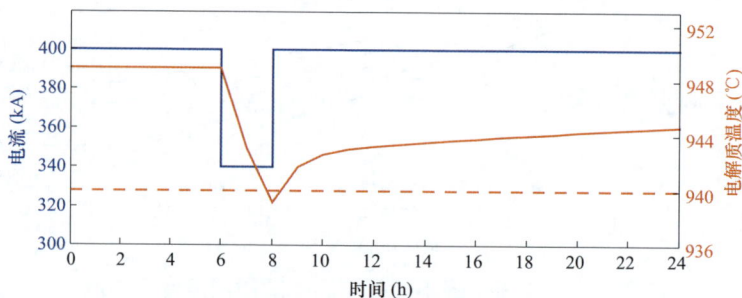

(b) 连续10h，电解槽最小输入能量97%

图 3-34 未计及电解槽热传导特性模型的电解质温度变化情况

取 $\tau=4h$ ， $E^{\tau}=0.95E^{\tau,\max}$ ，选取一组满足约束，式（3-69）的电流值，其

电解质温度变化情况如图 3-35（a）所示。可以看出，电解质温度在时段 21~24 越下限，此时将对铝电解的生产安全性造成不利的影响。在一些需要电解铝负荷响应量比较大的场景中，该问题将更加突出。热平衡约束虽然保证了连续时段内的能量供应，但是随着电流的长时间下降，温度的下降也是随着时间累积的，热平衡约束（3-69）无法保障槽内温度始终维持在正常范围内。

取 $\tau = 10h$，$E^\tau = 0.97E^{\tau,max}$，选取一组满足约束，式（3-69）的电流值，其电解质温度变化情况如图 3-35（b）所示。可以看出，虽然时段 1~10 满足连续 10h 的最小能量供给，但是在时段 8 电解质温度仍然越下限。可见热平衡约束，式（3-69）针对短时间内电流突然降低的情况存在弊端。

与计及电解铝热传导特性的模型相比，未计及热传导特性的模型只能粗略地评估电解铝负荷的响应能力，使电解槽在连续 τ 时段内的最小输入能量不低于 E^τ，一旦 τ 或 E^τ 设定值不合适便很容易出现槽内电解质温度越限的情况。若想避免这种情况，便只能选取较为保守的设定值，但是代价将是有可能无法充分发挥电解铝负荷的响应能力。相对的，在计及电解铝热传导特性的模型中，可以充分量化电流强度对槽内电解质温度的影响，较好地反映电解铝负荷的响应能力，不仅保障了生产的安全稳定，而且可以充分挖掘电解铝负荷的响应潜力。

本 章 小 结

居民侧空调具备巨大可调潜力，具体地，对于冬季而言，在 18:00~21:00，全省采暖负荷约 1600 万 kW，其中居民采暖负荷约 1400 万 kW；对于夏季而言，在 21:00~23:00，全省降温负荷约 3600 万 kW，其中居民降温负荷约=2700 万 kW。

总体上，低压用户的冬季采暖负荷是夏季降温负荷的 52%，全省用户的冬季采暖负荷是夏季降温负荷的 44%。河南省十一大行业中，工业用电负荷占比约 71.09%，其中"有色金属冶炼和压延加工业"具备较大的可调潜力，典型工况负荷约 480 万 kW，上下可调范围约 120 万 kW，是优质的候选可调资源。

本章提出电动汽车负荷的调节能力量化评估方法和群体智能方法，算例结果表明：电动汽车聚合模型的建立及线性化处理，减少了模型变量数目，降低了模型求解难度。通过数学推导，可以证明聚合模型的求解精度与原单体电动汽车模型的求解精度相同。

本章提出空调负荷的调节能力量化评估方法和群体智能方法，算例结果表明：

（1）所提建模和聚合方法能够在提升优化调度问题计算效率的同时尽可能地满足多冷水机组暖通空调负荷的节能需求，所提协同调控策略能够在满足系统分配的总部署备用需求情况下自动分配各个多冷水机组负荷的部署备用。

（2）所提备用响应模型能够提升系统的灵活性和经济性。同时，在对备用响应模型中的微分方程进行求解选取的时间步长足够小时，聚合商能够以牺牲更少的用户舒适度为代价提供更大的调节能力。

本章提出电解铝负荷的调节能力量化评估方法和群体智能方法，算例结果表明：

（1）所提模型可以较好地描述槽内电解质温度随电流强度和时间变化的动态过程，可有效保障电解铝负荷参与需求响应时电解质温度始终维持在合理范围内，为后续研究提供了模型基础。

（2）与未计及电解槽热传导特性的模型对比，所提模型可以较好地反映电解铝负荷的调节能力，有利于在保障生产安全稳定的前提下更充分地挖掘电解铝负荷的响应潜力。

4　多类型调节资源响应成本测算及经济性分析

随着社会经济的稳步增长，我国电力需求量攀升，电力峰谷差加大等问题日益凸显。与此同时，随着智能电网的飞速发展，电力系统在发电、输电、配电以及用电等各个环节均发生了翻天覆地的变化。就用户侧而言，空调、智能家居、电动汽车等柔性负荷的占比不断提高，使得需求侧资源更具可调性，这为利用需求侧资源缓解电力供应紧张问题奠定了坚实的基础。电力需求侧管理在北美、欧洲等发达国家陆续开展，用于发掘有限的资源潜力，引导用户用电行为的转变，以及尽可能推迟新电厂的建设。电力需求侧管理，主要指通过政府的政策法规的支持，电网企业激励措施的有效引导，促使电力用户改变用电行为，从而减少电力消耗，提高终端用电效率，最终促进节能环保的管理方法。电力需求侧管理为世界经济的可持续增长做出了积极的贡献。需求侧响应是电力需求侧管理的解决方案之一。需求响应（demand response，DR）是指用户接收到需求响应实施方发布的价格改变信号或者削减负荷的直接补偿通知后，调整自身原有的用电行为，削减或转移相应时段的电力负荷，以保障系统安全稳定运行、实现电力供需平衡的短期行为。将需求响应纳入电力市场中，通过采取有效的激励措施和引导措施，协调规划电力发电侧资源和需求侧资源，是未来电力市场发展的方向。在需求侧响应发展的过程中，政策、能源资源情况是刺激发展的动力，智能电表、监测和控制等先进设备是物理基础，电力市场环境是能否长效实施的关键。用户习惯和负荷结构也会对实施效果产生一定程度的影响。

为此，本章将研究多类型调节资源响应成本测算及经济性分析，回答"电力负荷参与'双保'所需成本与潜在收益"的问题。

4.1 研 究 思 路

首先，提出多类型调节资源响应成本测算方法。针对河南省典型的可调用电负荷，包括电动汽车负荷、空调负荷以及电解铝负荷，分析多类型调节资源的响应特点，提出响应成本测算方法。

接着，提出计及全生命周期成本的多类型调节资源经济性优化配置模型。分析典型可调用电负荷全生命周期下的成本影响因素，设计计及全生命周期成本的调节资源响应模型，提出经济性优化配置模型。

最后，提出不同场景下调节资源响应的经济性分析。针对河南省风光荷的典型场景、保供场景和保消纳场景进行多场景经济性分析，测算多类型调节资源在多场景下的响应成本和经济性收益。

研究思路如图 4-1 所示。

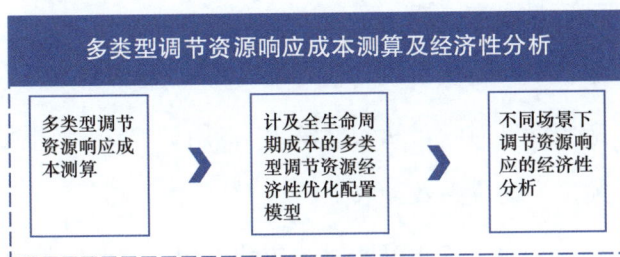

图 4-1　研究思路

4.2　多类型调节资源响应成本测算

4.2.1　电动汽车负荷

电动汽车参与需求响应经济性计算过程如下

$$F_{t,\text{sc}} = R_{\text{dr}} \times (1-\alpha) - C_{\text{dr}} \qquad (4-1)$$

$$R_{\text{dr}} = P \times k_4 \times \sum_{i=1}^{n} Q_i \times k_{1\_i} \times k_{2\_i} \times k_{3\_i} \qquad (4-2)$$

式中　$F_{t,\text{sc}}$ ——参与需求响应第 t 年净现金流，元；

　　　R_{dr} ——每年需求响应收益，元；

　　　α ——需求响应组织方收益分成，假设为 30%；

　　　C_{dr} ——每年需求响应运维成本，每年初投资 2%；

　　　P ——统一出清价格，元/kW；

　　　Q ——用户单次受邀响应量，kW；

　　　n ——需求侧响应年度发布次数；

k_1——响应量系数，取 1；

k_2——单次响应速度系数，私人桩取 0.8，专用桩取 0.8，换电站取 2；

k_3——响应活动时长，私人桩取 3，专用桩取 2，换电站取 1；

k_4——响应参与度系数，取 1。

由于私人桩、专用桩、换电站实时响应能力由弱到强，按照日前通知设置私人桩和专用桩响应速度，按照提前 0.5h 通知设置换电站响应速度。考虑到电动汽车具有较高响应精度，假设其平均响应比例为 80%～120%。此外，考虑到车辆在私人桩连接时间最长，其次为专用桩，换电站因换电运营强度约束持续响应时间最短，假设 3 类充电设施 k_3 值分别为 3，2，1。由于试点期间电动汽车不参与需求响应竞价，3 类充电设施年度响应系数统一取 1。

（1）私人充电桩。对于车主而言，在需求响应聚合商固定投资成本（500元/桩）和响应补偿单价确定的情况下，参与需求响应的频次决定了综合经济性水平。当响应频次较低，如 3 次/月情况下，单桩年均收益仅为 42 元，而当响应频次达到 10 次/月，则单桩年均收益超过 140 元，参与需求响应的内部收益率达到 27%。

（2）专用充电桩。专用充电桩群参与需求响应的成本与私人充电桩类似，主要包括聚合商固定投资及运维成本，因此存在一定聚合商收益分成。目前上海市削峰需求响应补偿单价较高，补偿为 30 元/kW，折算为 3 元/kWh。若同样以提前 24h 方式通知参与响应，则响应电量实际补偿为 2.4 元/kWh。由于具备较高的响应率及电价补偿，专用充电桩群参与需求响应的经济性相对较高。当响应频次为 3 次/月时，年补偿收益为 70 元，若响应频次提升至 10 次/月，则桩均年收益达到 235 元，内部收益率接近 50%。

（3）换电站。换电站参与需求响应的成本主要取决于换电服务强度和换电站内备用电池裕度。该换电平台换电站服务能力按照一天营业 16h、每站每天换电服务 72 次设计，则单站平均每小时换电 4.5 次。若每座换电站配备 5 块备用电池，每块备用电池充电功率 60kW，且换电强度按时间轴平均分布，则每站最多可调用约 300kW（时移 1h）灵活充电负荷。考虑到实际运营中换电服务时间分布存在一定波动，因此该充电裕度一般仅作为换电备用，难以满足需求响应的额外调节需求。但由于目前该换电平台运营强度还未达到饱和，平均每站实际换电频次约 3 次/h，即每站约有 2 块备用电池或 120kW 充电功率可实现全天候负荷时移。虽然通过增加备用电池数量可以相应提升充电灵活度，但单纯为参与需求响应增加备用电池近似于储能电站的运营模式，在目前的响应频次及响应补偿水平下，经济性显然不足。

4.2.2　空调负荷

居民用户参与空调负荷的需求响应时，不能忽略其对生活舒适度的要求，因此，空调运行过程中的温度变化范围要有一定的限制，如下

$$T_d - d + \delta / 2 \leqslant T_{\text{set}} \leqslant T_d + d - \delta / 2 \qquad (4-3)$$

式中　d——用户允许的温度偏差设定；

　　　δ——表示空调温度控制的精度；

　　　T_d——满足居民用户舒适度的期望温度。

在居民用户参与到需求响应的过程中，要对空调温度进行调整，导致室内温度与期望温度有所偏差，降低用户舒适度，由此带来舒适度损失成本，计算方法如下

$$F_r = \sum_{n=1}^{T} k \left| T_{\text{set}}(t_n) - T_d \right| \qquad (4-4)$$

式中　*k*——响应成本系数。

以用户经济利益最大化为目标，以保证用户的生活舒适度为基本条件，设定分时电价见表 4-1。

表 4-1　　　　　　　　　分时电价设定

电价类型	时间段	电价（元/kWh）
低谷电价	00:00～07:00 10:00～18:00 20:00～24:00	0.2862
高峰电价	07:00～10:00 18:00～20:00	0.5070

为了对比居民用户参与需求响应与不参与需求响应带来的差别，对不参加需求响应的情况也做了仿真。当用户不参加需求响应时，出于对生活舒适度的追求，一般会选择把空调设置在期望的温度上。两种结果的耗电量如表 4-2 所示。由表可知两种调节的总耗电量差别不大，但根据电价信号参与需求响应后电费总量下降了 9.1%，在负荷的高峰期的耗电量下降了11.5%，由此可见需求侧的负荷响应能够降低负荷高峰的峰值负荷量。有利于平滑日负荷曲线，维持当地电网的平衡稳定。

表 4-2　　　　　　　　两种调节方式结果对比

调节方式	电费（元）	响应成本（元）	耗电量（kWh）	负荷高峰时耗电量（kWh）
恒温调节	10.6217	0	28.0012	6.3064
可控调节	9.6647	0.56	27.1397	5.5841

4.2.3　电解铝负荷

电力成本是电解铝生产成本中最主要的构成，占比为 30%～40%。目前国内近70%的铝厂使用自备电进行生产，1t电解铝平均需要13500kWh电，发1kWh电需要消耗400g左右的标煤，也就是生产1t电解铝平均需要消耗5～5.5t动力煤。而煤炭的成本占电力成本的70%～75%，因此对于自备电企业而言，决定电价的关键在于采购动力煤成本，而各地区煤炭价格差距较大。

按照550元/t进行成本测算，1kWh电成本约0.3元，新疆地区煤炭价格通常为80～120元/t，而河南、山东等地标煤成本则多在500元/t以上，主要是由于新疆地区煤炭储量丰富，而运输成本较高（新疆至河南约600元/t，新疆至上海700～800元/t），新疆地区煤炭难以外运，因此新疆地区在生产电解铝过程中成本优势明显。

在电解铝生产过程中，每往铝液中注入一定电量的电流，就可以将电解槽中的氧化铝还原成金属铝。具体来说，每度电可生产2.2～2.5t铝锭。这个数字根据生产工艺、生产设备和能耗情况等多个因素而有所不同，但一般不会低于2t。

4.3　计及全生命周期成本的多类型调节资源经济性优化配置模型

4.3.1　电动汽车负荷模型

（1）单体电动汽车充放电模型。

单体电动汽车的充放电功率范围应满足如下约束

$$0 \leqslant P_{rt}^{c} \leqslant P_{r,\max}^{c}, t_r^{in} \leqslant t \leqslant t_r^{out} \tag{4-5}$$

$$0 \leqslant P_{rt}^{d} \leqslant P_{r,\max}^{d}, t_r^{in} \leqslant t \leqslant t_r^{out} \tag{4-6}$$

式中　　　t——时段编号，每 1h 为 1 个时段，全天共 24 个时段；

　　　　　R——电动汽车的编号；

P_{rt}^c、P_{rt}^d——电动汽车 r 在 t 时段的充、放功率；

$P_{r,\max}^c$、$P_{r,\max}^d$——电动汽车 r 的最大充、放电功率；

t_r^{in}、t_r^{out}——电动汽车 r 接入、离开充电桩的时间。

此外，电动汽车的充放电功率还应满足如下互斥约束

$$P_{rt}^c \bullet P_{rt}^d = 0 \qquad (4-7)$$

式（4-7）表示电动汽车 r 无法在某一时段内同时充放电。

电动汽车净充电量约束为

$$\left(\sum_{t=t_{r,0}^{Ctrl}}^{t_{r,1}^{Ctrl}} P_{r,t}^c - \sum_{t=t_{r,0}^{Ctrl}}^{t_{r,1}^{Ctrl}} P_{r,t}^d \right)\Delta t = E_{r,1}^{Ctrl} - E_{r,0}^{Ctrl} \qquad (4-8)$$

式中　$t_{r,0}^{Ctrl}$、$t_{r,1}^{Ctrl}$　——电动汽车 r 可控时段的起始、终止时刻；

　　　　　Δt　——时间间隔；

$E_{r,0}^{Ctrl}$、$E_{r,1}^{Ctrl}$——电动汽车在可控时段起始、终止时段的电池电量。

（2）模型线性化。

电动汽车充放电模型中，约束，式（4-7）为非线性约束，存在模型求解困难的问题；约束，式（4-8）为对电动汽车可调度时间范围内的净充电量计算，仅适用于电动汽车只有一个可控时段的情况。为了将上述模型线性化并扩展至有多个可控时段的电动汽车，本节将电动汽车群的充、放电功率用一个决策变量 P_{rt} 表示，$P_{rt} < 0$ 表示电动汽车群向电网放电，$P_{rt} > 0$ 表示电动汽车群从电网充电，省略约束，式（4-7），并引入二进制参数 U_{rt}。

对电动汽车的充放电功率范围作合理假设：最大充电功率等于最大放电功率，则电动汽车的功率范围约束可转换为

$$-P_{r,\max}U_{rt} \leqslant P_{rt} \leqslant P_{r,\max}U_{rt} \tag{4-9}$$

$$\begin{cases} U_{rt}=1, \ t \in [t_r^{\text{in}}, t_r^{\text{out}}] \\ U_{rt}=0, \ t \notin [t_r^{\text{in}}, t_r^{\text{out}}] \end{cases} \tag{4-10}$$

式中　P_{rt}——电动汽车 r 在 t 时段的功率；

　　$P_{r,\max}$——电动汽车 r 的最大功率；

　　U_{rt}——电动汽车 r 的二进制状态变量，$U_{rt}=1$ 表示电动汽车已接入充电桩，$U_{rt}=0$ 表示电动汽车未接入充电桩。

电动汽车各时段的电池电量约束为

$$E_{rt}=E_{rt-1}+P_{rt}U_{rt}\Delta t \tag{4-11}$$

$$E_{rt}=E_r^{\text{init}}, \ t=t_r^{\text{in}} \tag{4-12}$$

$$E_r^{\min} \leqslant E_{rt} \leqslant E_r^{\max} \tag{4-13}$$

以上式中　E_{rt}——电动汽车 r 在 t 时段的电池电量值；

　　E_r^{init}——电动汽车接入充电桩时的初始电量值；

$E_r^{\max}$、$E_r^{\min}$——电动汽车 r 电池电量的最大、最小值。上述电池电量约束适用于一天内有任意一个可控时段的电动汽车。

每辆电动汽车在离开充电桩时需要满足电动汽车用户设定的充电量需求，则有

$$E_{rt} \geqslant E_r^{\text{req}}, t=t_r^{\text{out}} \tag{4-14}$$

式中　E_r^{req}——电动汽车用户设定的充电量需求值。

（3）计及全生命周期的电池退化模型。电化学电池的使用寿命由其循环寿命 T_{cycle} 和浮置寿命 T_{float} 中的较小者决定。其中，循环寿命与电池的充放电循环次数和电池的循环特性有关，频繁充放电以及深度充放电循环都将加速电池老化，缩短电池寿命。循环寿命的计算如式（4-15）所示

$$T_{\text{cycle}} = \frac{N_d^{\max}}{D \cdot n_d^{\text{day}}}$$

（4－15）

式中　　$N_d^{\max}$——某特定充放电深度 d 下电池寿命中的最大充放电循环次数；

n_d^{day}——电池每日在充放电深度 d 下的平均循环次数；

D——计及必要的运行维护时间后，电池每年的平均运行天数。

电池的浮置寿命则与电池自然状态下的正常腐蚀过程有关，与电池充放电行为无关，受环境温度、湿度等因素的影响，通常被认为是一个常数，该常数一般大于电池的循环寿命，因此不在本书中考虑。

对于不同类型的电化学电池，$N_d^{\max}$ 均可表示为关于充放电深度 d 的函数，如下

$$N_d^{\max} = f(d)$$

（4－16）

其中，$f(d)$ 的数学表达式可根据电池制造厂商提供的详细实验数据，通过拟合技术获得。

电动汽车在参与电力市场时，用户需能提交反映自身调频辅助服务边际成本的报价，即该边际成本曲线应该反映电池每进行一次充放电循环所引起的电池退化成本。对于不同充放电深度的电动汽车，需要相对应地提供不同的补偿量。然而，每个充放电周期的电池退化成本过于复杂，难以精确计算，为了简化模型，可基于上述电池循环寿命的计算对提供电力系统调频辅助服务的电动汽车电池退化成本进行建模，得到可应用于现有电力市场调度中的近似电池退化成本函数。由于在一个电池充放电循环中，充电量和放电量基本相等，此处合理假设电池的循环老化只发生在一个完整的充放电循环周期中的放电阶段。

在一个充放电循环中，如果电池由初始电量 E^{start} 放电至终止电量 E^{end}，再

由 E^{end} 充电回到初始电量 E^{start} ，或由初始电量 E^{start} 充电至终止电量 E^{end} ，再由 E^{end} 放电回到初始电量 E^{start} ，该循环中电池的起、止电量差与电池容量的比值即为电池的充放电深度，如下

$$d = \left| \frac{E^{\text{start}} - E^{\text{end}}}{E^{\text{cap}}} \right| \tag{4-17}$$

式中　E^{cap}——电池容量。

假设电池在 $t-1$ 时段的充放电循环深度为 d_{t-1} ，则电池在 t 时段的循环深度 d_t 可由其在 $t-1$ 到 t 这段时间内的放电功率 P_t 计算

$$d_t = \frac{1}{\eta^{\text{dis}} E^{\text{cap}}} P_t + d_{t-1} \tag{4-18}$$

式中　η^{dis}——电池的放电效率；由于忽略了充电过程，P_t 为非负值。则由该循环过程产生的电池增量老化可表达为 $\theta(d_t)$ ，边际老化量可由 $\theta(d_t)$ 对 P_t 进行求导并其代入来计算，如下

$$\frac{\partial \theta(d_t)}{\partial P_t} = \frac{\mathrm{d}\theta(d_t)}{\mathrm{d}(d_t)} \frac{\partial d_t}{\partial P_t} = \frac{1}{\eta^{\text{dis}} E^{\text{cap}}} \frac{\mathrm{d}\theta(d_t)}{\mathrm{d}(d_t)} \tag{4-19}$$

将电池放电深度（0～100%）平均划分为 L 段，每一段对应的放电功率为 P_l^{dis} ，并将电池的更换成本 $R(\$)$ 按比例分配到每一段充放电循环深度上，得出一个分段线性近似函数，以此来构造电池循环老化成本函数 C ，该函数由 L 个分段组成，如下

$$C(d_t) = \begin{cases} C_1 & d_t \in \left[0, \dfrac{1}{L} \right) \\ \quad\vdots \\ C_l & d_t \in \left[\dfrac{l-1}{L}, \dfrac{l}{L} \right) \\ \quad\vdots \\ C_L & d_t \in \left[\dfrac{L-1}{L}, 1 \right] \end{cases} \tag{4-20}$$

其中

$$C_l = \frac{R}{\eta^{dis} E^{cap}} L \left[\theta \left(\frac{l}{L} \right) - \theta \left(\frac{l-1}{L} \right) \right] \qquad (4-21)$$

电池循环放电深度平均划分的段数不同，所对应的电池寿命曲线拟合效果也不同，如图 4-2 所示。可以看出，电池充放电循环深度的平均分段数越多，分段线性函数相较于原电池寿命损耗曲线的拟合效果越好，当分段数为 4 段时，近似拟合精度已达到了 85%以上。

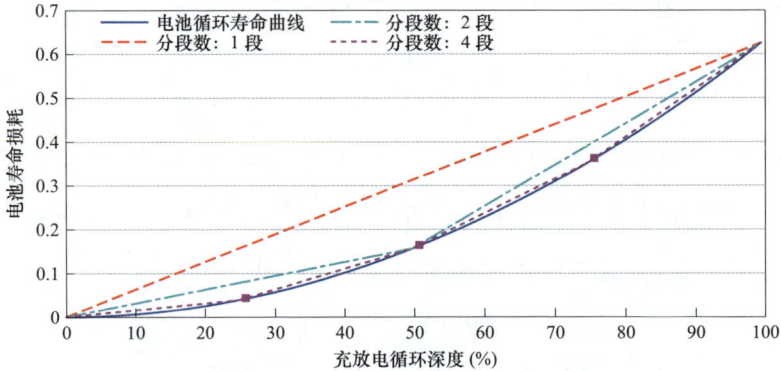

图 4-2　电池充放电循环深度分段近似拟合

由于本文假设电池的充放电循环老化只发生在循环周期中的放电阶段，因此循环老化成本的大小取决于每个时间间隔内电池放电功率的大小，该功率可能使电池的放电深度延伸一个或多个区段，为了对多时间间隔的电池循环深度进行建模，为每个循环深度区段分配一个放电功率 $p_{l,t}^{dis}$，以便独立跟踪每个分段的能级并识别当前的循环深度。由于电池退化边际成本曲线是凸函数，电池总是从最便宜（最浅）的可用循环深度区段流向更昂贵（更深）的区段。因此，电池循环退化成本可表示为各区段成本之和

$$C = \sum_{t=1}^{T} \sum_{l=1}^{L} C_l p_{l,t}^{dis} \qquad (4-22)$$

$$P_t = \sum_{l=1}^{L} p_{l,t}^{\mathrm{dis}} \qquad\qquad (4-23)$$

式（4-23）表示 t 时段各循环深度区段的放电功率之和为 t 时段电池的总放电功率。

4.3.2　空调负荷模型

利用建筑物的热灵活性，通过调节空调负荷的功率消耗来进行电压调节。通常地，用一种近似简化的交流系统热动态的模型来描述建筑物和空调的热力学和电学模型，如下

$$\dot{T}_{\mathrm{a}}^t = \frac{1}{C_{\mathrm{a}}}(U_{\mathrm{a}}[T_{\mathrm{o}}^t - T_{\mathrm{a}}^t] + U_{\mathrm{m}}[T_{\mathrm{m}}^t - T_{\mathrm{a}}^t] + Q_{\mathrm{a}}^t)$$
$$\dot{T}_{\mathrm{m}}^t = \frac{1}{C_{\mathrm{m}}}(U_{\mathrm{m}}[T_{\mathrm{a}}^t - T_{\mathrm{m}}^t] + Q_{\mathrm{m}}^t) \qquad (4-24)$$

式中　T_{m}^t，T_{a}^t——墙体温度和室内空气温度，是内部和外部传热的函数，如内部获得的热量（Q_i^t），太阳能获得的热量（Q_s^t）以及空调装置注入/输出的热量（Q_{AC}^t），如式（4-25）所示，其中 f_{AC}，f_s 和 f_i 是分数系数

$$Q_{\mathrm{a}}^t = (1 - f_{\mathrm{AC}})Q_{\mathrm{AC}}^t + (1 - f_s)Q_s^t + (1 - f_i)Q_i^t$$
$$Q_{\mathrm{m}}^t = f_{\mathrm{AC}}Q_{\mathrm{AC}}^t + f_s Q_s^t + f_i Q_i^t \qquad (4-25)$$

对于交流系统的电气模型，空调负荷的输出功率（P_{AC}^t）、制冷量（Q_{AC}^t）和压缩机开/关状态（u_{AC}^t）之间的关系可以表示为式（4-26），其中 μ_{AC}^t 是交流系统的性能系数。假设夏季空调负荷工作在冷却模式下，即前面有一个负号

175

$$Q_{AC}^t = -\mu_{AC}^t P_{AC}^t u_{AC}^t, u_{AC}^t \in \{0,1\} \qquad (4-26)$$

同时，空调负荷除了考虑在运行时的能源消耗和维护成本外，还需综合考虑从安装到报废的整个生命周期过程中的成本和能源消耗。这样的综合性分析有助于提供更全面的决策依据。因此，空调负荷的全生命周期成本 C_L 包括运行阶段设备损耗成本 C_{loss}、设备维修成本 C_{re} 以及设备报废回收成本 C_{dis}。即 $C_L = C_{loss} + C_{re} + C_{dis}$。

4.3.3　电解铝负荷模型

柔性工业电解铝的等效集成热参数模型如图 4-3 所示。

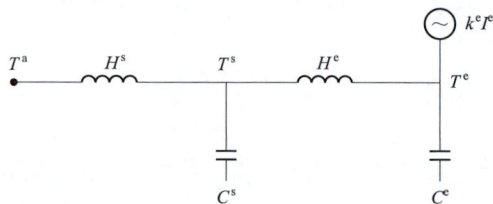

图 4-3　柔性工业电解铝等效集成热参数模型

进一步，热电过程可以用一组微分方程表示，如下

$$\frac{\mathrm{d}T^e(\tau)}{\mathrm{d}\tau} = a_1 T^e(\tau) + a_2 T^s(\tau) + a_3 I^e(\tau)$$

$$\frac{\mathrm{d}T^s(\tau)}{\mathrm{d}\tau} = a_4 T^e(\tau) + a_5 T^s(\tau) + a_6 T^a(\tau) \qquad (4-27)$$

其中

$$a_1 = -\frac{H^e}{C^e}, a_2 = \frac{H^e}{C^e}, a_3 = \frac{k^e}{C^e}$$

$$a_4 = \frac{H^e}{C^s}, a_5 = -\frac{H^s + H^e}{C^s}, a_6 = \frac{H^s}{C^s}$$

式中　τ ——时间；

　　a ——系数；

　　T^a ——腔室空气温度；

　　T^s ——固体层温度；

　　T^e ——液体层温度；

　　H^s ——腔室空气与固体层之间的热导；

　　H^e ——固体层与液体层之间的热导；

　　C^s ——固体层的热质量；

　　C^e ——液体层的热质量；

　　k^e ——电流系数；

　　I^e ——产生热量的电流强度。

4.4　不同场景下调节资源响应的经济性分析

4.4.1　电动汽车参与"双保"响应成本测算及经济性分析

（1）考虑电动汽车的河南省电网时序生产模拟方法。为了获取电力系统小时级的运行结果，本节使用机组组合模型来进行小时级的运行模拟，所建立的机组组合模型的目标函数及所有约束分别介绍如下。

1）目标函数。所采用的运行模拟模型以总运行成本最低以及需求响应成本最低为目标来安排系统中所有机组的启停和出力以及电动汽车的充电时间来平衡电负荷和热负荷。同时为了促进可再生能源的消纳，目标函数中还包含了弃风和弃光惩罚。

对于一个由 k 个子系统组成的区域电网，其时序运行模拟可以建模为一个混合整数线性规划模型（mixed-integer linear programming，MILP）。该混合整数线性规划模型的目标函数由发电机的发电成本 $C_i^G(t)$、开机成本 $C_i^{SU}(t)$、停机成本 $C_i^{SD}(t)$、需求响应成本 $C_{DR}(t)$、电动汽车电池循环老化成本 $C_L(t)$ 以及可再生能源的限电惩罚共同组成，其形式如式（4-28）所示

$$
\begin{aligned}
\min F = & \sum_{k=1}^{K}\sum_{t=1}^{H}\sum_{i\in G_k}[C_i^G(t)+C_i^{SU}(t)+C_i^{SD}(t)]+C_{DR}(t) \\
& +\theta^S\sum_{k=1}^{K}\sum_{t=1}^{H}[\overline{p}_{S,k}(t)-p_{S,k}(t)]+\theta^W\sum_{k=1}^{K}\sum_{t=1}^{H}[\overline{p}_{W,k}(t)-p_{W,k}(t)]+C_L(t)
\end{aligned}
\tag{4-28}
$$

式中　　　　G_k——子系统 k 的发电机总数；

　　　　　　H——总运行时间，对于全年小时级的运行模拟，$H=8760$；

　　　　　　θ^S 和 θ^W——对应每兆瓦弃光电量和弃风电量的惩罚，元；

$p_{S,k}(t)$ 和 $p_{W,k}(t)$——t 时刻子系统 k 接纳的光伏和风电功率；

$\overline{p}_{S,k}(t)$ 和 $\overline{p}_{W,k}(t)$——从气象数据转化得到的 t 时刻光伏、风电最大可发功率。

时序运行模拟所考虑的功率平衡约束、备用约束、网架约束、电源出力范围约束、发电机爬坡约束、最小启停机时间约束分别如下。

2）功率平衡约束。对于任意子系统 k，均有功率平衡约束

$$
\sum_{i\in G_k}p_{G,i}(t)+p_{W,k}(t)+p_{S,k}(t)=p_{L,k}(t)+p_{AC}(t)\forall t,k
\tag{4-29}
$$

式中　　$p_{G,i}(t)$——发电机 i 在 t 时刻的功率出力；

　　　　$p_{AC}(t)$——t 时刻海量空调负荷的总功率。

3）备用约束。对于任意子系统 k，必须确保本子系统的安全备用容量，因此有备用约束为

$$\sum_{i \in G_k}[u_i(t)\overline{p}_{G,i} - p_{G,i}(t)] + [(1-\varepsilon_{W,k})\overline{p}_{W,k}(t) - p_{W,k}(t)]$$

$$+ [(1-\varepsilon_{S,k})\overline{p}_{S,k}(t) - p_{S,k}(t)] \geqslant \eta_{L,k}p_{L,k}(t) \qquad \forall t,k \tag{4-30}$$

式中　$u_i(t)$ ——发电机 i 的启停状态，发电机运行时为 1，停机时为 0；

　　　$\overline{p}_{G,i}$ ——发电机 i 的额定容量；

$\varepsilon_{W,k}$ 和 $\varepsilon_{S,k}$ ——子系统 k 的风电出力最大预测误差和光伏出力最大预测误差，这里的预测误差定义为预测可再生能源出力与实际可再生能源出力之间的最大误差，由于当前风电小时级出力预测的准确性仍较差，因此目前确定电力系统最小开机方式时往往不考虑可再生能源出力，即是认为预测误差为 100%；

　　　$\eta_{L,k}$ ——子系统 k 的最大备用需求系数，一般取 5%。

4）电源出力范围约束。由于火电机组稳定燃烧的需要，处于开机状态的火电机组出力往往只能在最小技术出力与装机容量范围内变动，水电机组同样也存在着最小出力的限制。同时风电、光伏等可再生能源出力不能高于风速、光照情况决定的最大出力，因此有电源出力范围约束

$$u_i(t)\underline{p}_{G,i} \leqslant p_{G,i}(t) \leqslant u_i(t)\overline{p}_{G,i} \qquad \forall t,i \tag{4-31}$$

$$0 \leqslant p_{S,k}(t) \leqslant \overline{p}_{S,k}(t) \qquad \forall t,k \tag{4-32}$$

$$0 \leqslant p_{W,k}(t) \leqslant \overline{p}_{W,k}(t) \qquad \forall t,k \tag{4-33}$$

式中　$\underline{p}_{G,i}$ ——发电机 i 运行时的最小技术出力。

5）发电机爬坡约束。发电机组的爬坡能力限制了发电机组在单位时间内能够增加或减少出力的最大值。除了运行范围约束，机组 i 在时刻 t 的输出功率还需要满足机组的爬坡约束

$$p_{G,i}(t) - p_{G,i}(t-1) \leqslant r_{U,i}\overline{p}_{G,i} + N[1-u_i(t-1)] + N[1-u_i(t)] \qquad \forall t,i \tag{4-34}$$

$$p_{G,i}(t-1) - p_{G,i}(t) \leqslant r_{D,i}\overline{p}_{G,i} + N[1-u_i(t-1)] + N[1-u_i(t)] \qquad \forall t,i \tag{4-35}$$

式中 $r_{U,i}$ 和 $r_{D,i}$——发电机 i 的最大上爬坡速度率最大下爬坡速率；

　　　　 N——较大常数，用于确保 $u_i(t)$ 或 $u_i(t-1)$ 不全为 1 时式（4-50）、式（4-51）恒成立。当发电机刚启动或即将关闭时，发电机的出力也需满足机组爬坡速度约束，发电机启、停时的出力约束分别如式（4-52）和式（4-53）所示

$$p_{G,i}(t) \leqslant s_{U,i}\overline{p}_{G,i} + Nu_i(t) \quad \forall t,i \tag{4-36}$$

$$p_{G,i}(t) \leqslant s_{D,i}\overline{p}_{G,i} + Nu_i(t+1) \quad \forall t,i \tag{4-37}$$

　　6）最小启停机时间约束。对于发电机组来说，一旦机组并网运行，必须保证足够的运行时间才可以执行停机操作。同样的，一旦机组停机，也需要保证一定的停机时间才可以再次并网发电，因此有发电机组最小启停时间约束为

$$\sum_{\tau=t}^{t+T_{D,i}(t)-1} [1-u_i(\tau)] \geqslant T_{D,i}(t)[u_i(t-1)-u_i(t)] \quad \forall t,i \tag{4-38}$$

$$\sum_{\tau=t}^{t+T_{U,i}(t)-1} u_i(\tau) \geqslant T_{U,i}(t)[u_i(t)-u_i(t-1)] \quad \forall t,i \tag{4-39}$$

式中 $T_{U,i}$ 和 $T_{D,i}$——t 时刻发电机 i 仍需继续保持运行和保持停机状态的时间，该时间可由式（4-40）和式（4-41）计算得到

$$T_{U,i}(t) = \min\{M_{U,i}, T-t+1\} \tag{4-40}$$

$$T_{D,i}(t) = \min\{M_{D,i}, T-t+1\} \tag{4-41}$$

式中 $M_{U,i}$ 和 $M_{D,i}$——发电机 i 的最小开机时间和最小停机时间，即是发电机每次启动后必须保持运行 $M_{U,i}$，发电机每次停机后，至少需要再经过 $M_{D,i}$ 后才能重新启动。在滚动求解的过程中，前一滚动时段的末状态会作为当前滚动时段的初始状态输入，因此假设对于前一滚动时段末状态已经启动了 U_{i0} h 和关闭了 D_{i0} h 的机组，其当前滚动时段的初始

启停约束为

$$u_i(t) = u_{i0} \quad \forall i, t \in [1, T_{i0}] \tag{4-42}$$

$$T_{i0} = \begin{cases} M_{U,i} - U_{i0}, & \text{if } u_{i0} = 1 \\ M_{D,i} - D_{i0}, & \text{if } u_{i0} = 0 \end{cases} \tag{4-43}$$

（2）河南省算例分析。由调研可知，河南省全省电动汽车数量约为 85 万辆，每辆车的充电功率约为 6kW，每次充电至少需要 4h。若使电动汽车参与负荷需求响应进行"保供"，则规定电动汽车在每日 18:00 至次日 6:00 为可充电时段；若进行"保消纳"，则规定电动汽车在每日 6:00 至次日 18:00 为可充电时段，在相应时段内用 $850000 \times 6k \times 4/12 \approx 1700$（MW）的电动汽车负荷代替其原本的固定负荷。此时，电力系统中含有可调节负荷，再用时序生产模拟技术进行保供、保消纳极端场景分析。

1）加入电动汽车后的"保供"极端场景分析。加入电动汽车后，原先 6 月中下旬、7 月中旬和 8 月中上旬的切负荷情况有一些改善，整体情况如图 4-4 所示。

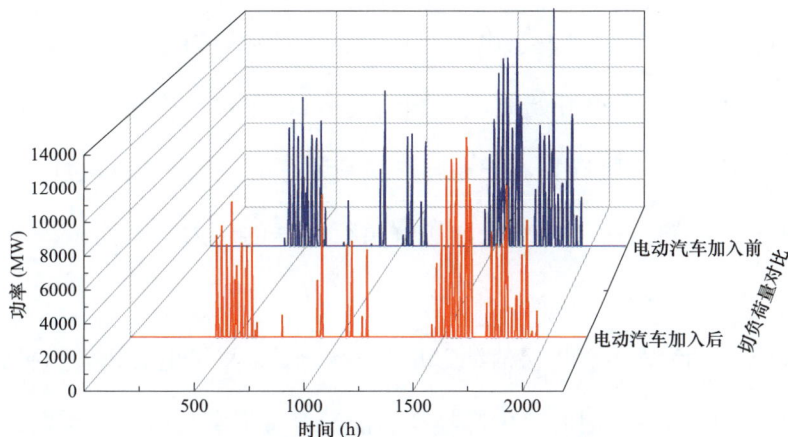

图 4-4　加入电动车前后切负荷情况对比图

由于图 4-4 中表示的切负荷量对比并不明显，将其转换为切负荷率。可知，加入电动汽车负荷后，切负荷率从原来的 1.6446% 下降到 1.1634%，切负荷情况有一定的改善。

选取典型日 6 月 20～22 日，分析电动汽车充电的动作情况，如图 4－5 所示。

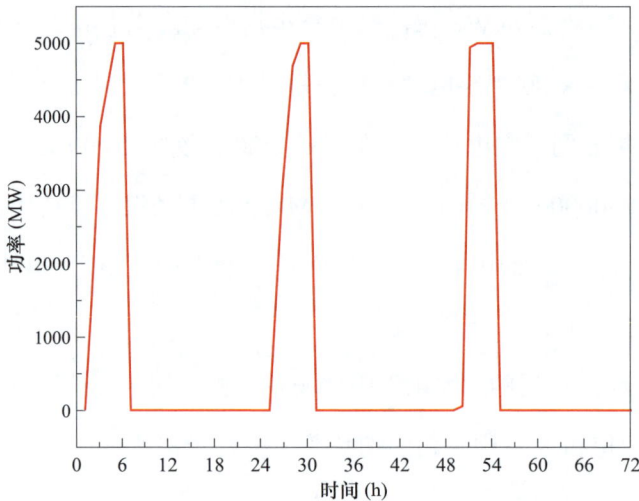

图 4－5　6 月 20～22 日典型日电动汽车充电情况

图 4－5 中，红色曲线表示电动汽车的充电功率。对于"保供"场景，从夜间 2:00 开始电动汽车开始充电，到清晨 6:00 左右结束充电，可知，电动汽车在负荷晚高峰阶段选择不充电，在负荷水平相对较低的凌晨时段进行充电，起到了一定的负荷转移效果，缓解负荷高峰的压力，从而减少了切负荷的情况。

2）加入电动汽车后的"保消纳"极端场景分析。将风电装机容量扩大三倍，光伏容量增加四倍后，用时序生产模拟新能源容量提高后整个夏季河南省电力系统的弃风弃光情况，发现一天内大部分弃风和弃光出现在午后时段，由于此时光伏大发，无法消纳，弃光量在 13:00 和 15:00 达到峰值，弃风量在 14:00 达到峰值。

为了提高新能源的消纳，减少弃风弃光的情况出现，加入电动汽车这种可调节负荷，再次进行时序生产模拟，分析"保消纳"极端场景，整体情况结果如图 4-6 和图 4-7 所示。

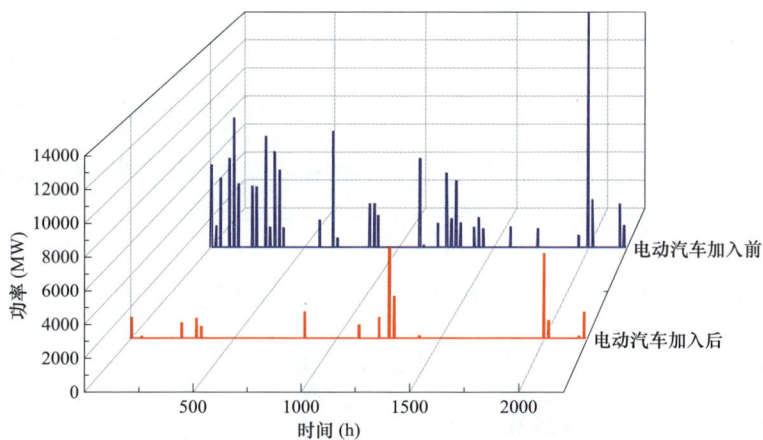

图 4-6　加入电动汽车前后弃风情况对比图

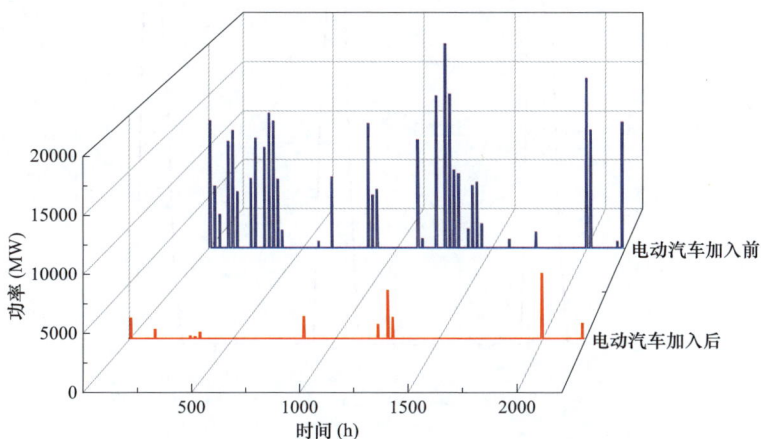

图 4-7　加入电动汽车前后弃光情况对比图

由图 4-6 和图 4-7 可知，整个夏季的弃风弃光情况在加入电动汽车后得到了明显的改善，其弃风弃光率变化如表 4-3 所示。

表4-3　　　　　　　　弃风弃光率变化表

指标名称	电动汽车加入前	电动汽车加入后
弃风率	1.513%	0.236%
弃光率	3.477%	0.217%

可见，弃风率和弃光率在加入电动汽车后都有着数量级的减少。

同样地，选取典型日 6 月 9～11 日，分析电动汽车充电的动作情况，如图 4-8 所示。

如图 4-8 可知，对于"保消纳"场景，电动汽车从上午 10:00 左右开始充电，14:00 左右结束充电。此时，由于电动汽车充电动作，进而可以消纳午后时段大发的新能源，减少弃风和弃光。

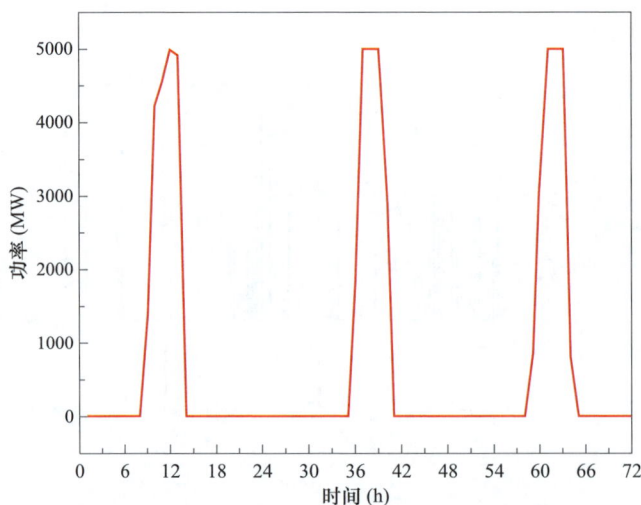

图4-8　6月9～11日典型日电动汽车充电情况

3）响应成本测算及经济性分析。

（a）极端场景下。在未加入电动汽车时，电力系统内存在较大的切负荷电量和弃风弃光电量，导致额外的系统成本。而电动汽车作为一种可转移负荷，可规定其充电时间，在弃风弃光时段或切负荷时段进行充电动作，对减少系统的弃风弃光、切负荷成本有一定的帮助。但考虑电动汽车的调节能力是基于需求侧响应的，其也可能导致系统额外增加响应成本。因此，提出系统的火电运行成本、响应成本、弃风弃光成本和切负荷成本这些指标，分别对"保供"和"保消纳"极端场景下的电力系统经济性进行分析，如表4-4所示。

表4-4　　　　　　电动汽车加入前后电力系统经济性分析　　　　（万元）

指标		电动汽车加入前	电动汽车加入后
"保供"场景	火电运行成本	167000	166790
	响应成本	0	1820
	切负荷成本	145200	107330
系统总运行成本		312200	275940
"保消纳"场景	火电运行成本	106700	100730
	响应成本	0	1873
	弃风弃光成本	22991	1717
系统总运行成本		129691	104320

需要说明，算例中设置的参数：火电机组分段后的单位发电成本分别为16、20、24、28元；弃风、弃光惩罚均为200；切负荷惩罚为1000；需求响应成本系数为10。

可知，无论是"保供"还是"保消纳"的极端场景，系统的总运行成本在电动汽车加入后均有减少，可见电动汽车对系统运行的经济性有一定的提升。

（b）典型场景下。将河南省风光荷的现状水平作为典型场景分析，对加入电动汽车这种可调节负荷前后两种情况，分别进行时序生产模拟，对其电力系统运行经济性进行分析，结果如表4-5所示。

表4-5　　　典型场景下电动汽车加入前后电力系统经济性分析　　　（万元）

指标	电动汽车加入前	电动汽车加入后
系统总运行成本	165100	164900

在典型场景下，系统无切负荷、弃风弃光等情况，但是在加入电动汽车这种可调节负荷之后，系统的总运行成本也有轻微的减少，只是对运行经济性的改善没有在极端"保供"或极端"保消纳"场景下的明显。

4.4.2　空调参与"双保"响应成本测算及经济性分析

将式（4-28）～式（4-43）中电动汽车模型替换为空调模型进行时序生产模拟仿真分析。由第 3 章可知，河南省夏季全省居民降温负荷约为27000MW。因此，用27000MW的空调负荷代替其原本的固定负荷。此时，电力系统中含有可调节负荷，再用时序生产模拟技术进行保供、保消纳极端场景分析。

1）加入空调负荷后的"保供"极端场景分析。加入空调负荷后，原先6月中下旬、7月中旬和8月中上旬的切负荷情况有明显改善，仅在 8 月 7 日负荷达到峰值时有切负荷出现，整体情况如图4-9所示。

选取典型日6月20～22日，分析空调负荷的动作情况，如图4-10和图4-11所示。

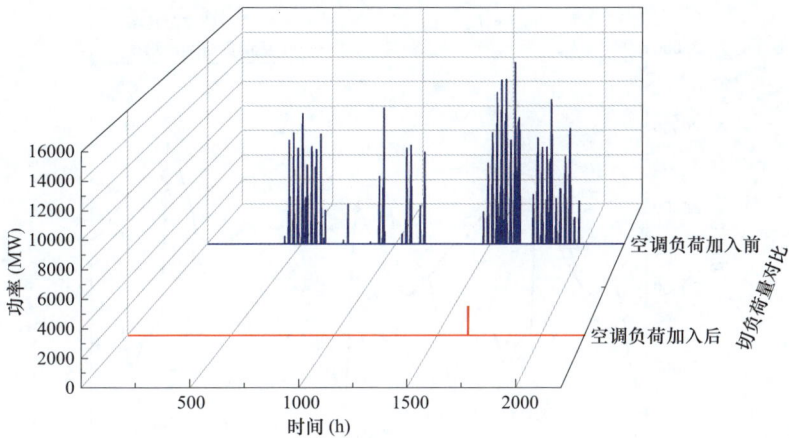

图4-9 加入空调负荷前后切负荷情况对比图

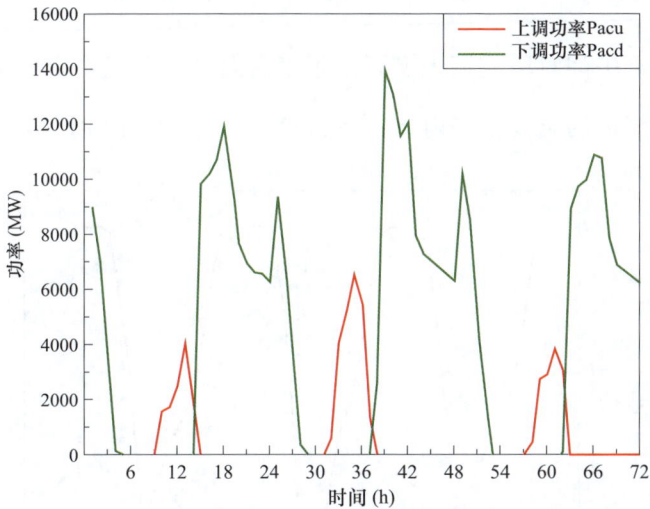

图4-10 6月20～22日典型日空调负荷动作情况

由图4-10和图4-11可知，空调负荷从中午12:00左右开始进行上调，实际功率大于基准功率，将室内温度降低，来应对高温天气，实际功率峰值在28000MW左右。然后从下午15:00左右开始下调，实际功率小于基准功率，并在18:00和24:00左右固定负荷达到高峰时，空调负荷下调最为明显，缓解负荷的压力，从而减少了切负荷的情况。

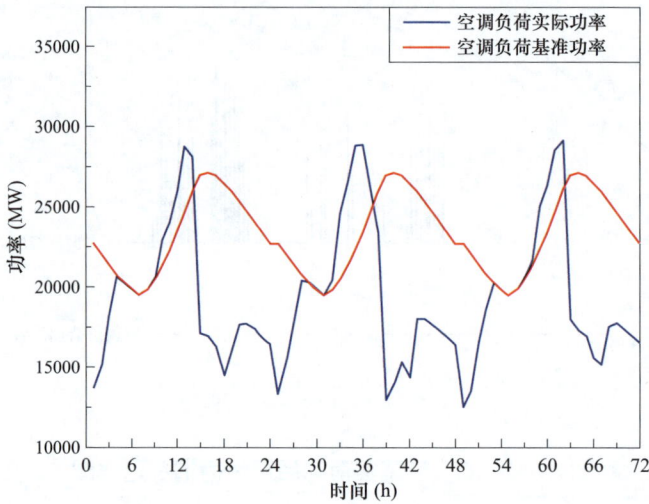

图 4-11 6 月 20～22 日典型日空调负荷实际功率

另外，由于午间时段空调上调降低了室内温度，在晚上空调下调时仍能保证室内温度在舒适的温度范围内（18～24℃），如图 4-12 所示。

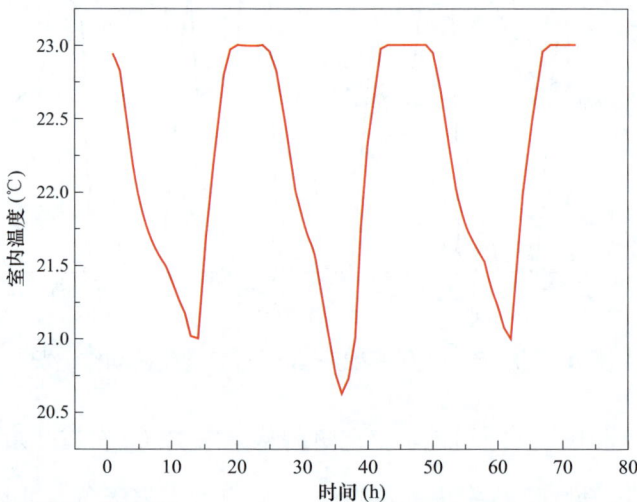

图 4-12 "保供"场景下室内温度曲线

2）加入空调负荷后的"保消纳"极端场景分析。将风电装机容量扩大三倍，光伏容量增加四倍后，用时序生产模拟新能源容量提高后整个夏季河南省电力系统的弃风弃光情况，发现一天内大部分弃风和弃光出现在午后时段，由于此时光伏大发，无法消纳，弃光量在 13:00 和 15:00 达到峰值，弃风量在 14:00 达到峰值。

为了提高新能源的消纳，减少弃风弃光的情况出现，加入空调负荷这种可调节负荷，再次进行时序生产模拟，分析"保消纳"极端场景，整体情况结果如图 4-13 和图 4-14 所示。

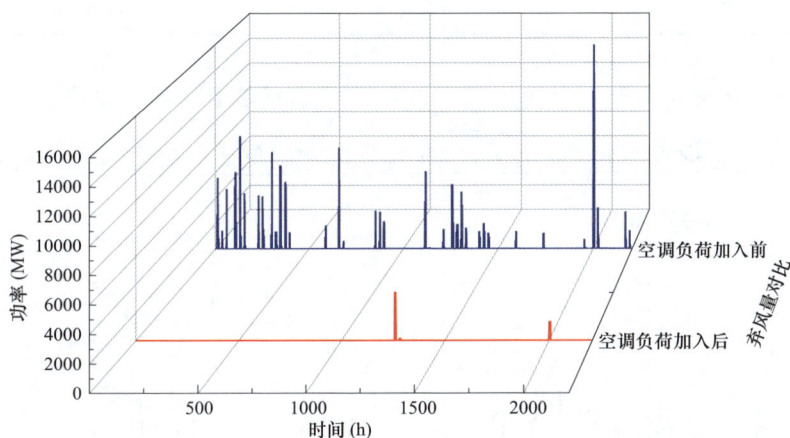

图 4-13　加入空调负荷前后弃风情况对比图

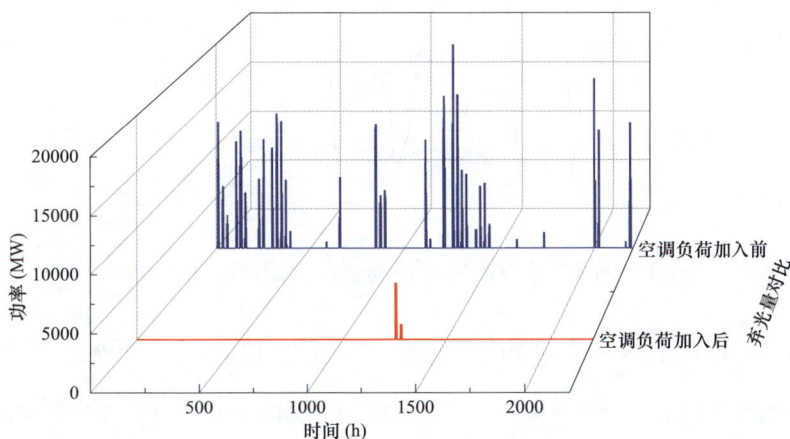

图 4-14　加入空调负荷前后弃光情况对比图

由图 4-13 和图 4-14 可知，整个夏季的弃风弃光情况在加入空调负荷后得到了极大的改善，仅在个别的日期有少量的弃风弃光出现。其弃风弃光率变化如表 4-6 所示。

表4-6　　　　　　　　　弃风弃光率变化表

指标	空调负荷加入前	空调负荷加入后
弃风率	1.513%	0.046%
弃光率	3.477%	0.035%

可见，弃风率和弃光率在加入空调负荷后都有着数量级的减少。

同样地，选取典型日 7 月 22~24 日，分析空调负荷的动作情况和实际功率，如图 4-15、图 4-16 所示。

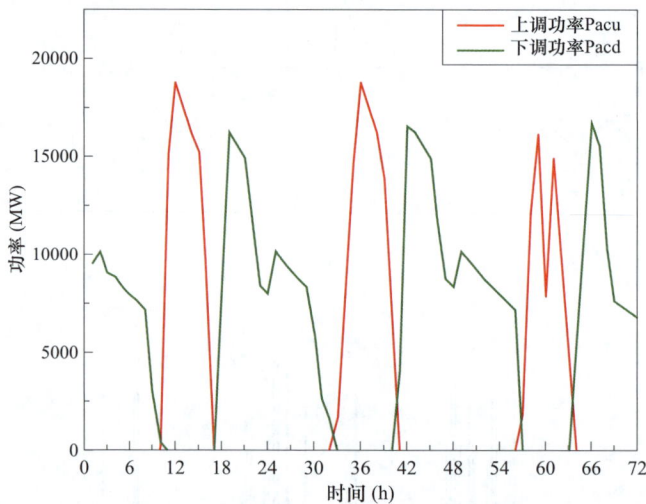

图4-15　7月22~24日典型日空调负荷动作情况

由图 4-15 和图 4-16 可知，空调负荷从中午 12:00 左右开始进行上调，实际功率大于基准功率，14:00 左右上调至峰值 42000MW 左右。此时，由于空调负荷上调进而可以消纳午后时段大发的新能源，减少弃风和弃光。然后从晚上

18:00 左右开始下调，实际功率小于基准功率，同样在 19:00 和 24:00 左右固定负荷达到高峰时，空调负荷下调最为明显，缓解负荷的压力，从而减少了切负荷的情况。

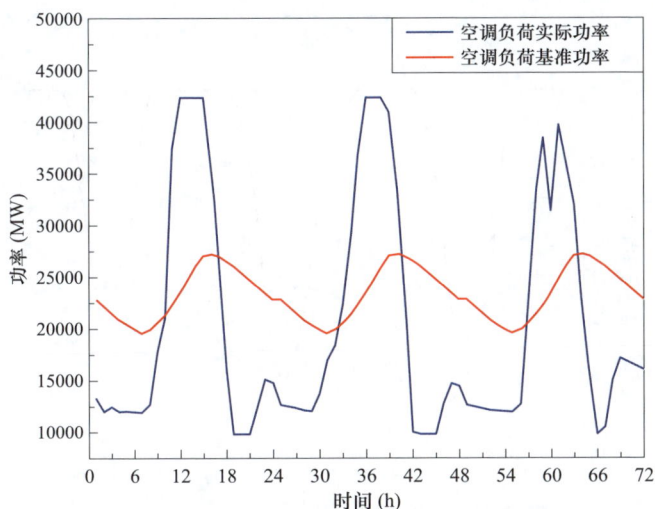

图 4-16   7 月 22～24 日典型日空调负荷实际功率

对比"保供"场景下空调的调节能力发现，在"保消纳"场景下，空调的上调能力更强，峰值从 28000MW 增大到 42000MW，即可以有效地就地消纳新能源。

同样，尽管午间时段空调上调降低了室内温度，但是仍能保证室内温度在舒适的温度范围内（18～24℃），如图 4-17 所示。

3）响应成本测算及经济性分析。

（a）极端场景下。在未加入空调负荷时，电力系统内存在较大的切负荷电量和弃风弃光电量，导致额外的系统成本。而空调负荷作为保障系统功率实时平衡的有效调节手段，在弃风弃光时段进行功率上调，在切负荷时段进行功率下调，从而保障系统功率平衡。但考虑到空调负荷的调节能力是基于需求侧响应的，海量的空调负荷也可能导致系统额外增加成本。因此，提出系统的火电运行成本、响应成本、弃风成本、弃光成本和切负荷成本这些指标，分别对"保供"和"保消纳"场景下的电力系统经济性进行分析，如表 4-7 所示。

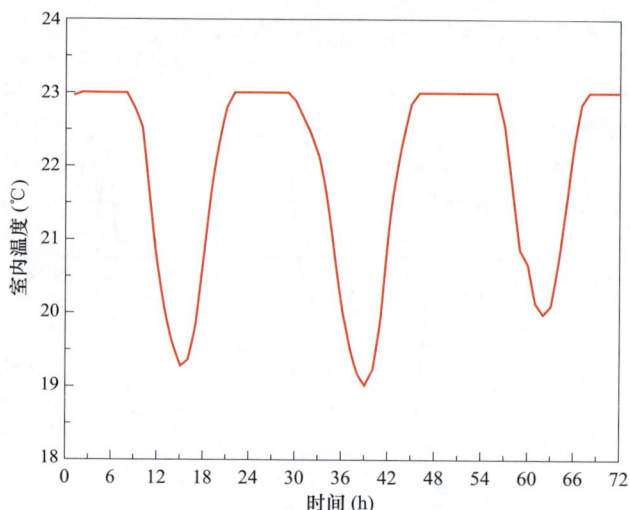

图 4-17 "保消纳"场景下室内温度曲线

表 4-7　　　　　　空调负荷加入前后电力系统经济性分析　　　　（万元）

指标		空调负荷加入前	空调负荷加入后
"保供"场景	火电运行成本	167000	123160
	响应成本	0	9860
	切负荷成本	145200	202
系统总运行成本		312200	133222
"保消纳"场景	火电运行成本	106700	58020
	响应成本	0	3142
	弃风成本	5331	162
	弃光成本	17660	180
系统总运行成本		129691	61504

需要说明，算例中设置的参数：火电机组分段后的单位发电成本分别为 16
万、20 万、24 万、28 万元；弃风、弃光惩罚均为 200；切负荷惩罚为 1000；
需求响应成本系数为 10。

可知，无论是"保供"还是"保消纳"场景，系统的总运行成本在空调
负荷加入后均减少了将近一半，可见空调负荷对系统运行的经济性有着很大
的提升。

以上的经济性分析是基于需求响应成本系数 $K_{dr}=10$ 时进行的，即在负荷高
峰期用户侧空调负荷每少用 1kWh 电，补贴 0.01 元。当改变需求响应成本系数
时，系统的经济性以及响应能量可能有所变化，下面分别另 $K_{dr}=20$、30、50，
进行敏感性分析，如图 4-18 所示。

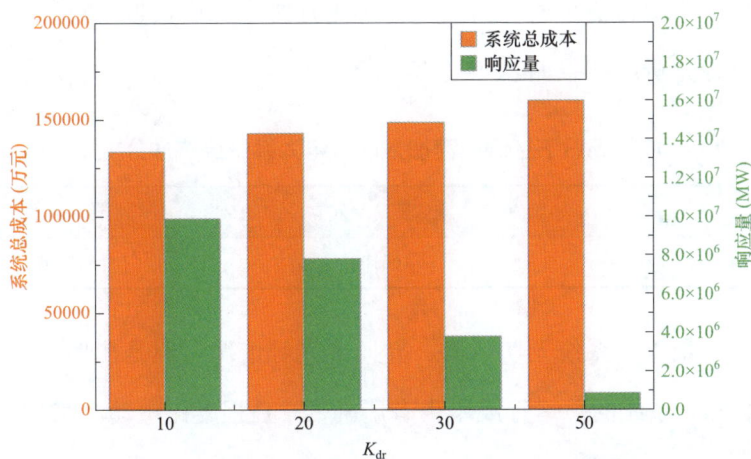

图 4-18　不同 K_{dr} 值时系统总成本和响应量对比图

由图 4-18 可知，当 K_{dr} 增大时，系统总运行成本增大，空调负荷的响应量
在逐步减小，进而影响空调负荷对于电网的调节作用，导致电力系统的经济性
下降。然而，若 K_{dr} 值过小，尽管可以有效地改善电力系统的经济性，但是在用
户侧的室内温度波动较大，影响用户偏好，如图 4-19 所示。

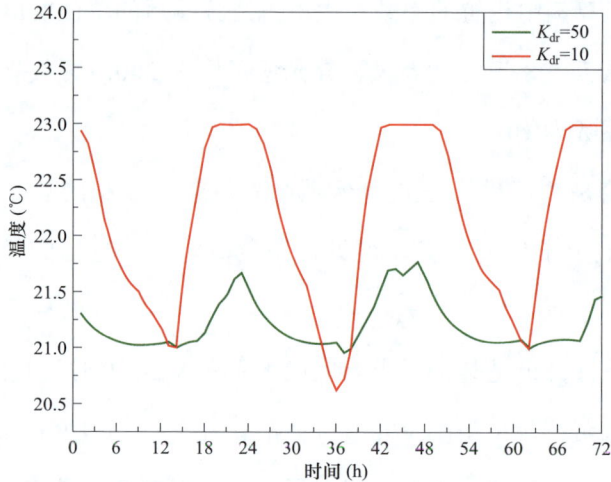

图 4-19　不同 K_{dr} 值时室内温度的变化

（b）典型场景下。将河南省风光荷的现状水平作为典型场景分析，对加入空调这种可调节负荷前后两种情况，分别进行时序生产模拟，对其电力系统运行经济性进行分析，结果如表 4-8 所示。

表 4-8　　　典型场景下空调负荷加入前后电力系统经济性分析　　　（万元）

指标	空调负荷加入前	空调负荷加入后
系统总运行成本	165100	127970

在典型场景下，系统无切负荷、弃风弃光等情况，但是在加入空调这种可调节负荷之后，系统的总运行成本也有所降低，且程度比电动汽车加入后的大，然而对运行经济性的改善没有在极端"保供"或极端"保消纳"场景下的明显，即：典型场景依然可以降低成本，对于极端场景经济性更高。

4.4.3　电解铝参与"双保"响应成本测算及经济性分析

将式（4-28）～式（4-43）中电动汽车模型替换为电解铝模型进行时序

生产模拟仿真分析。

由第 3 章可知,河南省十一大行业中,工业用电负荷占比约 71.09%,其中"有色金属冶炼和压延加工业"具备较大的可调潜力,典型工况负荷约 4800MW。因此,用 4800MW 的柔性工业电解铝负荷代替其原本的固定负荷。此时,电力系统中含有可调节负荷,再用时序生产模拟技术进行保供、保消纳极端场景分析。

1)加入电解铝负荷后的"保供"极端场景分析。加入电解铝负荷后,原先 6 月中下旬、7 月中旬和八月中上旬的切负荷情况改善地不是很明显,整体情况如图 4-20 所示。

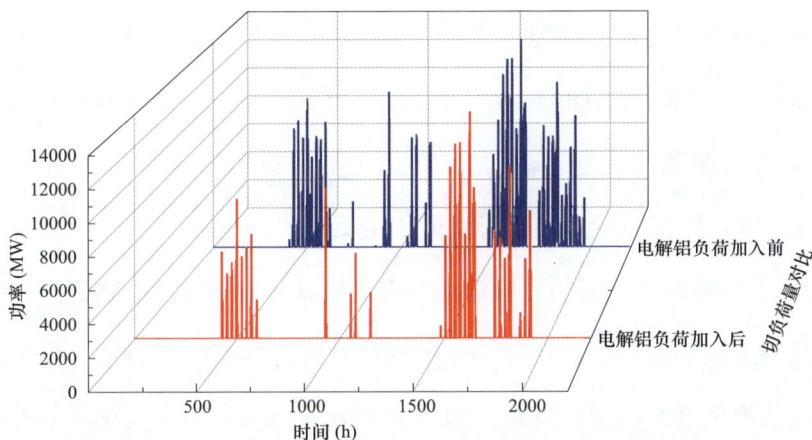

图 4-20 加入电解铝负荷前后切负荷情况对比图

由于图 4-20 中表示的切负荷量对比并不明显,将其转换为切负荷率。可知,加入柔性工业电解铝负荷后,切负荷率从原来的 6.3543%下降到 1.5198%,切负荷情况有一定的改善。

选取典型日 6 月 20~22 日,分析电解铝负荷的动作情况,如图 4-21 所示。

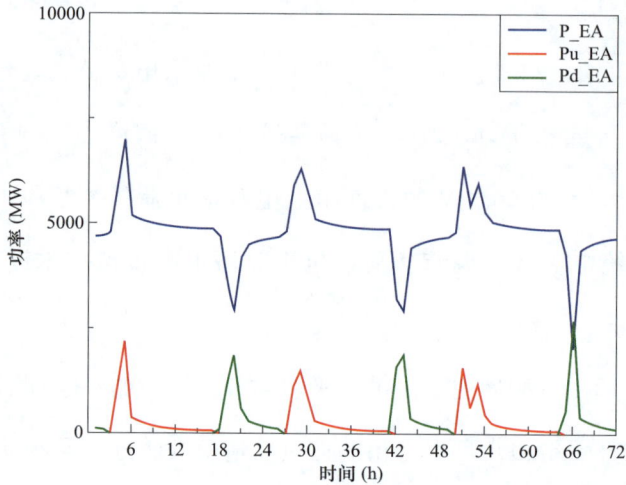

图 4-21　6 月 20～22 日典型日电解铝负荷动作情况

图中，蓝色曲线表示电解铝负荷的实际功率，红色曲线为电解铝负荷的上调功率，绿色曲线表示电解铝负荷的下调曲线。对于"保供"场景，重点关注电解铝负荷下调的情况，如图 4-21 可知，电解铝负荷从晚上 18:00 开始进行下调，来应对负荷的晚高峰，在 22:00 左右下调最为明显，实际功率降低至 3000MW，缓解负荷的压力，从而减少了切负荷的情况。

2）加入电解铝负荷后的"保消纳"极端场景分析。将风电装机容量扩大三倍，光伏容量增加四倍后，用时序生产模拟新能源容量提高后整个夏季河南省电力系统的弃风弃光情况，发现一天内大部分弃风和弃光出现在午后时段，由于此时光伏大发，无法消纳，弃光量在 13:00 和 15:00 达到峰值，弃风量在 14:00 达到峰值。

为了提高新能源的消纳，减少弃风弃光的情况出现，加入柔性工业电解铝负荷这种可调节负荷，再次进行时序生产模拟，分析"保消纳"极端场景，整体情况结果如图 4-22 所示。

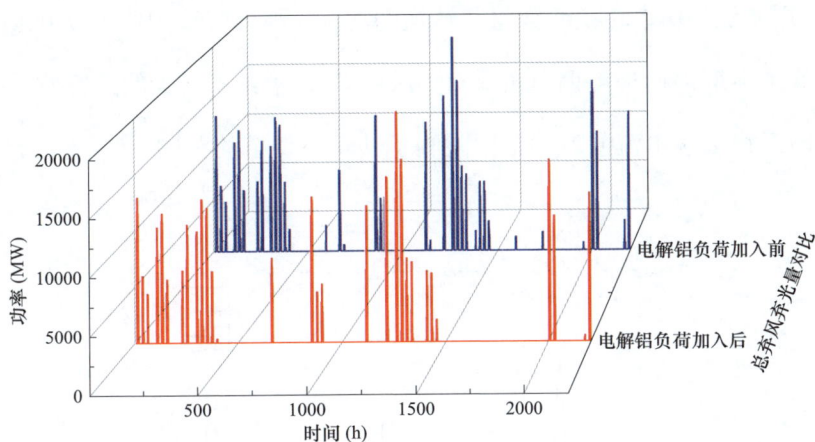

图 4-22　加入电解铝负荷前后总弃风弃光情况对比图

由图 4-22 观察弃风弃光现象改善的并不明显，将其转换为总弃风弃光率，变化如表 4-9 所示。

表 4-9　　　　　　　　　总弃风弃光率变化表

指标名称	电解铝负荷加入前	电解铝负荷加入后
总弃风弃光率	2.672%	2.329%

可见，总弃风弃光率在加入电解铝负荷后有一定程度的减少。

同样地，选取典型日 7 月 22～24 日，分析电解铝负荷的动作情况和实际功率，如图 4-23 所示。

对于"保消纳"场景，重点关注电解铝负荷上调的情况，由图 4-23 可知，电解铝负荷从中午 11:00 左右开始进行上调，来应对午间午后时段大发的新能源资源，在 12:00 左右上调最为明显，实际功率升高至 8000MW 左右。

由于铝电解槽是生产工业电解铝的核心设备，且铝电解槽是在强直流电和极低电压下运行的，因此在生产过程中，其运行电流需要在规定的范围内，目前应用较多的电解槽型号是 400kA 系列，最大、最小工作电流分别为 500kA 和

300kA，用电流–功率转换系数将其转换为功率，则调节范围约为4500MW。这也就解释了电解铝这种可调节负荷对"保供""保消纳"场景的改善效果一般的原因，即运行工作电流的波动范围限制了其功率调节的范围。

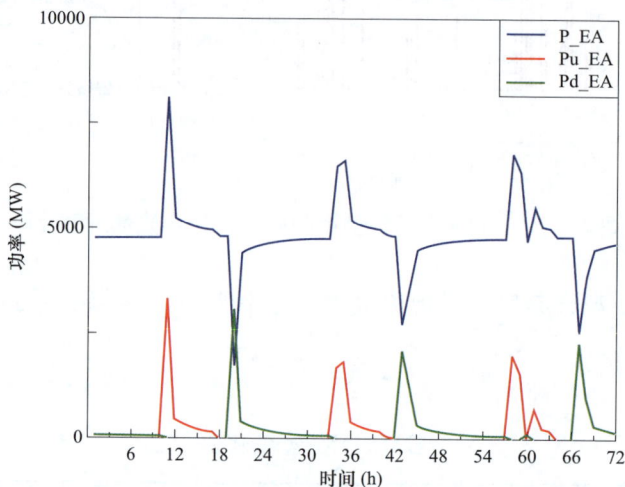

图4-23　7月22~24日典型日电解铝负荷动作情况

3）响应成本测算及经济性分析。

（a）极端场景下。在未加入电解铝负荷时，电力系统内存在较大的切负荷电量和弃风弃光电量，导致额外的系统成本。而电解铝负荷作为保障系统功率实时平衡的有效调节手段，在弃风弃光时段进行功率上调，在切负荷时段进行功率下调，对减少系统的切负荷、弃风弃光成本有一定的帮助。但考虑到电解铝负荷的调节能力是基于需求侧响应的，其也可能导致系统额外增加响应成本。因此，提出系统的火电运行成本、响应成本、弃风弃光成本和切负荷成本这些指标，分别对"保供"和"保消纳"场景下的电力系统经济性进行分析，如表4-10所示。

表 4-10　　　　　　电解铝负荷加入前后电力系统经济性分析　　　　（万元）

指标		电解铝负荷加入前	电解铝负荷加入后
"保供"场景	火电运行成本	167000	165530
	响应成本	0	269
	切负荷成本	145200	128909
系统总运行成本		312200	294708
"保消纳"场景	火电运行成本	106700	105060
	响应成本	0	375
	弃风弃光成本	22991	20044
系统总运行成本		129691	125479

需要说明，算例中设置的参数：火电机组分段后的单位发电成本分别为 16 万、20 万、24 万、28 万元；弃风、弃光惩罚均为 200；切负荷惩罚为 1000；需求响应成本系数为 10。

可知，无论是"保供"还是"保消纳"场景，系统的总运行成本在电解铝负荷加入后均有减少，可见电解铝负荷对系统运行的经济性有一定的提升，但程度有限。

（b）典型场景下。将河南省风光荷的现状水平作为典型场景分析，对加入空调这种可调节负荷前后两种情况，分别进行时序生产模拟，对其电力系统运行经济性进行分析，结果如表 4-11 所示。

表 4-11　　典型场景下电解铝负荷加入前后电力系统经济性分析　　　（万元）

指标	电解铝负荷加入前	电解铝负荷加入后
系统总运行成本	165100	165080

在典型场景下，系统无切负荷、弃风弃光等情况，但是在加入电解铝这种可调节负荷之后，系统的总运行成本也有所降低，但效果几乎不明显，然而电解铝负荷对极端场景下系统运行经济性的改善更大。

本 章 小 结

本章首先提出电动汽车参与"双保"场景的响应成本测算及经济性分析。先提出了单体电动车充放电模型以及计及全生命周期的电池退化模型，将电动汽车模型加入第 2 章所述的时序生产模拟技术模型中。接着，进行河南省实际电网的算例分析。由于河南省电动汽车在充电时段的平均负荷功率约 2700MW，因此用等量的电动汽车负荷替换原先的固定负荷，模拟第二章提出的"保供"和"保消纳"场景。结果表明，在"保供"场景下，电动汽车可以在夜间凌晨时充电，避开负荷晚高峰，有效减少切负荷的情况；对于"保消纳"场景，电动汽车选择在午时午后充电，提高新能源的消纳率，减少弃风弃光的现象。但是由于电动汽车的能量/功率比值很小，仅适用于短期调度（4～5h）。最后，进行电动汽车的响应成本测算以及系统经济性分析。分析发现，尽管在"保供""保消纳"场景下，电动汽车响应成本分别会增加 1820 万元和 1873 万元，但是系统的总运行成本均有一定的减少，提升了系统运行的经济性。

本章接着提出海量异质空调负荷参与"双保"场景的响应成本测算及经济性分析。首先，通过一种近似简化的交流系统热动态的模型来描述建筑物和空调的热力学和电学模型，将空调负荷模型加入第 2 章所述的时序生产模拟技术模型中。接着，进行河南省实际电网的算例分析。由于夏季全省居民降温负荷约为 27000MW，因此用等量的空调负荷替换原先的固定负荷，模拟第二章提出的"保供"和"保消纳"场景。结果表明，在"保供"场景下，空调负荷可以在晚高峰时段有效地进行下调，减少切负荷的情况；对于"保消纳"场景，在原先新能源大发导致无法消纳的午后时段，空调负荷可以适当地上调，提高新能源的消纳率，减少弃风弃光的现象。最后，进行空调负荷的响应成本测算以及系统经济性分析。分析发现，尽管在"保供""保消纳"场景下，空调负荷响应成本分别会增加 9860 万元和 3142 万元，但是系统的总运行成本均减少了将近一半，这对系统的经济性运行带来了极大地提升。另外，若增大空调负荷响应成本系数，系统的总运行成本将会增大，响应量会减少；但是若成本系数过小，也会影响用户偏好，如室内温度的波动过大。因此，设定合适的响应成本系数尤为重要，要既能改善电力系统的经济性，又不能过多地影响用户侧的体验。

本章最后提出柔性工业电解铝负荷参与"双保"场景的响应成本测算及经济性分析。先用一种等效集成热参数模型和一组微分方程来描述电解铝负荷，将电解铝负荷模型加入第 2 章所述的时序生产模拟技术模型中。接着，进行河南省实际电网的算例分析。由于河南省工业用电的典型工况负荷约 4800MW，因此用等量的电解铝负荷替换原先的固定负荷，模拟第 2 章提出的"保供"和"保消纳"场景。结果表明，在"保供"场景下，电解铝负荷可以在晚高峰时段有效地进行下调，减少切负荷的情况；对于"保消纳"场景，电解铝负荷可以适当地上调，提高新能源的消纳率，减少弃风弃光的现象。但是由于生产电解铝的运行电流需要在规定的范围内，这限制了其功率调节范围，因此电解铝这种可调节负荷对"保供""保消纳"场景的改善效果一般。最后，进行电解铝负荷的响应成本测算以及系统经济性分析。分析发现，尽管在"保供""保消纳"场景下，电解铝负荷响应成本分别会增加 269 万元和 375 万元，但是系统的总运行成本均有所减少，这对系统的经济性运行带来提升。

通过对比以上三种可调节资源，可以看到：

（1）从调节难度角度：电解铝负荷的调节难度相对较低，电解铝负荷主要涉及单一主体，而且其生产过程相对稳定，使得调控的难度相对较小；相反，电动汽车和空调负荷需要聚合海量的用户，空调系统的调控涉及海量的用户行为和使用偏好，因此其调节难度较大，需要更复杂的管理和协调。

（2）从调节潜力角度：空调负荷的调节潜力远高于电动汽车和电解铝负荷。空调负荷具有更大的可调功率范围，并能够快速启停，使其在负荷调节方面具备更大的灵活性；相比之下，电动汽车的能量/功率比值很小，无法应对长期波动，同时由于电解铝生产过程受限于生产安全等因素，如安全工作电流，其可调范围相对较小，调节潜力相对有限。

（3）从响应功能角度：空调负荷作为高潜力但调节难度较高的可调节资源，更适合参与削峰填谷策略，即在电力需求高峰期降低负荷；电动汽车和电解铝负荷则作为潜力相对较小但具有快速响应能力的负荷，更适合平抑短期的负荷波动，例如促进风电消纳、参与调频备用等方面的应用。

综上所述，以上三种可调节资源在电力系统中具有不同的调节特性和适用场景，需要根据系统需求和运营目标进行合理配置和调度。

5 促进海量灵活资源积极参与的
市场化交易机制

随着负荷侧空调、智能家居、电动汽车等柔性资源的占比不断提高，使得需求侧资源更具可调性，这为利用需求侧资源缓解电力供应紧张问题奠定了坚实的基础。海量灵活资源积极参与的市场化交易在北美、欧洲等发达国家陆续开展，用于发掘有限的资源潜力，引导用户用电行为的转变，以及尽可能推迟新电厂的建设。将海量灵活资源可调潜力纳入电力市场中，通过采取有效的激励措施和引导措施，协调规划电力发电侧资源和需求侧资源，是未来电力市场化交易发展的方向。在市场化交易发展的过程中，政策、能源资源情况是刺激发展的动力，智能电表、监测和控制等先进设备是物理基础，电力市场交易环境是能否长效实施的关键，用户习惯和负荷结构也会对实施效果产生一定程度的影响。

为此，本章将研究促进海量灵活资源积极参与的市场化交易机制，回答"怎么通过交易机制引导电力负荷积极参与保供与消纳"的问题。

5.1 研 究 思 路

首先，对现有灵活性资源参与市场化交易机制进行调研。对柔性负荷参与中长期市场、现货市场、辅助服务市场以及碳交易市场的典型经验，存在问题和应对举措进行分析。

进而，提出面向极端事件/正常工况下备用辅助服务的调节资源交易规模测算方法。对海量异质空调的时移和备用辅助服务响应进行建模，进而提出面向多类型辅助服务的海量异质空调负荷交易规模测算模型，接着设计基于列和约束生成方法的加速求解算法。

接着，提出面向极端事件/正常工况下调频辅助服务的调节资源交易规模测算方法。针对火电机组调频容量大、调频速度慢，电动汽车调频容量小、调频速度快的特点，提出火电机组与电动汽车联合调频的两阶段随机优化调度方法，可实现机组与电动汽车调频特性的优势互补。

再则，提出面向极端事件/正常工况下碳交易的调节资源交易规模测算方法。对传统火电机组和柔性工业电解铝负荷的碳排放进行建模，建立电解铝负荷参与需求响应的模型，进一步提出碳交易驱动的柔性工业电解铝参与能量和备用联合优化模型。

最后，提出考虑分时电价和"双保"的调节资源市场化交易机制。首先建立了计及价格引导机制和考虑"双保"的柔性负荷双层优化模型来平衡电力系统与柔性负荷的经济性，接着针对双层优化模型设计适应性求解算法，并以电解铝柔性负荷为例进行案例分析。

研究思路如图 5-1 所示。

促进海量灵活资源积极参与的市场化交易机制

| 市场机制调研 | 面向极端事件/正常工况场景的多市场调节资源交易规模测算方法 | 考虑分时电价和"双保"的调节资源市场化交易机制 |

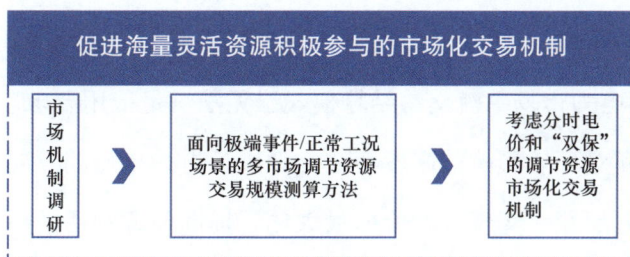

图 5-1　研究思路

5.2　灵活性资源参与市场化交易机制调研

5.2.1　中长期市场现状

（1）当前环境下中长期电力市场交易结算模式存在的弊端。

1）中长期电力市场交易模式增加了偏差电量结算的复杂性。中长期电力市场中的偏差电量结算比较复杂。偏差电量是指购售双方在某一时刻的交易量与实际交割量之间的差异。在实际交易过程中，电力供需存在不确定性，因此可能会出现偏差电量。中长期多时间尺度交易类型无疑增加了市场主体偏差电量结算的复杂性。在中长期电力市场中，偏差电量结算的时间也需要考虑买卖双方的利益平衡，以及市场的公平性和透明性。这种复杂性导致中长期电力市场偏差电量结算存在着一些实际问题。例如，在计算偏差电量时，缺少准确的数据源和交易信息可能导致结算结果具有不确定性；在结算时间上，对于结算周期的选择，可能会导致某一方受到不公平待遇。而且因为在中长期交易模式下，偏差电量的清算通常跨度较长，如果清算时间不规范，可能会影响各方的利益，引发交易纠纷。

2）中长期电力市场主流交易结算模式已无法满足应用要求。国家对能源需求的不断增长和对环境影响的高度关注，促进了电力市场的发展。市场化交易模式在优化资源配置、实现资本价值最大化、提高能源利用效率等方面有明显的优势；并能够有效地保证电力供需关系平衡，降低电价波动风险，实现电力市场的长期平稳发展。以计划为导向的交易模式是电力市场最早采用的一种运作模式，但其运营效率受到了市场环境和时效性的限制，市场反应机制受到了很大影响。国家电网公司采用售电公司直接与上级电力部门订立"常规供应计划"与国家电网公司联网调度的方式进行交易，但交易额度受到了很大限制，其在电力市场中的作用不断被削弱。目前，新型交易结算模式正逐渐在中国的电力市场中推行和应用，在建立和完善电力市场交易体系和市场竞争机制的基础上引入了新的交易结算模式，如发用解耦双边结算模式和计划市场解耦结算模式等。这些模式侧重于实现市场资源优化配置，降低市场成本，推动低碳经济的发展，使市场环境更加透明和公平。

（2）中长期电力市场交易结算模式的具体应用建议。在低碳经济背景下，中长期电力市场交易结算模式在应用中需要改变，以适应环境保护和可持续发展的需要。因此，电力市场要更加注重市场化机制，通过电力交易市场的竞争和协调来实现资源的最优配置。同时还需要增强市场监管，提高交易透明度，确保市场公平和合规运行。针对市场价格波动性大的问题，应该加强市场监管和预警机制的建设。电力市场交易是一项具有一定风险的业务。为了保证交易的安全性和稳定性，交易风险管理和信息披露非常重要。此外，针对电力市场的不确定性，应建立完善的市场风险防控机制，包括市场监测、应急响应等方面，以应对市场的风险事件。预警系统可及时发现市场价格波动过程，监管系统可对市场参与者的不道德行为进行干预。

全面开展电力市场化改革，建立健全的市场规则和管理制度，促进电力市场的公平竞争，进一步降低电力结算成本，提高电力交易效率。在现代电力市场中，通过电力交易结算平台实现电力交易和结算，可以有效提高交易效率和透明度。这一模式已经在欧美国家得到了广泛应用。因此，低碳经济背景下，中国电力市场也应该积极推广电力交易结算平台，以提高交易效率和透明度。建立低碳经济指标体系，对电力市场中的低碳和清洁能源实行优惠政策，从而鼓励市场参与者更多地开发和使用低碳和清洁能源。

改进交易结算模式，在发用解耦双结算模式中，可以引入结算机制的自动化和电量预测技术，从而提高交易结算效率，减少人工操作成本。在计划与市场解耦结算模式中，可以加强计划部门的市场敏感度，提高其对市场变化的洞察度和预见性，从而更好地进行规划和监管。通过提高输电效率，减少输电的损失，从而降低电力供给成本，缩短从火电厂到用户的输电损耗期限，降低供电成本。

5.2.2 现货市场现状

电力市场的基本功能是通过竞争实现电力供给和需求的最优匹配，发现电力的分时、分区价值，以价格信号引导电力供需的市场均衡、提升电网运行安全性。对于电力现货市场，为反映电能的短期供求关系，通常采用供电的边际成本作为电能价格。决定价格的典型方式为节点电价机制。目前，我国电力系统的主力电源仍为火电机组。若不考虑阻塞，节点电价的决定方式为：按价格从低到高排序后，最后一台满足供电要求的火电机组边际成本定为节点电价，该价格亦为市场供求曲线交点处的均衡价格，如图5-2所示。如果电网出现阻塞，价格将产生分区特性，根据不同节点对阻塞线路的转移分布因子反映其对稀缺输电资源的占用比例，进而在系统边际价格基础上叠加阻塞分量，通过节点价格信号差异引导负荷空间转移，缓解电网线路的重载潮流。

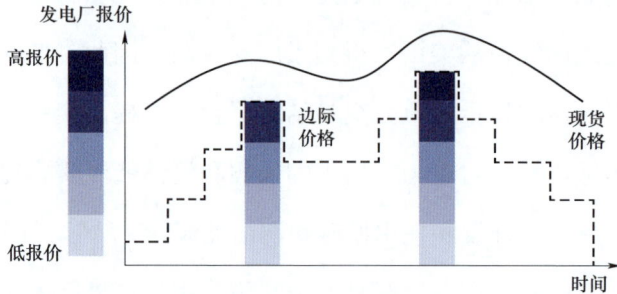

图 5-2　电力现货市场的节点电价形成机制示意图

可见，当前现货市场资源配置方式是形成具有时空差异、反映分时分区电力供求关系的价格信号。高比例新能源的新型电力系统的现货市场组织模式面临突出挑战。

挑战 1：现货市场价格信号消失。此处的价格信号消失指的是按照经典边际定价理论，现货市场中市场成员均申报边际成本参与市场，通过市场出清得到供给和需求曲线的交点，确定市场成员的中标量和中标价格。边际成本近零的新能源转变为主力电源，将由价格接受者（price taker）转变为价格决定者（price maker），若沿用边际定价方法，将导致现货价格近零，如图 5-3 所示。这将导致电力系统分时、分区价格信号差异性消失，现货市场失去了以价格信号差异引导资源时空配置的作用。更重要的是：近零边际价格不能形成对灵活性资源的价值度量，无法激发负荷侧需求弹性。当一种资源缺乏定价的机制时，这种资源的供给与需求必然是无序的。即使由灵活性资源决定市场价格，由于新能源的真实成本逐渐下降，并可获得绿证的场外收益，新能源发电的获益远远高于其成本。事实上，在灵活性资源作用不可替代的情况下，成本差异性大的两种商品同台竞价将导致对新能源发电的过度盈利，也缺乏从新能源的视角对灵活性资源的价值度量。

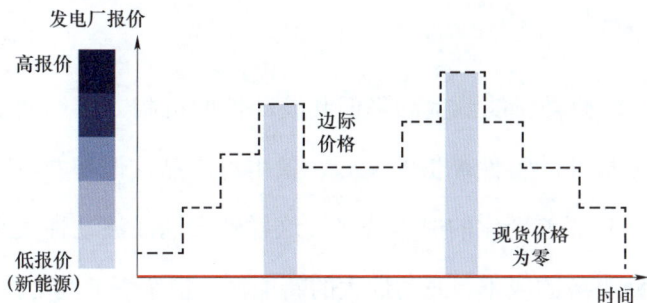

图 5-3　以新能源为交易品种的电力现货市场节点电价示意图

挑战 2：新能源与灵活性资源供电价值差异性难以体现。新能源与灵活性资源均可起到满足负荷需求的作用，但其供电服务有显著差异。新能源具有随机波动特点，需配套提供调频、备用等辅助服务，以确保供电连续性及电能质量；而灵活性资源具有对负荷持续、稳定供电的能力，可调控性强。两者同台竞价，供电服务的差异价值在现货市场中未得到体现，如图 5-4 所示。新能源发电在满足负荷需求的同时，还需要其他资源提供平衡服务；而常规电源则不需要，但存在碳排放的外在成本。如果按照当前的现货市场机制，让新能源与以火电等常规电源为代表的灵活性资源同台竞争，势必产生四方面的问题。一是由常规电源边际成本决定新能源的价格，缺乏新能源彼此竞争发现价格的机制；二是不同新能源对系统灵活性需要差异很大，缺乏一种机制能够度量不同

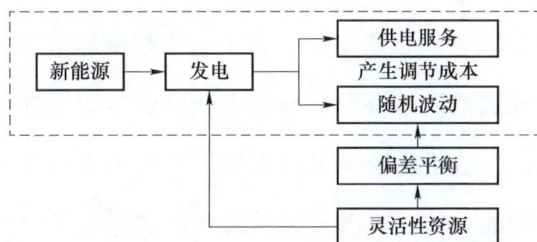

图 5-4　新能源与灵活性资源的供电价值差异性说明

新能源波动性所产生的外部成本；三是缺乏从新能源的角度对灵活性资源的价值度量；四是难以界定用户用电是否来源于新能源出力，不利于电证合一的绿证交易。

挑战3：缺乏激励新能源主动降低其波动性的机制。虽然辅助服务市场中有针对新能源随机波动特性提供的调频、备用等产品，但是并没有根据新能源波动的差异性，开展差别化的成本分摊。这样就会造成波动性大小不一的新能源共同承担辅助服务的成本，波动性大的新能源"搭车"了波动性小的新能源，违背了"激励相容"的市场机制原理。为了激励新能源或用户主动降低其波动性，迫切需要研究一种机制，新能源或用户的波动性越强，承担的辅助服务成本越高，从而促进新能源企业投资储能和用户需求侧响应的行为。

为此，需要根据以新能源为交易品种的电力系统成本特性变化重新构建电力现货市场，体现新能源的发电价值与灵活性资源的调节价值，发挥市场精准配置资源的作用，引导新能源高质量并网，激发消纳新能源所必需的灵活性资源理性发展。

5.2.3　辅助服务市场现状

我国对于需求侧灵活性资源参与辅助服务市场的探究始于 2017 年由国家能源局印发的《完善电力辅助服务补偿（市场）机制工作方案》（国能发监管〔2017〕67 号），该方案不仅在政策上丰富了电力辅助服务市场的参与主体，也为分布式储能等需求侧灵活性资源参与电力辅助服务市场提供了保障。在地方政策方面，部分地区开放了需求侧灵活性资源参与电力辅助服务市场。华北、江苏、浙江、广东等地区还针对需求侧灵活性资源制定了相关细则。

（1）调峰市场。需求侧灵活性资源能够在电网调峰能力不足时调整自身运行曲线,提供调峰服务。

(2)调频市场。我国各省市调频辅助服务市场大多采用"两个细则"作为运行规则,仅允许燃煤火电机组参与调频市场竞争。而随着分布式储能、电动汽车(electric vehicle,EV)、柔性负荷的增加,需求侧灵活性资源在调频辅助服务中的价值已得到广泛认可,因此亟须进一步完善相关市场机制。

江苏省调频辅助服务市场允许提供综合能源服务的第三方机构参与,甘肃、广东等地则允许电化学储能设施参与调频市场响应,这为需求侧灵活性资源聚合参与调频市场竞争提供了可能。

(3)备用市场。备用是电力系统运行时需要并网主体通过预留调节容量以保证电力系统可靠供电所提供的服务,包括旋转备用和非旋转备用两部分。国内外关于需求侧资源参与备用市场的研究主要集中于市场优化协调策略制定、备用容量需求确定、备用服务风险评估等。当前我国仅东北、浙江和南方区域开展备用辅助服务市场模拟试运行。南方区域明确储能电站和虚拟电厂(virtual power plant,VPP)以第三方主体参与跨省备用市场交易,但尚无相关细则及实践。

浙江省备用辅助服务市场建设参照美国 PJM(宾夕法尼亚–新泽西–马里兰)互联市场模式,将备用服务的交易品种分为一级备用和二级备用。具体市场组织流程为:在日前市场阶段,开展电能、二级备用联合优化出清;实时市场阶段,开展电能、一级备用以及调频联合优化出清。目前,浙江备用辅助服务市场部分机制和系统功能仍在完善过程中,一级备用和二级备用的日前市场价格仅作参考,暂未开展实际结算,且备用报价主要为备用容量报价。由于尚未放开需求侧灵活性资源参与市场,目前仅涉及发电侧市场主体的旋转备用服务,而发电侧旋转备用的调用成本接近为零。当前备用服务在联合出清时采用零价代入的方法，尚不适用于需求侧灵活性资源，需针对不同备用资源的成本差异，进一步细化备用资源定价机制。

（4）市场机制分析。就国内市场而言，需求侧灵活性资源在国内市场中主要提供以削峰为目的的需求响应服务，部分地区虽已允许其通过聚合方式参与省级调峰市场及调频市场，但在实施过程中仍存在一些问题。

1）市场竞争力有限。尽管需求侧灵活性资源已参与多省市的调峰市场交易，然而由于调节容量的限制，需求侧资源往往缺少市场竞价优势，在多地市场仅作为价格接受者参与市场交易。上海、山东、江苏等地虽允许报价，但单独设置 VPP 调峰产品，需求侧资源调峰交易仅能在相应框架内进行，无法与其他调峰产品联合报价出清，且具体的 VPP 调峰产品需求量由市场调度机构认定。

2）市场考核风险高。需求侧资源参与市场往往需要通过第三方聚合商，这对聚合商的集中管控技术以及其与终端用户之间的电力数据通信技术有较高要求，且当前需求侧整体预测偏差较大，使得需求侧盈利能力有限。同时由于其市场竞争力较为有限，作为市场价格接受者参与市场时以调峰辅助服务市场出清价格进行结算，其市场收益往往无法完全覆盖偏差考核费用，这使得聚合商参与市场的积极性不高。

3）交易规则仍需完善，主要体现在市场主体及准入、响应性能指标、交易品种设置等方面。在市场主体及准入方面，我国调频及备用市场仅引入发电侧资源提供有偿调频服务，尚未明确需求侧资源在调频市场以及备用市场的主体地位，需求侧资源参与多类型辅助服务市场受到限制。在响应性能指标方面，当前市场对于相关性能指标的设置未能体现不同资源的性能差异性，需求侧灵活性资源无法体现出其在辅助服务上的综合性能优势。在交易品种设置方面，需求侧灵活性资源主要参与需求响应服务、调峰服务，未能有效发挥其资源在多场景应用上的优势。

（5）对我国需求侧灵活性资源利用的相关建议。电力市场建设是我国构建现代能源体系过程中的重要一环。根据当前我国需求侧灵活性资源参与辅助服务市场的情况，并借鉴国外相关机制的探索与实践经验，对未来我国电力辅助服务市场的建设以及需求侧灵活性资源利用的推进与发展提出以下建议。

1）继续加快辅助服务市场建设，丰富辅助服务交易品种。当前我国辅助服务产品主要是调峰服务以及面向发电资源的自动发电控制（automatic generation control，AGC）服务，并逐步开展调频市场及备用市场试运行。随着部分试点省份现货市场逐渐成熟，通过进一步完善分时电价机制，拉大峰谷电价差，当前国内需求侧资源主要参与的调峰市场将被逐渐替代，因此需设计适合需求侧灵活性资源参与的新型交易品种。各地需遵循因地制宜原则，根据当前现货市场建设情况以及地区需求侧资源特点，合理开展交易品种设计。需求侧灵活性资源的市场价值发现与电力现货市场建设紧密相关，澳大利亚等国家的实践证明需求侧灵活性资源在快速响应类产品上具有明显优势。因此，加快辅助服务市场建设，特别是设计快速频率响应、快速灵活爬坡、快速备用等能够体现需求侧灵活性资源调节性能的新型辅助服务产品，能够激励需求侧资源主动参与电力市场。

2）完善辅助服务价格机制和偏差考核机制，保障市场竞争力。当前各地电力市场针对不同资源参与市场的价格机制不清晰，使得需求侧灵活性资源参与辅助市场获得的收益难以覆盖偏差考核费用，未能有效激发其参与市场的积极性。由于需求侧灵活性资源适用于多种应用场景，且不同资源的市场参与能力存在一定差异，在价格机制设计时应充分考虑其在不同场景下的特点，根据"谁提供，谁获利；谁受益，谁分摊"的原则，量化不同资源提供辅助服务的能力，制定基于服务利用场景的多种收益计算方式。

3）合理设置市场激励机制。在市场建设初期，合理的激励措施能够促进更多的需求侧资源参与到辅助服务市场。例如建立信用评价机制、参考互联网经济引入市场信用积分激励模式等。信用评价机制侧重于需求侧资源在市场中的行为评价，对于履约率高、偏差小、参与市场交易电量多、行为良好的需求侧市场主体，可增加信用积分，反之则减少积分。信用积分与参与市场主体的最终收益相关，例如可在最终结算阶段，使结算价格在市场出清价格基础上增加适当的弹性。为保障市场公平性，辅助服务市场的相关激励措施需经过合理评估后，报送政府部门审批。

5.2.4 碳交易市场现状

碳交易机制的本质是将碳排放配额视为商品，并允许通过碳配额市场进行配额交易，从而推动各交易体实现节能减排目标的重要机制。政府监管部门为碳排放源分配碳排放配额，各碳排放源根据配额数量合理安排生产计划。若碳排放总量低于分配额度，则可将盈余额度放到碳交易市场出售；若碳排放总量超出分配额度，则需要在碳交易市场购买碳排放配额。

据生态环境部统计，国家碳排放权交易市场首批覆盖的高耗能产业（电力、钢铁、化工等）碳排放量将超过 40 亿 t。因此有必要将碳交易机制引入综合能源系统，将系统碳排放量与经济成本挂钩，以此推动综合能源系统低碳经济运行。

目前使用较多的碳排放分配方法为有偿分配与无偿分配两种。主要使用的是无偿分配法。无偿分配初始碳排放额度分为历史排放法和基准法。

　　虚拟电厂中的燃气发电机组是主要的碳排放源。燃气发电机组配有一定量的免费碳排放额。当燃气发电机组的碳排放量小于免费碳排放额时，可以在碳市场上出售多余的免费碳排放额；当燃气发电机组的碳排放量大于免费碳排放额时，可以在碳市场上购买多余的免费碳排放额。另外，根据 CCER 这种碳抵消机制，虚拟电厂中的可再生能源发电机组可以进行碳减排量的核算，核证的碳减排量可以抵消部分碳排放机组产生的二氧化碳排放量，剩余部分也可以在碳市场上进行 CCER 交易以获取收益。

　　虚拟电厂在制订调度方案时首先需要优先调度可再生能源机组，提高可再生能源的消纳量。另外，需要特别重视风电和光伏发电功率的不确定性，尽可能保证日前发电功率计划和日内实际发电功率的平衡。日前计划和实际发电功率出现偏差时，也尽量先用储能系统和可调节负荷进行偏差控制，尽可能地减少燃气轮机发电机组发电功率，降低碳排放量，从而在碳市场中获取更多的收益。

　　在"双碳"目标背景下，虚拟电厂仅参加电力市场交易不足以全面调动其提高新能源消纳和碳减排的积极性。目前国家正在逐步建设碳市场，在碳交易机制逐步完善之后，虚拟电厂可以参与其中，进一步提高其盈利能力、碳减排能力以及清洁能源消纳能力。未来，虚拟电厂必将在整合协调多主体资源、稳定电力系统供需平衡，以及电力清洁低碳转型中发挥更重要的作用。

5.2.5　小结

　　针对上述四种市场化交易机制的总结如表 5-1 所示。

表 5–1   不同类别市场交易机制对比

市场化交易机制	典型经验	存在问题	应对举措
中长期市场	（1）新型交易结算模式的推广； （2）电力交易结算平台的应用	（1）偏差电量结算的复杂性； （2）传统计划为导向模式的限制； （3）市场价格波动性大	（1）加强市场监管和预警机制； （2）全面开展电力市场化改革； （3）引入结算机制的自动化和电量预测技术
现货市场	（1）边际成本定价机制； （2）节点电价形成机制	（1）新能源与灵活性资源供电价值差异未体现； （2）缺乏激励新能源降低波动性的机制	（1）差异化的成本分摊机制； （2）考虑新能源波动性差异
辅助服务市场	（1）调峰市场参与； （2）调频市场的探索； （3）备用市场的模拟试运行	（1）市场竞争力限制； （2）市场考核风险； （3）交易规则待完善	（1）丰富交易品种； （2）完善价格机制和偏差考核机制； （3）设置市场激励机制
碳交易市场	（1）无偿分配法的灵活应用； （2）碳抵消机制的运用	（1）碳交易市场监管难题； （2）产业碳排放数据难以核实； （3）碳排放配额的分配公平性； （4）碳市场参与者意识问题	（1）优化碳排放配额分配机制； （2）提高数据透明度； （3）研究创新碳交易工具

5.3　分时电价政策调研

5.3.1　实施范围

工商业分时电价执行范围更加清晰（见表 5–2）。各地规定工商业分时电价政策执行范围时，32 个地区中有 16 个地区不区分大工业、一般工商业，其中安徽、辽宁、蒙东和蒙西明确对用电容量在 100kVA 及以上的工商业用电实施时，贵州仅对执行两部制电价的工商业用户实施分时。剩下 16 个大工业和一般工商业用户区分执行分时的地区，除上海明确一般工商业用电全部执行分时、江西暂缓执行外，其他地区要求一般工商业用电部分执行或选择执行。此外，除北京、天津、冀北、河北、山西与江苏等少数地区外，绝大多数地区不单独规定执行尖峰、深谷电价的用户范围。

表 5-2　　　　　　　　各地工商业分时电价执行范围

	分时执行范围	地区
不区分大工业、一般工商业	工商业用电全部执行分时	北京、天津、山西、山东、福建、陕西、甘肃、青海、宁夏、新疆、广西
	100kVA 及以上的工商业用电执行分时	安徽、辽宁
	100kVA 及以上的工商业用电执行分时，100kVA 以下选择执行	蒙东、蒙西
	执行两部制电价的工商业用电执行分时	贵州
区分大工业、一般工商业	两类用电全部执行分时	上海
	部分大工业执行分时	315kVA 及以上：四川；100kVA 及以上：海南；电压 10kV 及以上且容量 100kVA 及以上：重庆
	部分一般工商业执行分时	电压 10kV 及以上且容量 100kVA 及以上：重庆；一般工商业 100kVA 及以上：吉林、龙江、云南；普非工业用户动力用电：重庆；普通工业 100kVA 及以上：江苏；普通工业专变用电：广东；专变 50kVA 及以上，公变 50kW 及以上：四川商业 315kVA 及以上：海南
	部分一般工商业可选择执行	部分商业用电：冀北、河北、浙江；一般工商业 100kVA 以下：湖南；商业和非居民照明：河南；商业：四川；5G 基站：海南
	部分一般工商业不执行	部分商业不执行：吉林、龙江；商业用电、非居民照明用电不执行：湖北
	一般工商业暂缓执行	江西

5.3.2 峰谷时段

峰谷时段划分方面，日间谷时段持续增加，"凌谷晚峰"特征进一步显现如图 5-5 所示。32 个地区中，将午间三小时（12:00～14:00）设置为谷时段地区的数量，已超过设置为峰时段地区数量。谷时段集中在太阳升起前的凌晨，绝大多数地区将 0:00～5:00 的 6h 设置为谷时段。10:00～11:00 和 17:00～21:00 的峰时段占比最大，有超过 20 个地区将这 7h 确定为峰时段。随着发用两侧电力电量结构及特征持续变化，预期谷时段向午间迁移、峰时段在晚间聚集的趋势仍将保持。比较特别的地方有两处，一是广西明确在每年迎峰度夏、度冬期间，可对 35kV 及以上用户的峰谷时段进行灵活调整；二是山东明确由电网公司在确定次年峰谷时段基础上，限制了全年峰、谷时段小时数。

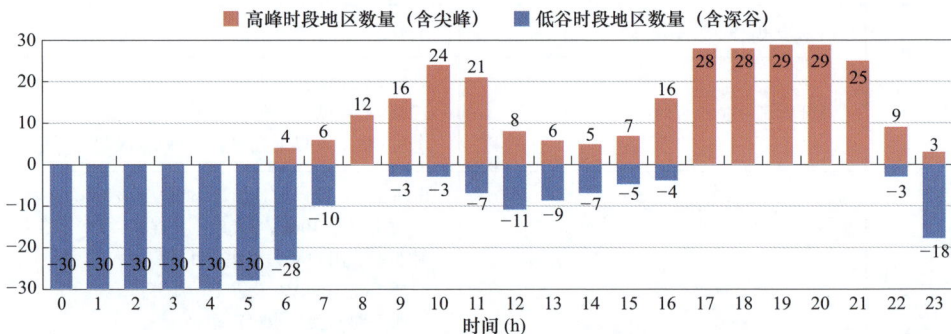

图 5-5　峰、谷时段地区数量统计

尖峰电价机制实施范围持续铺开。经统计，目前仅甘肃、宁夏、广西和贵州四地未执行尖峰电价，另外上海对单一制用户也不执行尖峰电价。在实行尖峰电价的地区中，主要采用了季节性尖峰方式，超七成地区集中在夏、冬两季的对应月份设置尖峰时段；山东、浙江、湖北的所有月份都有尖峰时段；安徽和广东（除 7～9 月）则以当日最高气温是否超过给定标准来决定是否执行尖峰电价，安徽不按季节区分。各地尖峰时段主要集中在夜间的 18:00～20:00 的 3h。

更多地区开始尝试深谷电价制度，见表 5-3。除山东外，江苏、蒙东、新疆及蒙西也开始施行深谷电价。山东夏季无深谷，蒙东、新疆和蒙西则仅在夏季有深谷。江苏比较特别，明确在春节、五一和国庆节日期间实行深谷。各地区深谷时段集中在 11:00～15:00 的 5h 内。

表5-3　　　　　　　　　　　各地执行深谷电价情况

执行深谷电价的地区	深谷季节与时段
山东	除 6～8 月外其他月份的 11:00～14:00（不含）
江苏	春节、五一和国庆期间的 11:00～15:00（不含）
蒙东	6～8 月的 12:00～14:00（不含）
新疆	5～8 月的 14:00～16:00（不含）
蒙西	6～8 月的 13:00～15:00（不含）

分月观察尖峰、深谷时段可知，居民调温负荷、新能源出力是影响时段划分的两个重要因素，如图 5-6 和图 5-7 所示。1～2 月和 7～8 月是各地尖峰时段设置比较集中的月份，其中冬季为 17:00～20:00、夏季为 16:00～21:00 间，说明居民调温负荷较高时，各地削峰需求最大。在冬季设置深谷时段的地区相对较少，说明深谷时段的划分也重点考虑了光照强度对光伏出力的影响。

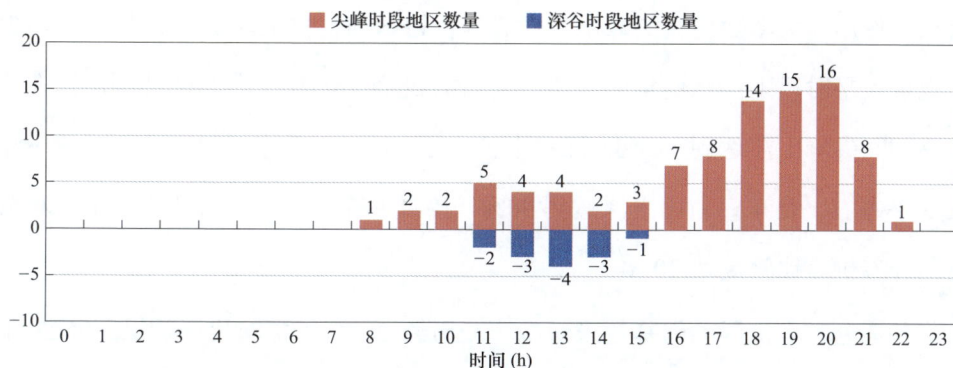

图 5-6　尖峰、深谷时段地区数量统计

	8时	9时	10时	11时	12时	13时	14时	15时	16时	17时	18时	19时	20时	21时	22时
1月	1	2	2	0	0	1	1	1	4	7	13	9	8	2	
2月	1	1	2	1	−1	−1		1	4	3	2	2	3	1	
3月	1	1	1	−1	−1	−1		1	1	1	1	2	2	1	
4月		1	1	−1	−1	−1		1	1	1	1	1	1	1	
5月		1	2	0	−1	−1	−1	0	1	2	1	1	2	2	
6月		1	2	1	−1	−2	−2	0	1	3	3	5	5	4	
7月		1	2	5	3	2	0	2	7	7	7	8	10	8	1
8月		1	2	5	3	2	0	2	7	7	7	8	9	6	
9月		1	2	2	−1	−1		2	2	4	3	1	3	3	
10月	1	1	2	0	−1	−1		1	1	2	1	1	2	1	
11月	1	1	2	0	−1	−1		1	3	6	3	2	3	1	
12月	1	2	2	0	0	1	1	1	4	7	13	8	7	2	

图 5-7 分月尖峰、深谷时段地区数量统计

5.3.3 峰谷差价

峰谷价差持续拉大。各地高峰电价上浮普遍为 50%～70%。上海单一制用户、浙江一般工商业用户高峰电价上浮比例较低；夏冬季中的上海两部制用户和安徽用户，以及北京 1kV 及以上单一制用户，高峰上浮比例最高，达到或超过了 80%。低谷电价下浮也集中在 50%～70%区间。按高峰低谷电价比值测算，各地峰谷价差比普遍超过 3.0 倍，新疆、北京（1kV 及以上单一制）、山东、河北与冀北则超过了 5.0 倍。尖峰、深谷电价的应用将进一步提升价格杠杆的削峰填谷作用。大多数地区尖峰电价在高峰价格基础上再上浮 20%。据统计，尖峰电价较平时段上浮比例集中在 80%～110%之间。其中，上海两部制用户在夏冬季期间尖峰上浮达到 125%。深谷电价方面，江苏、蒙东、蒙西较平时段下浮在 65%左右，山东、新疆下浮达到 90%。按照尖峰、深谷价格计算，山东和新疆的峰谷价差比将高达 20 倍。

各地分时电价浮动的基数未做统一。历经 2021 年电网代理购电、2023 年第三周期输配电价改革后，度电价格的构成发生重大变化，分时电价浮动基础

未形成统一理解。具体来看，在有意衔接最新电价结构的八个地区中，蒙东、青海、新疆、蒙西、云南明确"系统运行费"和"上网环节线损"不参与浮动，山东和贵州均参与浮动；辽宁的"系统运行费"不浮动，但"上网环节线损"未做明确。其他方面，各地对购电价参与浮动、输配电价容量电价和基金附加不参与浮动，形成了相对统一的意见；对于代理购电相关损益、偏差分摊，以及功率因素电费的意见不明确（或未在政策中披露）。除此之外，北京、上海、浙江、福建、甘肃、广西等地未在分时政策中明确浮动基础。

峰谷浮动差异在不同主体和不同季节而不同的特征进一步显现。例如，北京、上海、江苏、浙江、陕西等五地区，区分不同用户制定了峰谷浮动水平；上海、浙江、安徽、湖北、河南、蒙西等六地区，则按季节出台了不同的浮动标准，如图5-8所示。这些机制上的丰富，为提升价格杠杆调节作用起到"锦上添花"的作用。

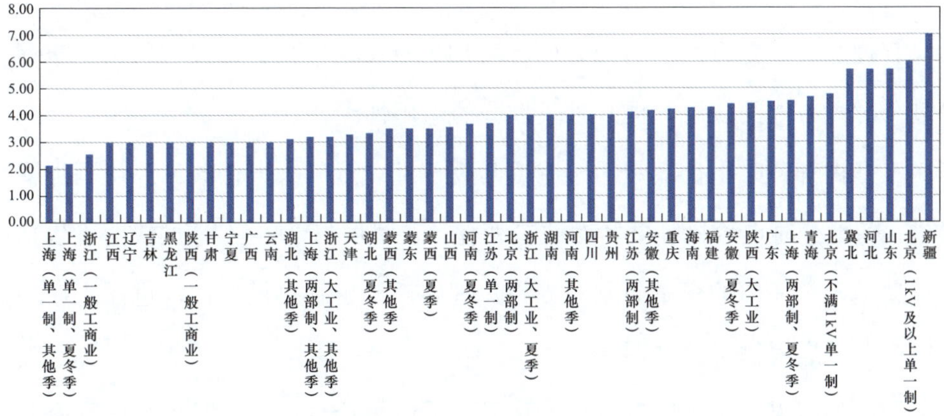

图5-8　2022年12月峰谷价差比（各省口径）

5.3.4　小结

近年来，新能源发电占比快速提升，引导用电行为缓解电力系统成本压力

221

显得尤为必要。而受电力市场化改革催化影响，用户分时用电的意识也得到"觉醒"。因此，持续完善工商业分时电价机制仍是未来一段时间价格改革的重点工作。

一是简化并明晰工商业电价执行范围。第三周期输配电价改革后，国家层面明确了不区分大工业、一般工商业，并且按电压等级核定输配电价的思路。随着用户类型简化，分时电价也存在调整的空间，即进一步提升分时电价政策的简明性，除对部分工商业用户提供必要的可选择执行权利外，其他用户可全部纳入强制执行范围，减少政策"例外"条件，最大限度发挥政策实施作用。

二是及时调整峰谷时段、丰富时段划分方式。目前已有不少地区根据当地情况完善了峰谷时段，日间谷时段明显增加、尖峰电价大范围应用、深谷电价持续扩围。在新能源大规模并网消纳、新型储能及用户侧资源分时响应快速发展的形势下，一方面可借鉴山东、广西的动态调整经验，增强时段调整的灵活性，合理加大调整频次；另一方面，可加大对按季按月、重大节日、周末假期等划分时段方式的应用，提升时段划分的适用性。

三是提升分时电价政策的透明度与规范性。近年来电价改革"快马加鞭"推进，各地分时电价机制要紧跟政策变化，及时做出"响应"，加快明确包括电价浮动基础等在内的疑难问题，为用户理解浮动机制提供条件，进而为新型储能等产业发展提供可靠预期。

四是积极引入零售套餐等分时信号。分时电价直接作用对象是电网企业代理购电的用户，间接作用对象是签订带曲线的电力中长期交易用户。在零售市场制度逐步完善、售电公司日益发展的趋势下，明确零售套餐中的分时电价标准，是构建"反映时间信号的电价体系"的一块重要拼图，需提前做好引导、加强规范。除此之外，分时电价机制设计还需结合现货市场价格信号，批发侧中长期也应坚持将分时电价作为时段与价差设置的基本要求。

五是坚持运用系统思维建立科学的分时电价机制。电价机制在电力资源配置、成本公平分摊方面发挥着至关重要的作用。但电价机制不是产业政策，分时电价也不以单个产业发展为己任。因此，各地在研究完善如何实施分时电价的过程中，应保持"产业中立性"，回到 1985 年我国刚提出分时电价时的"初心"，坚持依据电力供需、负荷特性、新能源比例、系统调节需求等因素，通过价格信号引导绿电消费、降低系统成本，才能长远谋定，实现电力资源优化配置。

5.4　面向极端事件/正常工况下备用辅助服务交易规模测算方法

5.4.1　响应建模

（1）时移响应建模。考虑可调度温控负荷的典型日负荷曲线如图 5-9 所示。电力负荷曲线的第一个陡坡一般出现在每天的早高峰时段，系统需要提供大量的灵活爬坡容量才能够满足能量供需平衡。同时，由于温度的持续上升和用户

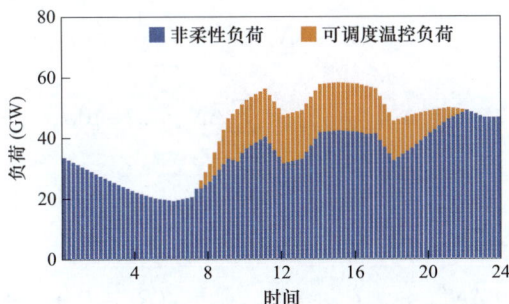

图 5-9　考虑可调度温控负荷的典型日负荷曲线

数的增加，空调的用电量也呈现上升的趋势。在这种情况下，空调负荷聚合商可以采用在特定时刻安排空调提前启动的方法（时移响应）减小系统爬坡需求。

空调负荷聚合商提供时移响应的原理如图 5-10 所示。如果聚合商安排本应在时段 $\xi+2$ 开启的 $\Delta N'_{M,3}$ 个空调负荷在时段 $\xi+1$ 提前开启，由于空调负荷聚合后在稳定运行状态下比启动状态下消耗的电功率更少，其在时段 $\xi+1$ 消耗的功率会增加 $\Delta N'_{M,3}P_1$，而在时段 $\xi+2$ 消耗的功率会减少 $\Delta N'_{M,3}(P_1-P_2)$。因此，实施时移响应可以使系统的负荷爬坡需求减少 $[\Delta N'_{M,3}(P_1-P_2)+\Delta N'_{M,3}P_1]$。

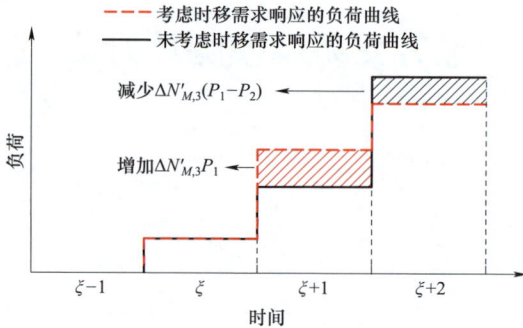

图 5-10　时移响应原理

电力系统机组组合中由定频空调负荷聚合商提供时移响应的数学模型可表示为

$$0 \leqslant \Delta N'_{M,k} \leqslant \Delta N_{M,k} \tag{5-1}$$

$$0 \leqslant \sum_{k=1}^{K} \Delta N'_{M,k} s_{M,t,k} \leqslant \sum_{k=1}^{K} \Delta N_{M,k} , \ t \in [0, t_K -1] \tag{5-2}$$

$$0 \leqslant \sum_{k=t-t_K+2}^{K} \Delta N'_{M,k} s_{M,t,k} \leqslant \sum_{k=t-t_K+2}^{K} \Delta N_{M,k} , \ t \in [t_K, t_K+K-1] \tag{5-3}$$

$$L_{M,k,t} = \max\{0, \Delta N'_{M,k} s_{M,t,k} P_{1,t} + \Delta N'_{M,k} s_{M,t-1,k} (P_{2,t} - P_{1,t})\}, t \in [0, t_K -1] \tag{5-4}$$

$$L_{M,k,t} = (\Delta N_{M,k} - \Delta N'_{M,k})P_{1,t} + (\Delta N_{M,k} - \Delta N'_{M,k})(P_{2,t} - P_{1,t})$$
$$+ \max\{0, \Delta N'_{M,k}P_{1,t} + \Delta N'_{M,k}s_{M,t-1,k}(P_{2,t} - P_{1,t})\}, \quad t \in [t_K, t_K + K - 1] \tag{5-5}$$

$$L_{M,k,t} = \Delta N_{M,k}P_{2,t}, \quad t \in [t_K + K, T_N] \tag{5-6}$$

$$L_{M,t} = \sum_{k=1}^{K} L_{M,k,t} \tag{5-7}$$

本模型中，T_N 表示参与调度的总时段数，t 表示时段索引。在聚合商内部，原计划在 $[t_K, t_K + K - 1]$ 时段启动的定频空调负荷可以为系统提供时移响应。K 表示时段数目，k 表示时段索引。$\Delta N_{M,k}$ 表示原计划在第 k 个时段启动的定频空调负荷数目，$\Delta N'_{M,k}$ 表示在第 k 个时段中可以提供时移响应的定频空调负荷数目，式（5-1）用于约束其范围。$s_{M,t,k}$ 是整数变量，表示 $\Delta N'_{M,k}$ 个定频空调负荷是否在 t 时刻提前启动。式（5-2）表示 $t \in [0, t_K]$ 时，所有计划在 $[t_K, t_K + K - 1]$ 时段启动的定频空调负荷均可提前启动。式（5-3）表示 $t \in [t_K, t_K + K - 1]$ 时，只有计划在时段 t 之后启动的定频空调负荷才可提前启动。式（5-4）～式（5-6）结合定频空调负荷在启动状态和稳定运行状态中消耗的电功率的不同，分别建立了时移响应实施后中原计划在第 k 个时段启动的 $\Delta N_{M,k}$ 个定频空调负荷实际消耗的聚合电功率 $L_{M,k,t}$。如果 $s_{M,t-1,k} = 0$ 且 $s_{M,t,k} = 1$，$\Delta N'_{M,k}$ 个定频空调负荷处于启动状态；相反，如果 $s_{M,t-1,k} = 1$ 且 $s_{M,t,k} = 1$，$\Delta N'_{M,k}$ 个定频空调负荷处于稳定运行状态。式（5-7）表示聚合商消耗的总电功率。

（2）备用响应建模。风电出力的随机性使得系统需要购买更多的备用容量来应对实时调整阶段中的功率变化。为了提升电力系统的备用容量，本节提出提供舒适度补偿的方式，用以激励用户降低其对于室内温度的舒适度需求。若用户允许室内温度的变化范围在设定点温度的基础上向上调整，空调负荷将可以在需要的时刻减少电功率消耗，为系统预留向上的备用容量。空调负荷聚合商提供备用容量的能力与用户对于舒适度的选择密切相关，可以表示为

$$A_{M,r,t} = N_{M,r,t}P_{2,t} - N_{M,r,t}P_{2,t}^r \tag{5-8}$$

式中　　r——舒适度等级；

$N_{M,r,t}$——聚合商内部可以将设定温度调节到第 r 级舒适度的空调负荷的数量；

$A_{M,r,t}$——空调负荷用户允许将室内温度调整到第 r 级舒适度时，$N_{M,r,t}$ 个空调负荷在稳定运行状态可提供的聚合备用容量；

$P_{2,t}^r$——在稳定运行状态下，单个空调负荷在第 r 级舒适度下消耗的平均电功率。舒适度等级越低，电力系统对于空调负荷参与需求响应的补偿价格越高。

电力系统机组组合中由定频空调负荷聚合商提供备用响应的数学模型可表示为

$$D_{M,r,t} = \sum_{r=1}^{R} A_{M,r,t} \tag{5-9}$$

$$0 \leqslant N_{M,r,t} \leqslant N_M^{\text{total}} \tag{5-10}$$

$$\sum_{r=1}^{R} N_{M,r,t} \leqslant N_M^{\text{total}} \tag{5-11}$$

$$d_{M,r,t,s} = n_{M,r,t,s}P_{2,t} - n_{M,r,t,s}P_{2,t}^r \tag{5-12}$$

$$0 \leqslant n_{M,r,t} \leqslant N_{M,r,t} \tag{5-13}$$

式（5-9）用于计算聚合商为系统提供的总备用容量 $D_{M,r,t}$，定频空调负荷用户可以自由选择自己的舒适度等级，然后分组由聚合商进行功率调控。式（5-10）和式（5-11）限制了参与备用响应的定频空调负荷的数量范围，N_M^{total} 表示聚合商管辖的定频空调负荷的总数。式（5-12）用于计算在不同风电出力场景 s 中为系统提供的部署备用容量 $d_{M,r,t,s}$。$n_{M,r,t,s}$ 表示在风电出力场景 s 中需要将设定温度调节到第 r 级舒适度的定频空调负荷数量，式（5-13）表示其不

得超过 $N_{M,r,t}$。

5.4.2 交易规模测算模型

计及空调负荷多功能需求响应的电力系统优化调度框架如图 5-11 所示。调度中心在接收供需双方的信息后，基于本章提出的随机优化方法制订系统的调度计划。对于供给侧，火电机组向调度中心发送运行参数等信息，风电场发送基于历史数据得到的风电出力预测信息。在需求侧，空调负荷聚合商向调度中心提供需求响应的相关参数：时移响应需提交空调负荷更改启动时间的可能性，备用响应需提交空调负荷可调整的舒适度等级和报价。非柔性负荷则向调度中心发送基于历史数据得到的负荷预测信息。

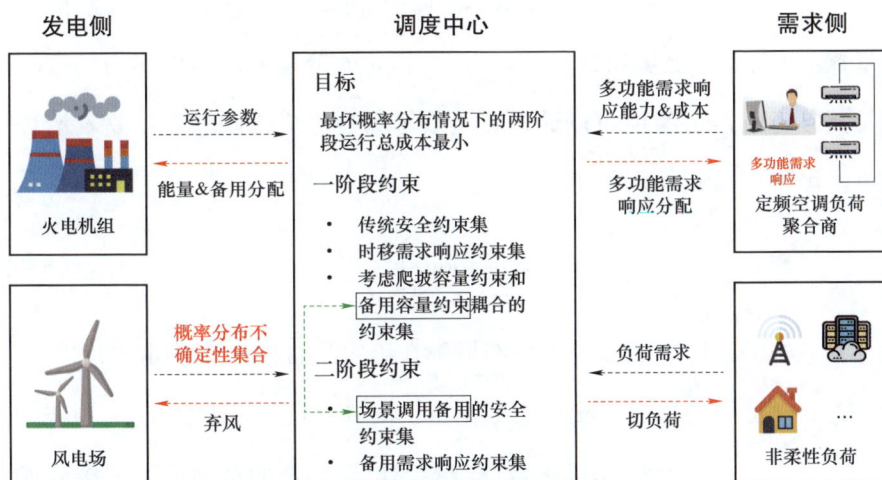

图 5-11　两阶段随机优化调度框架图

本章提出的优化调度方法计及风电出力分布概率的不确定性，并基于两阶段随机优化对能量和备用容量同时决策。第一阶段的决策对应于日前的调度计划，第二阶段的决策与最坏分布概率下的风电出力场景下的功率实时调整相关。在第一阶段的确定性决策过程中融入对第二阶段不确定性实现后的安全约束的考虑，可以实现两个阶段的耦合。调度中心的优化目标是在满足两阶段所有安全约束的前提下，使得风电出力场景最坏分布概率下的运营总成本最小。

（1）风电出力的分布概率不确定性集合。风电出力预测具有不确定性，目前基于概率分布的不确定性建模方法通常假设风电出力遵循特定的分布概率。为了克服此问题，本章构建了风电出力的分布概率不确定性集合。首先，基于历史数据建立涵盖风电出力场景分布概率 P 的置信估计区间 D

$$P \in D, D = \{P \in \mathbb{R}_+^{N_s} \mid \max_{1 \leqslant s \leqslant N_s} \left| p_s - p_s^0 \right| \leqslant \theta\} \qquad (5-14)$$

$$\sum_{s=1}^{N_s} p_s = 1, p_s \geqslant 0, \quad s = 1, 2, \cdots, Ns \qquad (5-15)$$

式（5-15）为风电出力分布概率的固有约束。N_s 表示从历史数据中提取的场景数，s 表示风电场景数目的索引。p_s 和 p_s^0 分别表示风电出力场景的概率分布及其参考值，参考值可以通过核函数等场景生成方法获得；θ 表示对应的公差值，可根据下式计算得出

$$\theta = \frac{1}{2N_h} \log \frac{2N_s}{1-\beta} \qquad (5-16)$$

式中　β ——保证风电出力场景分布概率在给定集合内的置信水平；

$\quad\quad N_h$ ——可用的风电历史出力数据量。在 β 保持一定的情况下，θ 与 N_h 成反比，这表明历史数据越多，可供参考的概率分布越接近真实分布。由此可知，模型的鲁棒性与历史数据量直接相关，因此其决策是数据驱动的。

（2）目标函数。计及定频空调负荷多功能需求响应的随机优化问题的目标函数是使风电出力场景最坏分布概率下的两阶段运行总成本最小，如下

$$\min \left\{ \begin{array}{l} \displaystyle\sum_{t=1}^{N_T}\left[\begin{array}{l} \displaystyle\sum_{i=1}^{N_G}\left(C_i^S u_{i,t} + \left(f_i^{\min}I_{i,t} + \sum_{m=1}^{N_m}P_{i,t,m}K_{i,m}\right) + \left(C_{i,t}^{cur}R_{i,t}^{re,up} + C_{i,t}^{dr}R_{i,t}^{re,dn}\right)\right) \\[4mm] + \displaystyle\sum_{M=1}^{N_M}\left(p_{M,t}^{shift}\left(L_{M,t}-L_{M,t}^0\right)+\sum_{r=1}^{R}p_{M,r,t}^{re}D_{M,r,t}\right) \end{array}\right] \\[12mm] + \max_{P}\; \min_{L_{d,t,s}^{cur},W_{j,t,s}^{cur},r_{i,t}^{re,up},r_{i,t}^{re,dn},d_{M,r,t}}\; \displaystyle\sum_{s=1}^{N_S}p_s\left(\sum_{t=1}^{N_T}\left(\sum_{d=1}^{N_D}C^{cur}L_{d,t,s}^{cur}+\sum_{j=1}^{N_J}C^{wind}W_{j,t,s}^{cur}\right)\right) \end{array}\right\} \quad （5-17）$$

其中，前两行表示第一阶段的运行成本，包括火电机组的开机成本、燃料成本和备用容量成本，以及定频空调负荷聚合商提供时移和备用响应的补偿成本。第三行表示第二阶段的运行成本，具体表示为最坏风电场景分布概率下切负荷和弃风的惩罚成本期望值。

式中　　N_T——参与调度的总时段数；

N_G——火电机组总数；

N_J——风电机组总数；

N_M——参与需求响应的定频空调负荷聚合商总数；

N_D——电力系统中负荷节点的个数；

C_i^s——火电机组启停成本；

$u_{i,t}$——火电机组是否处于正在开启状态；

$f_i^{\min}$——最小出力成本；

$I_{i,t}$——火电机组的启停状态；

N_m——火电成本函数线性化后的分段数；

$P_{i,t,m}$——火电机组分段出力；

$K_{i,m}$——分段线性化后火电出力的单位价格；

$C_{i,t}^{cur}$ 和 $C_{i,t}^{dr}$——火电机组提供上备用容量成本和下备用容量的单位价格；

$R_{i,t}^{re,up}$ 和 $R_{i,t}^{re,dn}$ ——火电机组提供的上备用容量和下备用容量；

$p_{M,t}^{shift}$ ——时移响应的补偿价格；

$L_{M,t}^{0}$ 和 $L_{M,t}$ ——聚合商提供时移响应后的的负荷曲线；

$p_{M,r,t}^{re}$ ——备用响应的补偿价格；

$L_{d,t,s}^{cur}$ 和 $W_{j,t,s}^{cur}$ ——场景 s 下的切负荷量和弃风量；

C^{cur} 和 C^{wind} ——切负荷和弃风的惩罚价格。模型中，$x = \{u_{i,t}, I_{i,t}, P_{i,t,m}, R_{i,t}^{re,up},$ $R_{i,t}^{re,dn}, L_{M,t}, D_{M,r,t}\}$ 表示第一阶段决策变量，$y = \{L_{d,t,s}^{cur}, W_{j,t,s}^{cur}, r_{i,t}^{re,up},$ $r_{i,t}^{re,dn}, d_{M,r,t}, p_s\}$ 表示第二阶段决策变量。

（3）约束条件。定频空调多功能需求响应需满足电力系统在两个阶段中的安全运行约束。第一阶段约束与日前调度相关，而第二阶段约束对应于风电出力预测场景下的功率实时调节，下面分别介绍。

第一阶段包含约束如下：

$$\sum_{i=1}^{N_G} P_{i,t} + \sum_{j=1}^{N_J} W_{j,t} = \sum_{d=1}^{N_D} L_{d,t} + \sum_{M=1}^{N_M} (L_{M,t} - L_{M,t}^0) \qquad (5-18)$$

$$u_{i,t} - v_{i,t} = I_{i,t} - I_{i,t-1}, u_{i,t} + v_{i,t} \leqslant 1 \qquad (5-19)$$

$$\begin{cases} I_{i,t} - I_{i,t-1} \leqslant I_{i,\tau}, \forall \tau \in [t+1, \min\{N_T, t+t_{up,i}^{\min}-1\}] \\ I_{i,t-1} - I_{i,t} \leqslant 1 - I_{i,\tau}, \forall \tau \in [t+1, \min\{N_T, t+t_{dn,i}^{\min}-1\}] \end{cases} \qquad (5-20)$$

$$P_i^{\min} I_{i,t} \leqslant P_{i,t} \leqslant P_i^{\max} I_{i,t} \qquad (5-21)$$

$$P_{i,t} = \sum_{m=1}^{N_m} P_{i,t,m}, 0 \leqslant P_{i,t,m} \leqslant P_{i,m}^{\max} \qquad (5-22)$$

$$\left| \sum_{i=1}^{N_G} sf_{l,i}^{PG} P_{i,t} + \sum_{j=1}^{N_J} sf_{l,j}^{W} W_{j,t} - \sum_{d=1}^{N_D} sf_{l,d}^{D} L_{d,t} - \sum_{M=1}^{N_M} sf_{l,M}^{M} (L_{M,t} - L_{M,t}^0) \right| \leqslant f_l^{\max} \qquad (5-23)$$

式（5-18）为考虑定频空调负荷聚合商提供时移响应［见约束，式（5-1）～式（5-7）］后的系统功率平衡约束。式（5-19）描述了火电机组的启停状态，式（5-20）为火电机组的最小开机和关机时间约束。$v_{i,t}$ 表示火电机组是否处于正在关停的状态，$t_{up,i}^{min}$ 和 $t_{dn,i}^{min}$ 分别表示火电机组开启和关停的允许最短时间。式（5-21）为火电机组出力上下限约束。P_i^{max} 和 P_i^{min} 分别表示火电机组允许的最大和最小出力。式（5-22）表示机组出力的分段线性化，$P_{i,m}^{max}$ 表示火电机组出力线性化后每段的最大出力。式（5-23）为输电线路传输容量约束，$f_{l,i}^{PG}$、$f_{l,i}^{W}$、$f_{l,i}^{D}$ 和 $f_{l,i}^{M}$ 分别表示火电机组节点，风电机组节点，负荷节点和负荷聚合商所在节点与传输线路的灵敏度矩阵。f_l^{max} 表示线路传输功率的最大值。

第二阶段包含约束如下

$$\sum_{i=1}^{N_G}(r_{i,t,s}^{re,up} - r_{i,t,s}^{re,dn}) + \sum_{j=1}^{N_J}(W_{j,t,s} - W_{j,t,s}^{cur} - W_{j,t}) + \sum_{d=1}^{N_D}L_{d,t,s}^{cur} + \sum_{M=1}^{N_M}\sum_{r=1}^{R}d_{M,r,t,s} = 0 \quad （5-24）$$

$$0 \leq L_{j,t,s}^{cur} \leq L_{d,t,s} - d_{M,r,t,s}, 0 \leq W_{j,t,s}^{cur} \leq W_{j,t,s} \quad （5-25）$$

$$\left| \begin{array}{l} \sum_{i=1}^{N_G} sf_{l,i}^{PG} p_{i,t,s} + \sum_{j=1}^{N_J} sf_{l,j}^{W}(W_{j,t} - W_{j,t,s}^{cur}) - \sum_{d=1}^{N_D} sf_{l,d}^{D}(L_{d,t} - L_{d,t,s}^{cur}) \\ - \sum_{m=1}^{N_M} sf_{l,M}^{M}\left(L_{M,t} - L_{M,t}^{0} - \sum_{r=1}^{R}d_{M,r,t,s}\right) \end{array} \right| \leq f_l^{max} \quad （5-26）$$

式（5-24）表示场景 s 下的功率平衡约束，其中考虑了定频空调负荷聚合商提供的部署备用 [见约束，式（5-8）～式（5-13）]。式（5-25）对应弃风和切负荷的上下限约束。式（5-26）表示风电出力场景下的输电线路传输功率约束。

为实现火电机组备用的在实时调整阶段中的可爬坡性，本节引入火电机组的上/下爬坡容量变量 $R_{i,t}^{ramp,up}$ 和 $R_{i,t}^{ramp,dn}$，建立了火电机组爬坡能力与备用容量的耦合约束，表示如下

$$P_{i,t+1} = P_{i,t} + R_{i,t}^{ramp,up}Z_{i,t}^{up} - R_{i,t}^{ramp,dn}Z_{i,t}^{dn} + P_i^{min}u_{i,t+1} - P_i^{min}v_{i,t+1} \quad （5-27）$$

$$Z_{i,t}^{up} + Z_{i,t}^{dn} \leq 1 \quad （5-28）$$

$$\begin{cases} 0 \leqslant R_{i,t}^{re,up} + R_{i,t}^{ramp,up} \leqslant \min\{U_i^R I_{i,t}, P_i^{\max} I_{i,t} - P_{i,t}\} \\ 0 \leqslant R_{i,t}^{re,dn} + R_{i,t}^{ramp,dn} \leqslant \min\{D_i^R I_{i,t}, P_{i,t} - P_i^{\min} I_{i,t}\} \end{cases} \quad (5-29)$$

$$p_{i,t,s} = P_{i,t} + r_{i,t,s}^{re,up} - r_{i,t,s}^{re,dn}, P_i^{\min} I_{i,t} \leqslant p_{i,t,s} \leqslant P_i^{\max} I_{i,t} \quad (5-30)$$

$$\begin{cases} p_{i,t,s} - p_{i,t-1,s} \leqslant U_i^R (1-u_{i,t}) + P_i^{\min} u_{i,t} \ \forall i,t \\ p_{i,t-1,s} - p_{i,t,s} \leqslant D_i^R (1-v_{i,t}) + P_i^{\min} v_{i,t} \ \forall i,t \end{cases} \quad (5-31)$$

$$0 \leqslant r_{i,t,s}^{re,dn} \leqslant R_{i,t}^{re,dn}, 0 \leqslant r_{i,t,s}^{re,up} \leqslant R_{i,t}^{re,up} \quad (5-32)$$

式（5-27）～式（5-29）属于第一阶段约束，$Z_{i,t}^{up}$ 和 $Z_{i,t}^{dn}$ 表示火电机组是否提供了向上/下爬坡容量，U_i^R 和 D_i^R 分别表示火电机组可提供的上爬坡容量和下爬坡容量的最大值。式（5-27）描述了火电机组在启停的两个相邻时段间的向上/下爬坡能力。式（5-28）保证火电机组不会同时向上/向下爬坡。式（5-29）表示在第一阶段，火电机组的备用容量和爬坡容量需求之和不能超过机组本身的灵活性调节能力，进而保证了机组在第二阶段有充足的爬坡备用保证系统的能量再平衡。式（5-30）～式（5-32）属于第二阶段约束。式（5-30）表示第二阶段中各个风电出力场景 s 下火电机组的最大/最小出力约束。式（5-31）为在风电出力场景 s 下机组出力改变后的向上/向下爬坡约束。式（5-32）表示每个风电出力场景下火电机组的部署备用不得超过其在第一阶段决策的备用容量。

上述模型中，存在非线性项 $\Delta N'_{M,k} s_{M,t,k}$ 导致求解困难。因此，需要采用将非线性项替换为辅助变量（如 $\theta_{M,t,k} = \Delta N'_{M,k} s_{M,t,k}$）的方法，引入等效的线性约束来限制 $\theta_{M,t,k}$ 将非线性约束转换为线性约束，具体数学形式如下

$$0 \leqslant \theta_{M,t,k} \leqslant Q \cdot s_{M,t,k} \quad (5-33)$$

$$\Delta N'_{M,k} - Q \cdot (1-s_{M,t,k}) \leqslant \theta_{M,t,k} \leqslant \Delta N'_{M,k} + Q \cdot (1-s_{M,t,k}) \quad (5-34)$$

式（5-33）表示当 $s_{M,t,k} = 0$ 时，$\theta_{M,t,k} = 0$；式（5-34）表示当 $s_{M,t,k} = 1$ 时，

$\theta_{M,t,k} = \Delta N'_{M,k}$。此方法同样也可应用于对于非线性项 $R_{i,t}^{ramp,up} z_{i,t}^{up}$ 和 $R_{i,t}^{ramp,dn} z_{i,t}^{dn}$ 的处理。

5.4.3　基于列和约束生成方法的加速求解算法

电力系统随机优化调度问题可表现为如式（5-35）所示的一般形式

$$
\begin{cases}
\min_{X,P,Y}\{F(X) + \max_{P}\min_{Y}\sum P\,e^{T}Y(\varphi_n)\} & \\
s.t.\quad g(X) \leqslant b & (a) \\
\qquad AX + BY(\varphi_n) \leqslant h & (b) \\
\qquad P \in D & (c)
\end{cases}
\qquad (5-35)
$$

式中　　X ——第一阶段的决策变量；

　　　　Y ——第二阶段的确定性决策变量；

　　　　φ_n ——风电出力场景；

　　　　P ——第二阶段中风电出力场景分布概率的决策变量；

　A 和 B ——常数矩阵；

e 、b 和 h ——常数向量；

　$F(X)$ ——第一阶段的目标函数；

$\sum Pe^{T}Y(\varphi_n)$ ——第二阶段的目标函数。

式（5-35）（a）是第一阶段的约束集，式（5-35）（b）是第二阶段的约束集。式（5-35）（c）表示风电出力场景的概率分布集合。式（5-35）是一个 $\min-\max-\min$ 问题，无法采用线性求解器直接求解。因此，本节结合问题本身的结构，基于列和约束生成方法提出了定初值的无对偶快速分解求解方法，将原问题分解为主问题和子问题，并进行迭代求解。

主问题通常用一个辅助变量代替第二阶段的目标函数

$$\begin{cases} \min_{X,Y}\{F(X)+\eta\} \\ s.t. \quad g(X) \leqslant b & \text{(a)} \\ \quad AX + BY_k^*(\varphi_n) \leqslant h & \text{(b)} \\ \quad \eta \geqslant \sum P_k^* \, e^T Y_k^*(\varphi_n) & \text{(c)} \end{cases} \qquad (5-36)$$

除式（5-36）（a）中的第一阶段约束外，主问题中还增加了约束（5-36）（b）和式（5-36）（c），表示在迭代过程中识别出的最坏概率分布下的新约束，分别称作可行性切割面和最优性切割面。由于分布概率决策变量和第二阶段调度决策变量的可分离性，式（5-36）（b）中增加的约束在固定场景 φ_n 下每次迭代是相同的。因此，第二阶段中，各风电出力场景中的约束可以直接与第一阶段的日前调度协同优化，每次迭代只需要增加最优性切割面约束，如式（5-37）所示

$$\begin{cases} \min_{X,Y}\{F(X)+\eta\} \\ s.t. \quad g(X) \leqslant b & \text{(a)} \\ \quad AX + BY(\varphi_n) \leqslant h & \text{(b)} \\ \quad \eta \geqslant \sum P_k^* \, e^T Y(\varphi_n) & \text{(c)} \end{cases} \qquad (5-37)$$

与随机生成初值的方式不同，本文选定分布概率参考值 p_s^0 作为约束（5-37）（c）中 P_k^* 的迭代初值。式（5-37）的主问题是原问题的松弛，可以为原问题提供一个下界。数学上，该式是一个标准的线性规划问题，可以直接求解。

由上节可知，由于此模型中的变量和在约束条件和目标函数都是可分离的。因此，与传统的分解方法不同，本章采用的列和约束生成方法无须利用对偶变换即可对第二阶段中的 max-min 问题进行分解，重构的子问题可表示如下

$$
\begin{cases}
\max\limits_{\boldsymbol{P}} \sum \boldsymbol{P} \min\limits_{\boldsymbol{Y}} \boldsymbol{e}^T \boldsymbol{Y}(\varphi_n) & \\
s.t. \quad \boldsymbol{AX}_k^* + \boldsymbol{BY}(\varphi_n) \leqslant \boldsymbol{h} & \text{(a)} \\
\quad \boldsymbol{P} \in D & \text{(b)}
\end{cases}
\qquad (5-38)
$$

子问题的优化可以通过分别求解内层 min 问题和外层 max 问题两个步骤来实现。首先，考虑约束条件（5-38）（a）求解满足所有风电出力场景约束的内层 min 问题，得到最优解 $\boldsymbol{Y}_k^*$；然后，将 $\boldsymbol{Y}_k^*$ 作为已知参数，求解外层 max 问题得到风电出力场景最坏分布概率。风电出力场景中的变量和约束可以直接集成到主问题中，因此子问题可简化为

$$
\begin{cases}
\max\limits_{\boldsymbol{P}} \sum \boldsymbol{P}\, \boldsymbol{e}^T \boldsymbol{Y}_k^*(\varphi_n) & \\
s.t. \quad \boldsymbol{P} \in D &
\end{cases}
\qquad (5-39)
$$

式（5-39）的子问题旨在找出最坏的概率分布，并为原问题提供一个上界。

本节提出的加速求解方法在采用列和约束生成方法对 min-max-min 问题进行分解时，无需对最内层 min 问题的对偶变换；同时还设置了风电出力场景分布概率的初值，可以优化主问题和子问题的迭代过程。其完整过程可描述如下：

步骤 1：设置下界 $LB = -\infty$，上界 $UB = +\infty$。迭代次数 $k = 0$，迭代间隙 $\varepsilon = e^{-4}$。

步骤 2：求解式（5-37）中的主问题，得到最优解 $\{\boldsymbol{X}_k^*, \boldsymbol{Y}_k^*\}$、$\eta_k^*$，以及目标值 $L^k = f(\boldsymbol{X}_k^*) + \eta_k^*$，将原问题的下界更新为 $LB = L^k$。

步骤 3：将 $\boldsymbol{Y}_k^*$ 作为边界条件，求解式（5-39）中的子问题，得到最优解 $\boldsymbol{P}_k^*$，以及目标值 $U^k = \sum \boldsymbol{P}_k^* \boldsymbol{Y}_k^*$，将原问题的上界更新为 $UB = \min\{UB, f(\boldsymbol{X}_k^*) + U^k\}$。

步骤 4：如果 $UB - LB \leqslant \varepsilon$，返回 $\{\boldsymbol{X}_k^*, \boldsymbol{Y}_k^*\}$ 作为最终解，并终止计算。否则，在主问题中添加约束。

步骤 5：更新 $k = k+1$ 并返回 Step 2。

5.4.4　模型有效性验证

本节基于 IEEE 标准系统和中国河南省电力系统验证所提多功能需求响应模型和加速求解方法的有效性。所有仿真均在 MATLAB 2016a 上平台上完成，测试环境为 Intel Core i5−8400@2.80 GHz，128−GB RAM，并采用 GUROBI 8.0 商业求解器进行求解，迭代终止时的相对差值设置为 1e−4。

（1）IEEE 标准系统算例。在 IEEE 标准系统中，安装 54 台火电机组，总容量为 7220MW。此外，节点 59 上安装了一个容量为 3000MW 的风电场。风电出力的历史数据来自 EirGrid，电力负荷的历史数据来源于中国广东省。风电出力和电力负荷曲线均按比例缩小以匹配系统的总发电容量。风电出力不确定场景数量设置为 10 个，风电出力场景概率分布不确定性集合的置信度设置为 99%。弃风和切负荷的惩罚价格分别设置为 300$/MWh 和 3500$/MWh。

参与需求响应的空调负荷容量按实际比例假设为电力负荷总量的 30%。在夏季，负荷曲线的第一次快速爬坡主要发生在时段 [07:30，09:30]，此时空调负荷用电量也快速上升。因此，本章假设在此时段开启的空调负荷具备提供时移响应的能力，进而通过提前启动的手段来降低系统的爬坡需求。时移响应的补偿价格设置为 115$/MWh。空调负荷在提供备用响应时，备用容量和部署备用的补偿价格均高于火电机组。

1）空调负荷的多功能需求响应效果分析。为验证空调负荷的多功能需求响应对于提升系统灵活爬坡能力的有效性，设计了以下四个算例进行分析比较：

算例 1：不考虑需求响应的电力系统随机优化调度。

算例 2：仅考虑空调负荷时移响应的电力系统随机优化调度。

算例 3：仅考虑空调负荷备用响应的电力系统随机优化调度。

算例 4：同时考虑空调负荷时移响应和备用响应的电力系统随机优化调度。

四组算例的优化成本比较如表 5-4 所示。

表 5-4 四个算例的成本比较

项目	算例 1	算例 2	算例 3	算例 4
机组燃料成本（$）	155840	154440	154502	153306
机组启停成本（$）	2390	2050	2354	1950
空调负荷增加量（MWh）	0	45.30	0	42.26
时移响应成本（$）	0	5209	0	4859
空调负荷备用容量（MWh）	0	0	29.15	58.22
备用响应成本（$）	0	0	794	1542
机组上备用容量（MWh）	25091	24829	24870	24449
机组下备用容量（MWh）	24701	24480	24803	24615
第二阶段成本（$）	14495	2818	11086	1420
总成本（$）	222517	213827	218409	212141

首先，比较算例 1 和算例 2 以评估空调负荷时移响应的有效性。由表 5-4 可知，由于算例 2 中时移响应的实施，系统的日总负荷相较于算例 1 增加了 45.30MW，时移响应成本增加了 5209$，而总运行成本却降低了 3.90%。总成本降低的主要原因在于火电机组燃料成本、启动成本、以及第二阶段弃风和切负荷成本的减少。空调负荷聚合商实施时移响应的结果如图 5-12 所示，空调负荷主要在 ［06:00，06:15］，［07:00，07:30］和 ［08:15，08:30］三个时段内被提前启动。在空调负荷提前启动的时段内，系统的爬坡需求也相应地增加或者减少，为火电机组的功率分配提供了更多的优化空间，这解释了算例 2 中总负荷增加而总成本却降低的原因。

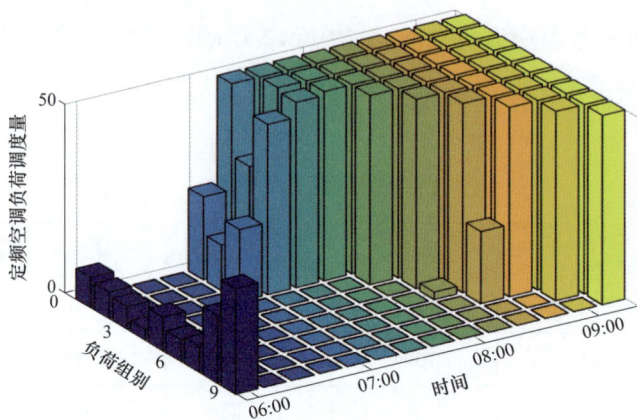

图5-12　空调负荷集群时移结果（算例2）

时移响应的原理在于，通过聚合商在固定时段提前启动空调负荷以减少系统在该时段的爬坡需求。与仅考虑空调负荷聚合商稳定运行状态的传统时移响应模型相比，本章提出的模型考虑了其在启动和稳定运行两个状态下消耗电功率的不同，能够更加有效地减少系统的爬坡需求。为评估所提模型的有效性，本节将上述两个模型均应用于电力系统随机优化调度问题中，并进行仿真计算。调度成本结果的比较如表5-5所示，空调负荷聚合商电功率变化量的比较如图5-13所示。

表5-5　　　　　　　不同时移响应模型的调度成本

项目	所提时移响应模型	传统时移响应模型
火电机组成本（$）	205799	205410
负荷增加量（MWh）	45.30	45.23
时移响应成本（$）	5209	5201
第二阶段成本（$）	2818	5766
总成本（$）	213827	216378

由表5-5可知，与传统时移响应模型相比，考虑本章所提时移响应模型后，虽然日总负荷的增加量几乎相同，但是总成本却减少了2551$。其原因在于当

大量空调负荷提前启动后，其在原本需要启动的时刻所需消耗的电能将从启动状态的较高值转变为稳定运行状态下的较低值，即所提时移响应不仅可以增加系统中某些调度时段的总负荷，还可以减少其他时段的负荷。相应地，由图 5－13 可知，所提时移响应在 [08:00，08:15] 和 [09:00，09:15] 这两个时段内发生了负荷减少的现象。

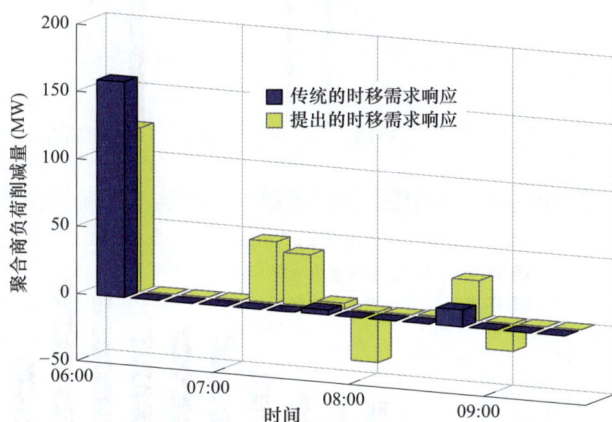

图 5－13　时移响应模型对比

其次，通过比较算例 1 和算例 3 以评估空调负荷备用响应的有效性。由表 5－4 可知，实施备用响应可以减少 1.8%的系统运行总成本，其中包括火电机组燃料成本和第二阶段中弃风和切负荷的惩罚成本。算例 3 中聚合商为系统提供的备用容量如图 5－14 所示，主要集中在 [07:00，07:30] 和 [08:30，09:00] 这两个时段。通过比较图 5－15 中算例 1 和算例 3 中火电机组提供的上备用容量可知，在该时段火电机组提供的上备用容量发生了相应地减少。此部分灵活性能力将被用于为系统提供爬坡能力，从而减少弃风和切负荷，降低系统运行成本。

综上所述，空调负荷时移响应可通过改变系统的爬坡需求以减少运行成本，而备用响应可通过释放火电机组的爬坡能力以减少运行成本。结合表 5－4 中算例 4 的总运行成本低于算例 2 和算例 3 的结果可以看出：空调负荷时移响应和备用响应的结合可以为系统带来更高的经济效益。

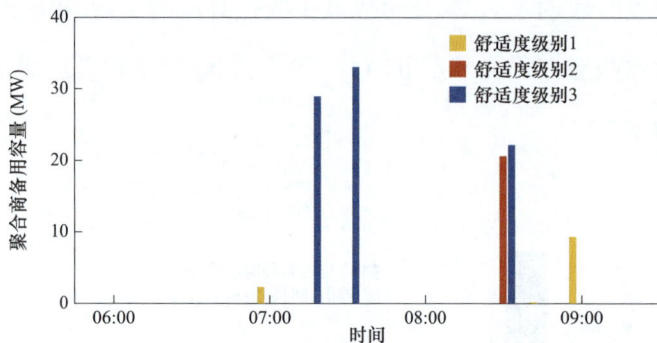

图 5-14　空调负荷备用容量分配结果（算例 3）

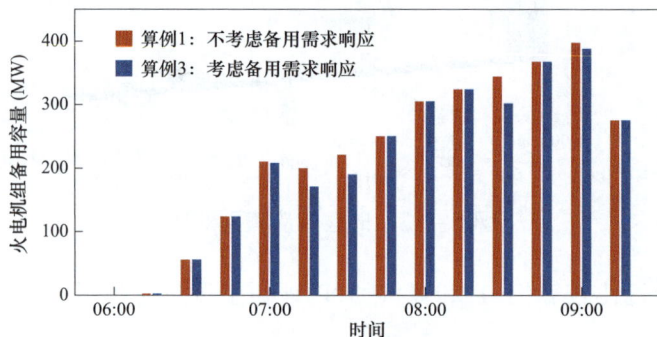

图 5-15　火电机组备用容量分配结果

2）火电机组爬坡和备用耦合约束的必要性分析。为验证火电机组爬坡和备用耦合约束的必要性，本节分别对考虑和不考虑该约束下的随机优化调度模型进行仿真计算。两种情景下火电机组的灵活爬坡容量和备用容量的调度结果如图 5-16 所示。

在图 5-16（a）中，由于模型未考虑耦合约束，火电机组在日前调度阶段中预留的备用容量小于在实时调整阶段中系统所需的灵活爬坡容量，导致火电机组备用容量在实时调整阶段无法被充分利用。而考虑了耦合约束的模型正好弥补了这个缺点，如图 5-16（b）所示。

(a) 不考虑火电机组的爬坡和备用耦合约束

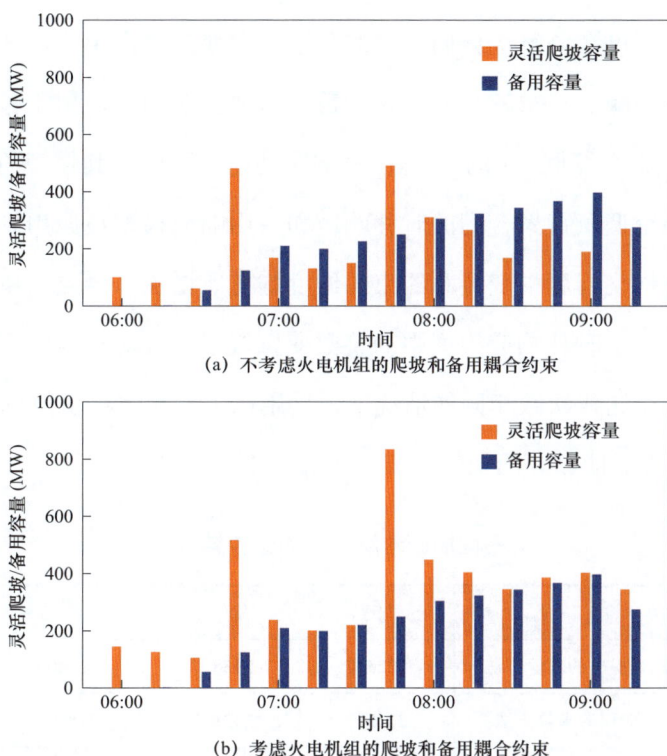

(b) 考虑火电机组的爬坡和备用耦合约束

图 5-16　火电机组灵活爬坡容量和备用容量的调度结果

3）加速求解算法的有效性分析。为验证此处所提的加速求解方法对于模型计算效率提升的有效性，本节将所提方法与现有的基于对偶的加速求解方法和无对偶的加速求解方法分别应用于随机机组组合模型中进行计算求解。基于对偶的加速求解方法在采用列和约束生成方法对问题进行分解时，需要利用内层问题的对偶信息；而无对偶的加速求解方法虽然在基于列和约束生成方法分解原问题时不需要基于对偶信息，但是却忽略了迭代初值的选择。三种加速求解方法的比较结果如表 5-6 所示。

由表 5-6 可知，采用上述三种方法对任意一组算例进行求解时，得到的最优解和目标值都是相同的，表明以上三种方法能够得到全局最优解。此外，本文所提加速求解方法在计算时间上相比其他两个方法均有所减少。其原因在于采用所提方法不仅在分解优化问题时避免了对偶变量的产生，还通过直接设置迭代初值的方法减少了求解时的迭代次数。需要说明的是，用于验证加速求解方法有效性的 4 个算例，由于实施需求响应功能的不同，其模型的计算规模也有所不同。当空调负荷聚合商的时移响应和备用响应模型被应用到随机优化调度中时，整个优化问题中变量和约束的维度均有所增加，导致其所需计算时间增加。同时，由于时移响应模型中的整数变量较多，其对计算时间增加的影响更大。因此，在迭代次数相同的情况下，采用以上三种方法求解算例 4 和算例 2 中的模型时所需计算时间相较于算例 1 和算例 3 更长。

表 5-6　　　　　　　三种加速求解方法的比较结果

方法		算例 1	算例 2	算例 3	算例 4
目标函数（$\$$）	此处提出的求解方法	222517	213827	218409	212141
	无对偶的求解方法	222517	213827	218409	212141
	基于对偶的求解方法	222517	213827	218409	212141
计算时间（min）	此处提出的求解方法	4.97	29.13	8.07	31.24
	无对偶的求解方法	15.22	52.08	11.64	60.34
	基于对偶的求解方法	15.95	70.62	12.78	89.66
迭代次数	此处提出的求解方法	3	3	3	3
	无对偶的求解方法	5	4	4	4
	基于对偶的求解方法	5	4	4	4

（2）河南省电力系统上的典型场景和极端场景分析。随着我国风电装机容量的增加，风电的逆调峰特性对系统净负荷峰谷差的影响越来越大，大部分电网都面临着不能保证系统爬坡能力充分供应的困难。本章选取中国河南省实际电力系统为例进行仿真分析。该系统包括 57 个 500kV 节点、76 条输电线路和 16 个发电场，机组总容量为 29622MW。风电场位于节点 Shanzhou 上，容量为 3000MW。

此外，该系统通过 6 条联络线与其他电力系统互连，净注入功率为 5821MW。

首先，不考虑需求响应实施，分析风电的逆调峰特性对于系统净负荷峰谷差以及灵活性需求的影响。本节采用两条峰谷差不同的负荷曲线和一条具有逆调峰特性的风电曲线作为机组组合模型的输入，对河南省电力系统在不同电力负荷需求下接入大规模风电的第二阶段总成本（弃风和切负荷的惩罚成本）进行比较，结果如图 5-17 所示。由图可知，峰谷差较大的负荷特性曲线和具有逆调峰特性的风电曲线叠加，将导致电网的灵活性稀缺，进而产生弃风和切负荷，增加系统运营的总成本。在此背景下，实施需求响应以增强电网的灵活性很有必要。

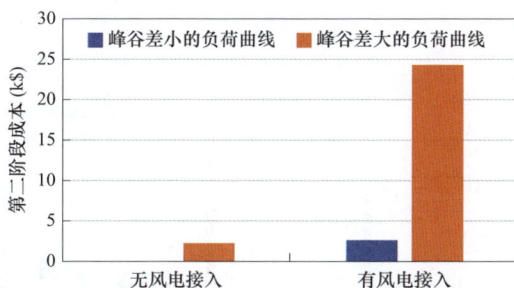

图 5-17 不同输入条件下的系统成本比较

河南省电力系统在未实施时移响应、实施本章所提时移响应和实施传统的时移响应这三种情况下的仿真结果比较如表 5-7 所示。

表 5-7   三组算例的仿真结果比较

项目	未考虑时移响应	传统的时移响应	提出的时移响应
火电机组成本（$）	576119	574370	575188
负荷增加量（MWh）	0	104.89	47.62
时移响应成本（$）	0	12062	5477
第二阶段成本（$）	26704	2448	2133
总成本（$）	602823	588880	582797

三组算例中，系统在未实施时移响应时的切负荷和弃风成本最高，其主要原因在于系统灵活性的稀缺。对比结果表明，空调负荷时移响应可以减少系统的弃风和切负荷，对提高灵活性有积极的影响。此外，根据实施所提时移响应与传统时移响应的系统调度结果比较可以得出结论：考虑空调负荷聚合商在启动和稳定运行两个状态下的功耗区别，有助于电力系统在考虑需求响应的实施时获得更经济的解决方案，从而更有效地提升系统的灵活性。

在考虑和不考虑火电机组的备用和爬坡耦合约束两种情况下，河南省电力系统机组组合模型中火电机组的灵活爬坡容量和备用容量的调度结果如图 5-18 所示。比较结果进一步验证了考虑爬坡容量和备用容量之间的耦合约束的必要性。

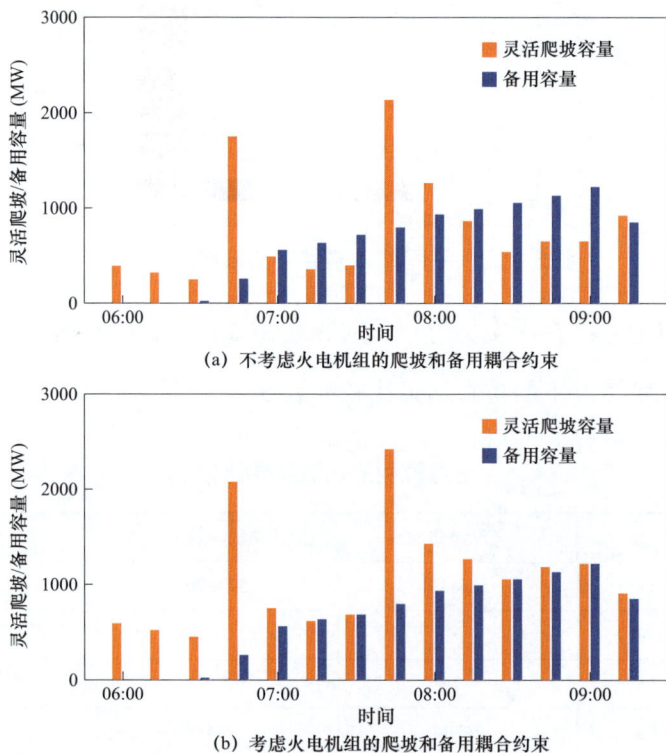

(a) 不考虑火电机组的爬坡和备用耦合约束

(b) 考虑火电机组的爬坡和备用耦合约束

图 5-18　火电机组的灵活爬坡容量和备用容量的调度结果

采用所提加速求解方法和传统的无对偶求解方法在河南省电力系统的不同算例上的仿真求解结果如表 5–8 所示。与传统的无对偶求解方法相比，此处提出的加速求解方法可以在保证全局最优的同时，将四组算例的计算效率分别提高 28.68%、52.61%、34.64%和 56.73%。此外，算例 4 的总成本在四组算例中最低，验证了实施空调负荷多功能需求响应的有效性。

表 5–8　　　　　　　　　不同求解方法的比较结果

算例	目标函数（$）		计算时间（min）		迭代次数	
	提出的加速求解方法	无对偶的求解方法	提出的加速求解方法	无对偶的求解方法	提出的加速求解方法	无对偶的求解方法
算例 1	602823	602823	7.46	10.46	3	4
算例 2	582797	582797	22.35	47.17	3	4
算例 3	583442	583442	14.79	22.63	4	5
算例 4	580902	580902	23.28	53.80	3	4

5.5　面向极端事件/正常工况下调频辅助服务交易规模测算方法

5.5.1　交易规模测算模型

火电机组与电动汽车联合调频优化问题中，实时调频信号（电力系统调频需求量）具有不确定性。而对于含有不确定性变量的随机优化问题，应考虑该问题在不确定性变量各项约束下，是否仍然有可行解。因此，本报告采用基于

Here-and-Now 和 Wait-and-See（HN-WS）的两阶段随机优化方法考虑不确定调频信号下的优化问题。该两阶段随机优化方法在实时调频信号确定前对机组与电动汽车日前调频备用容量进行优化决策，且在决策过程融入了对实时调频信号不确定性的考虑。

根据美国 PJM 调频辅助服务市场的相关交易规则，调频备用的日前出清时间尺度为 1h，并在日内每 5min 进行一次滚动优化。因此，在本文所提两阶段随机优化调度方法中，一阶段优化得出的火电机组与电动汽车的调频容量决策结果适用于二阶段的所有调频信号场景，计算时间尺度为 1h；二阶段则在一阶段决策结果的基础上做出各个实时调频信号场景下的决策，计算时间尺度为 5min。本节介绍了所提考虑用户积极性的电动汽车与机组联合调频的两阶段随机优化调度模型。该模型主要由 2 部分组成：① 目标函数；② 机组与电动汽车两阶段联合调频约束及其他电力系统运行相关约束。

（1）目标函数。机组与电动汽车联合调频两阶段随机优化调度模型的目标函数由一阶段和二阶段的成本共同组成。一阶段的成本为日前优化的各项成本，包括火电机组开机成本、煤耗成本、调频容量成本以及电动汽车的调频容量成本。二阶段的成本为各调频信号场景下的调度期望成本，以概率的形式按比例计算，包括火电机组的调频调度能量成本、电动汽车电池退化成本及电动汽车充电成本。上述目标函数可具体表达为以下数学形式，如式（5-40）所示

$$F = \min \sum_{t=1}^{N_T} \left\{ \left[\sum_{i=1}^{N_G} (C_{SUit} + F_{git} + (P_{it}^{ru} + P_{it}^{rd}) \cdot S_i (C_{it}^{cap} + R_i C_{it}^{mil})) + \sum_{j=1}^{J} C_{drjt}^{CC} \right] + \right.$$
$$\left. \sum_{s=1}^{N_S} P_{ros} \sum_{\tau=1}^{T} \left[\sum_{i=1}^{N_G} (C_{it}^{ue} P_{i\tau s}^{ru} - C_{it}^{de} P_{i\tau s}^{rd}) + \sum_{j=1}^{J} (C_{drj \deg \tau s} + C_{j\tau s}^{e}) \right] \right\} \quad (5-40)$$

式中 i——机组编号，共 N_G 台机组；

       J——电动汽车群编号，共 J 类电动汽车群；

S　——调频信号场景编号，共 S 种情景；

t　——一天内的时段编号，每 1h 为一个时段，全天共 24（N_T）个时段；

τ　——1h 内的次级时段编号，每 5min 为一个时段，1h 内共 12（T）个时段；

C_{SUit}　——机组 i 在 t 时段的开机成本；

F_{git}　——机组 i 在 t 时段的煤耗成本；P_{it}^{ru}、P_{it}^{rd} 分别为机组 i 在 t 时段提供的上、下调频容量；

S_i　——机组 i 的调频分数；

R_i　——机组 i 的调频里程比；

C_{it}^{cap}　——机组 i 在 t 时段的调频容量价格；

C_{it}^{mil}　——机组 i 在 t 时段的调频里程价格；

C_{drjt}^{CC}　——电动汽车群 j 在 t 时段的调频成本；

P_{ros}　——调频场景 s 出现的概率；

C_{it}^{ue}、C_{it}^{de}　——机组 i 提供上、下调频调度的能量价格；

$P_{i\tau s}^{ru}$、$P_{i\tau s}^{rd}$　——机组 i 在场景 s 下在 τ 时段实际提供的上、下调频容量；

$C_{drjdeg\tau s}$　——电动汽车群 j 在场景 s 下在 τ 时段的电池退化成本；

$C_{j\tau s}^{e}$　——电动汽车群 j 在场景 s 下在 τ 时段的充电成本。

其中

$$C_{SUit} = C_i^{SU} I_{it}(1 - I_{it-1}) \quad\quad （5-41）$$

式中　I_{it}　——机组 i 的启停机二进制状态变量，取 1 表示机组 i 在 t 时段处于开机状态，否则为 0；

C_i^{SU}　——机组 i 的开机价格。

$$C_{drjt}^{CC} = (P_{jt}^{ru} + P_{jt}^{rd})S_j(C_{jt}^{cap} + R_j C_{jt}^{mil}) \tag{5-42}$$

式中　P_{jt}^{ru}、P_{jt}^{rd}——电动汽车群 j 在 t 时段提供的上、下调频容量;

　　　　S_j——电动汽车群 j 的调频分数;

　　　　R_j——电动汽车群 j 的调频里程比;

C_{jt}^{cap}、C_{jt}^{mil}——电动汽车群 j 在 t 时段的调频容量价格、调频里程价格。

$$C_{drj\deg\tau s} = \sum_l^L (C_{DCj,l} p_{j,\tau,l}^{dis}) \tag{5-43}$$

式中　l——电动汽车电池放电深度分段编号,共平均分为 L 段;

　$C_{DCj,l}$——电动汽车群 j 第 l 段电池放电深度的边际退化成本;

　$p_{j,\tau,l}^{dis}$——电动汽车群 j 第 l 段电池放电深度在 τ 时段分配到的放电功率。

$$C_{j\tau s}^e = C_{jt}^e P_{j\tau s} \tag{5-44}$$

式中　C_{jt}^e——电动汽车群 j 在 t 时段的充电价格;

　　$P_{j\tau s}$——电动汽车群 j 在场景 s 下在 τ 时段的功率。

火电机组的煤耗成本常用二次函数来计算,可表示为

$$F_{git} = a_i + b_i P_{it} + c_i(P_{it})^2 \tag{5-45}$$

式中　a_i、b_i、c_i——机组煤耗成本二次函数常数项、一次项、二次项系数;

　　　　P_{it}——机组 i 在 t 时段的出力。该煤耗成本函数在机组组合模型

　　　　　　中难以快速求解,需对该曲线进行分段线性化处理,将

　　　　　　二次函数转化为一次函数,如图 5-19 所示。

图 5-19 中,k_1、k_2、k_3 表示分段线性化后各分段一次函数的斜率,可以看出,经过处理后的煤耗成本函数可以转换为三段一次函数构成的线性函数如下

$$\begin{cases} F_{git} = a_{i1} + k_{i1}P_{it}, P_i^{\min} \leqslant P_{it} < P_i^1 \\ F_{git} = a_{i2} + k_{i2}P_{it}, P_i^1 \leqslant P_{it} < P_i^2 \\ F_{git} = a_{i3} + k_{i3}P_{it}, P_i^2 \leqslant P_{it} \leqslant P_i^{\max} \end{cases} \qquad (5-46)$$

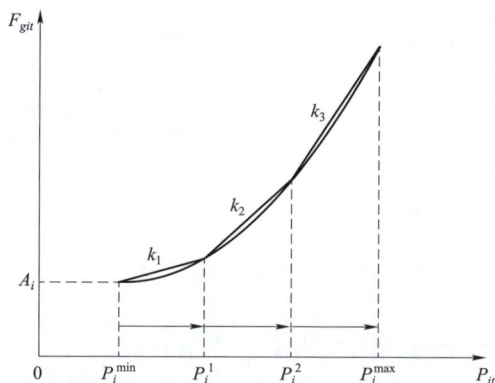

图 5-19 机组煤耗成本分段线性化

（2）约束条件。第一阶段约束：

1）机组上爬坡约束：

$t > 1$ 时，有

$$P_{it} \leqslant P_{it-1} + K_{URi} + M(1-I_{it}) + M(1-I_{it-1}) \qquad (5-47)$$

$t = 1$ 时，有

$$P_{it} \leqslant P_{i0\min} + K_{URi} + M(1-I_{it}) \qquad (5-48)$$

式中　K_{URi}——机组 i 在 1h 内可完成的最大上爬坡量；

　　　M——一个足够大的常数；

　　　$P_{i0\min}$——机组最小开机功率。

2）机组下爬坡约束。

$t > 1$ 时，有

$$P_{it} \geqslant P_{it-1} - K_{DRi} - M(1-I_{it}) - M(1-I_{it-1}) \qquad (5-49)$$

$t = 1$ 时，有

$$P_{it} \geqslant P_{i0\max} - K_{DRi} - M(1 - I_{it}) \qquad (5-50)$$

式中 K_{DRi} ——机组 i 在 1h 内可完成的最大下爬坡量;

　　　 $P_{i0\max}$ ——机组最大停机功率。

　　3)机组开机费用松弛约束

$$C_{SUit} \geqslant C_i^{SU} I_{it}(1 - I_{it-1}) \qquad (5-51)$$

　　4)机组出力上下限约束

$$P_i^{\min} I_{it} \leqslant P_{it} \leqslant P_i^{\max} I_{it} \qquad (5-52)$$

式中 $P_i^{\max}$ 、 $P_i^{\min}$ ——机组 i 的出力上、下限。

　　5)机组出力分段约束

$$P_{it} = \sum_{f=1}^{N_f} P_{itf}, \forall i,t \qquad (5-53)$$

$$0 \leqslant P_{itf} \leqslant P_{if}^{\max}, \forall i,t,f \qquad (5-54)$$

式中 N_f ——火电机组煤耗成本函数分段线性化的分段数;

　　　 P_{itf} ——机组 i 在 t 时段在分段 f 上的功率;

　　 $P_{if}^{\max}$ ——机组 i 在分段 f 上的最大出力。

　　6)机组在一阶段的调频容量约束

$$P_{it}^{ru} \leqslant \min\{K_{URi} I_{it}, P_i^{\max} I_{it} - P_{it}\}, \forall i,t \qquad (5-55)$$

$$P_{it}^{rd} \leqslant \min\{K_{DRi} I_{it}, P_{it} - P_i^{\min} I_{it}\}, \forall i,t \qquad (5-56)$$

　　式(5−55)表示机组 i 在 t 时段的上调频容量需小于其可增大出力量及 1h 最大上爬坡量中的较小值;同理,式(5−56)表示机组 i 在 t 时段的下调频容量需小于其可减小出力量及 1h 最大下爬坡量中的较小值。

7）电动汽车群功率约束

$$-P_j^{\max}U_{jt} \leqslant P_{jt} \leqslant P_j^{\max}U_{jt} \qquad （5-57）$$

式中　P_{jt}——电动汽车群 j 在 t 时段的功率；

　　$P_j^{\max}$——电动汽车群 j 的最大功率；U_{jt} 为 1 时表示电动汽车群 j 在 t 时

段接在充电桩上，否则为 0。

8）电动汽车群调频容量约束

$$P_{jt}^{ru} \leqslant U_{jt}P_j^{\max} + P_{jt} \qquad （5-58）$$

$$P_{jt}^{rd} \leqslant U_{jt}P_j^{\max} - P_{jt} \qquad （5-59）$$

由于电动汽车无爬坡限制，式（5-58）表示电动汽车群 j 在 t 时段的上调频容量仅需小于其可减小功率值；同理，式（5-59）表示电动汽车群 j 在 t 时段的下调频容量仅需小于其可增大功率值。

9）电力系统各时段的有功平衡约束

$$\sum_{i=1}^{N_G} P_{it} = \sum_{d=1}^{N_D} L_{dt} + \sum_{j=1}^{J} P_{jt} \qquad （5-60）$$

式中　d——节点编号，共 N_D 个节点；

　　L_{dt}——d 节点在 t 时段的负荷预测值。

10）线路潮流约束

$$\left| \sum_{d=1}^{N_D} s_{fld}P_{dt}^{inj} \right| \leqslant f_l^{\max} \qquad （5-61）$$

$$P_{dt}^{inj} = P_{it} - P_{Mdt} - L_{dt}, i \in G_d, M \in M_d \qquad （5-62）$$

式中　s_{fld}——线路 l 对节点 d 的灵敏度因子；

　　P_{dt}^{inj}——节点 d 在 t 时段的净功率大小；

　　$f_l^{\max}$——支路 l 容量上限；

G_d ——位于节点 d 的火电机组集合；

M_d ——位于节点 d 的电动汽车群集合；

P_{Mdt} ——位于节点 d 的电动汽车群在 t 时段的总功率。

第二阶段约束：

1）场景机组上爬坡约束：

$\tau > 1$ 时

$$P_{i\tau s} \leq P_{i\tau-1s} + r_i^{up} + M(1-I_{i\tau}) + M(1-I_{i\tau-1}) \qquad (5-63)$$

$\tau = 1$ 时

$$P_{i\tau s} \leq P_{i\tau-1} + r_i^{up} + M(1-I_{i\tau}) \qquad (5-64)$$

式中　$I_{i\tau}$ ——机组 i 在 τ 时段的启停机二进制状态变量；

r_i^{up} ——机组 i 的 5min 最大上爬坡量，因此有

$$r_i^{up} = K_{URi}/12 \qquad (5-65)$$

2）场景机组下爬坡约束。

$\tau > 1$ 时

$$P_{i\tau s} \geq P_{i\tau-1s} - r_i^{dn} - M(1-I_{i\tau}) - M(1-I_{i\tau-1}) \qquad (5-66)$$

$\tau = 1$ 时

$$P_{i\tau s} \geq P_{i\tau-1} - r_i^{dn} - M(1-I_{i\tau}) \qquad (5-67)$$

式中　r_i^{dn} ——机组 i 的 5min 最大下爬坡量，因此有

$$r_i^{dn} = K_{DRi}/12 \qquad (5-68)$$

3）场景调频量约束

$$\sum_{i=1}^{N_G} P_{i\tau s}^{ru} + \sum_{j=1}^{J} P_{j\tau s}^{ru} = P_{\tau s}^{ru} \qquad (5-69)$$

$$\sum_{i=1}^{N_G} P_{i\tau s}^{rd} + \sum_{j=1}^{J} P_{j\tau s}^{rd} = P_{\tau s}^{rd} \qquad (5-70)$$

式中 $P_{j\tau s}^{ru}$、$P_{j\tau s}^{rd}$ ——电动汽车群 j 在场景 s 下在 τ 时段实际提供的上、下调频容量;

$P_{\tau s}^{ru}$、$P_{\tau s}^{rd}$ ——场景 s 下在 τ 时段的调频信号值,即调频需求量。

5.5.2 模型重构与求解

考虑到火电机组开机成本的计算及约束为非线性项,因此考虑引入二进制整数变量 u_{it} 和 v_{it} 将其线性化。$u_{it}=1$ 表示机组 i 在 t 时段处于开机状态,否则,$u_{it}=0$;$v_{it}=1$ 表示机组 i 在 t 时段处于停机状态,否则,$v_{it}=0$。则机组开机成本与 u_{it}、v_{it} 之间的线性关系可表示为

$$\begin{cases} C_{SUit} = C_i^{SU} u_{it} \\ u_{it} - v_{it} = I_{it} - I_{it-1} \\ u_{it} + v_{it} \leqslant 1 \end{cases} \qquad (5-71)$$

一与二阶段的约束之间存在一定的耦合关系,可通过关联约束表示为:

1)机组启停时间约束

$$\begin{cases} I_{it} - I_{it-1} \leqslant I_{i\tau}, \forall \tau \in [t+1, \min\{N_T, t+t_{upi}^{min}-1\}] \\ I_{it-1} - I_{it} \leqslant 1 - I_{i\tau}, \forall \tau \in [t+1, \min\{N_T, t+t_{dwi}^{min}-1\}] \end{cases} \qquad (5-72)$$

式中 t_{upi}^{min}、t_{dwi}^{min} ——机组 i 的最小启、停机时间。

2)火电机组场景值与调度值及场景调频量的关系

$$P_{its} = P_{it} + P_{its}^{ru} - P_{its}^{rd} \qquad (5-73)$$

式（5-73）表示机组 i 在场景 s 下的出力为机组日前出力调度值与场景调频量之和。

3）电动汽车群场景值与调度值及场景调频量的关系

$$P_{j\tau s} = P_{jt} - P_{j\tau s}^{ru} + P_{j\tau s}^{rd} \qquad (5-74)$$

式（5-74）表示电动汽车群 j 在场景 s 下的功率为电动汽车群日前调度功率与场景调频量之和。

4）为了保证电力系统在所有调频信号场景下都有足够的可调容量，机组的调频调度值应满足以下约束

$$0 \leqslant P_{i\tau s}^{ru} \leqslant \min\{P_{it}^{ru}, r_i^{up}\} \qquad (5-75)$$

$$0 \leqslant P_{i\tau s}^{rd} \leqslant \min\{P_{it}^{rd}, r_i^{dn}\} \qquad (5-76)$$

式（5-75）表示机组 i 在场景 s 下在时段所能提供的上调频量，应小于日前 t 时段上调频容量与最大上爬坡量中的较小值；同理，式（5-76）表示机组 i 在场景 s 下在时段所能提供的下调频量，应小于日前 t 时段下调频容量与最大下爬坡量中的较小值。

5）由于电动汽车无爬坡限制，其调频场景值仅需满足以下约束

$$0 \leqslant P_{j\tau s}^{ru} \leqslant P_{jt}^{ru} \qquad (5-77)$$

$$0 \leqslant P_{j\tau s}^{rd} \leqslant P_{jt}^{rd} \qquad (5-78)$$

通过上述处理，可将原两阶段随机优化调度模型转换为一个混合整数线性规划问题（mixed integer linear programming，MILP），采用 Cplex 仿真软件进行求解。

5.5.3　模型有效性验证

本节基于 IEEE 10 机 39 节点系统、Elia 电网的历史负荷数据以及广东电网的历史调频信号数据，对所提两阶段随机优化调度模型的有效性进行分析与验证。电力系统拓扑结构如图 5-20 所示，假设某地区有 2 个电动汽车充电站，分别位于电力系统节点 22 和节点 25，满足该地区所有电动汽车的充电需求。该电力系统中的火电机组参数如表 5-9 所示。

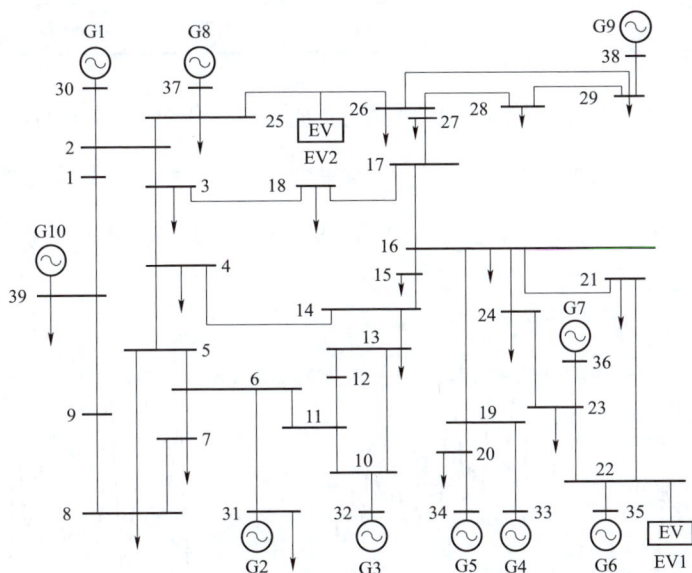

图 5-20　IEEE 10 机 39 节点电力系统拓扑图

表 5-9　　　　　　　　　火 电 机 组 参 数

机组编号	节点	出力上限（MW）	出力下限（MW）	煤耗成本曲线系数		
				常数项 a	一次项 b	二次项 c
1	30	1040	416	31.67	26.2438	0.0697
2	31	646	258	31.67	26.2438	0.0697

机组编号	节点	出力上限（MW）	出力下限（MW）	煤耗成本曲线系数		
				常数项 a	一次项 b	二次项 c
3	32	725	290	31.67	26.2438	0.0697
4	33	652	261	6.78	12.8875	0.0109
5	34	508	203	6.78	12.8875	0.0109
6	35	687	275	31.67	26.2438	0.0697
7	36	580	232	10.15	17.8200	0.0128
8	37	564	226	31.67	26.2438	0.0697
9	38	865	346	31.67	26.2438	0.0697
10	39	1100	440	6.78	12.8875	0.0109

对广东电网某日的历史调频信号数据进行归一化处理后作为输入，采用所提的方法生成 500 组随机场景，并通过场景削减方法将其削减至 20 组随机场景。调频信号实际预测值与 20 组调频场景各时段的最大、最小调频信号曲线如图 5-21 所示。

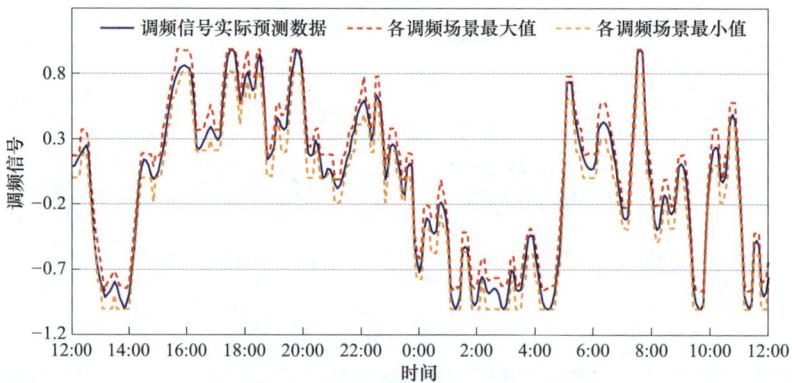

图 5-21　调频信号场景

从图 5-21 中可以看出，调频实际预测值在调频场景各时段最大、最小调频信号内，即削减后的 20 组场景能覆盖调频信号的实际预测值，且能较好地模拟调频信号在邻近时段的相关性。

为使负荷数据符合系统规模，将负荷数据缩小为原来的 0.25 倍。在不影响用户用车需求的前提下，电动汽车次日的充放电行为只受自身出行行为的影响，其充电起始时刻服从 Poisson 分布，电动汽车次日的可控时段可通过标准正态分布随机生成，见表 5－10。

表 5－10　　　　　　　　电动汽车次日可控时段分布参数

上午上班停		下午上班停		晚上回家停	
起始	终止	起始	终止	起始	终止
（8，0.25）	（11，0.25）	（14，0.25）	（17，0.25）	（18，0.25）	（7，0.25）

注：（a，b）中 a、b 分别为均值和方差。

为验证所提电动汽车与火电机组联合调频两阶段随机优化调度模型的优越性与有效性，本节设计了以下 3 个算例，对比分析机组单独调频、电动汽车单独调频、电动汽车与火电机组联合调频的优化调度情况，并基于 Matlab 平台调用 Cplex 优化软件对所提调度模型进行求解：

算例 1：仅由火电机组完成电力系统调频需求。

算例 2：仅由电动汽车完成电力系统调频需求。

算例 3：电动汽车与火电机组联合完成电力系统调频需求。

表 3－3 给出了算例 1、算例 2 及算例 3 中火电机组和电动汽车的各项成本以及优化调度的总成本。对比 3 个算例中的调度总成本可以看出，算例 3 的总成本比算例 1 低 2177\$，比算例 2 低 21211\$，验证了机组与电动汽车联合调频相较于二者单独调频可降低总调度成本，提高调度运行的经济性。3 种算例的两阶段调度结果见表 5－11。

表 5-11　　　　　　　　3 种算例的两阶段调度结果

算例	总成本（$）	火电机组成本（$）					电动汽车成本（$）				参与调频的EV数（辆）
		火电煤耗成本	开机成本	火电上调频容量成本	火电下调频容量成本	火电调频调度成本	EV上调频容量成本	EV下调频容量成本	EV充电成本	EV电池退化成本	
算例 1	949470	903019	3040	19796	21628	1510	NA	NA	477	NA	NA
算例 2	968504	897758	3040	NA	NA	NA	31857	34090	477	1320	13755
算例 3	947293	899337	3040	17094	17335	896	3940	4859	477	315	5000

对比 3 个算例中机组与电动汽车的各项成本，可以看出，3 个算例中机组开机成本和电动汽车充电成本相同。算例 1 与算例 3 中的主要差异在于机组煤耗成本及调频容量成本，虽然电动汽车的调频价格高于机组导致算例 3 的调频成本比算例 1 高 1804$，但是算例 3 中的电动汽车分担了部分本由机组承担的调频量从而降低了机组 3682$ 的机组煤耗成本及 614$ 的调频调度成本，因此算例 3 的总成本低于算例 1。此外，若由电动汽车群单独调频并达到算例 3 中所完成的调频量，即算例 2，由于单辆电动汽车的可调度容量很小，其所需的电动汽车数目为联合调频中所需电动汽车数目的 2.751 倍，调频成本相较于联合调频高 21823$，该种调频方式是不经济的，而且在实际调度运行中难以实现。

算例 3 中基于生成的调频信号场景集得到的火电机组与电动汽车调频容量结果及调频需求如图 5-22 所示。

可以看出，算例 3 中的调频需求量由机组和电动汽车共同提供，且两者的调频容量总和等于电力系统调频需求值。此外，算例 3 中，电动汽车所提供的调频容量远小于机组所提供的调频容量，一天中大部分时段的调频需求容量仅由机组单独提供，少部分时段的调频需求容量由机组和电动汽车共同提供，如13:00、19:00、20:00、02:00、04:00 等时段。

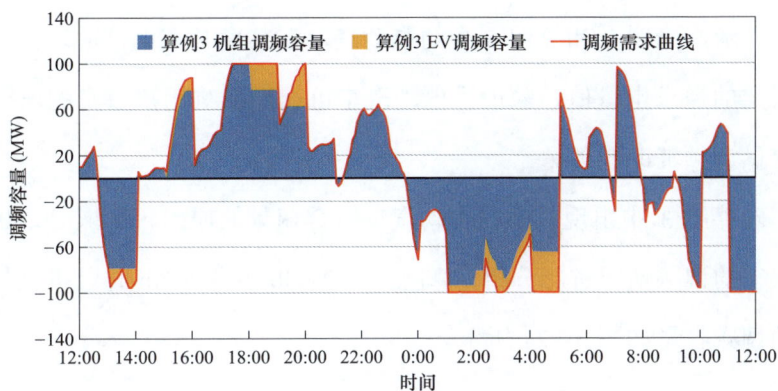

图 5-22　机组与电动汽车的调频容量对比

选取可控时间为 13:00～16:00、18:00～次日 06:00 的电动汽车群，其在算例 1 和算例 3 中的电池电量变化曲线如图 5-23 所示。可以看出，在电动汽车接入充电桩的时段内，算例 1 中的电动汽车电池电量相较于算例 3 中更早地达到用户预设的充电需求电量值。这是由于算例 3 中的电动汽车提供调频辅助服务时，在一些时段内削减了充电功率以满足电力系统调频需求，延缓了其充电达到满足自身出行需求而预设的电池电量值的时间。电动汽车未接入充电桩的时段（即用户出行时段）中电池耗电曲线未在本章的考虑范围内，这些时段的电量值仅表示电动汽车在接入/离开充电桩时刻的电池电量，无实际意义。此外，

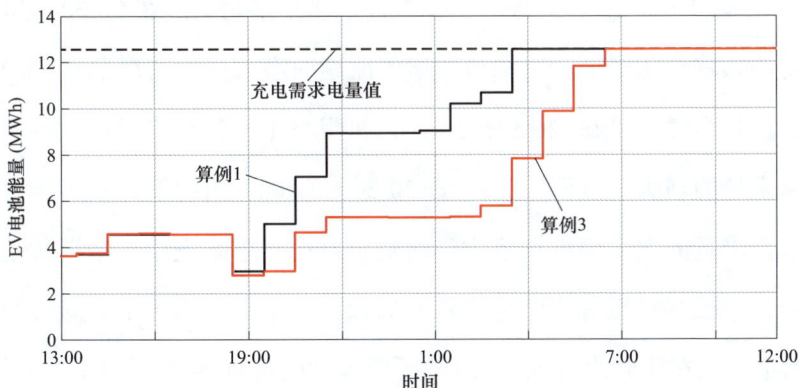

图 5-23　算例 1 和算例 3 的 EV 电池电量曲线

图 5-23 显示，算例 1 和算例 3 中的电动汽车在其离开充电桩前均已充电达到
了用户设定的需求电量值，验证了电动汽车可在不影响用户自身的出行需求的
前提下提供调频辅助服务。

为明确算例 3 中出现机组与电动汽车联合调频的原因，选取 20:00 对机组
与电动汽车的调频情况进行分析。算例 3 中 20:00 内各 5min 时段机组与电动汽
车提供的调频容量如图 5-24 所示。

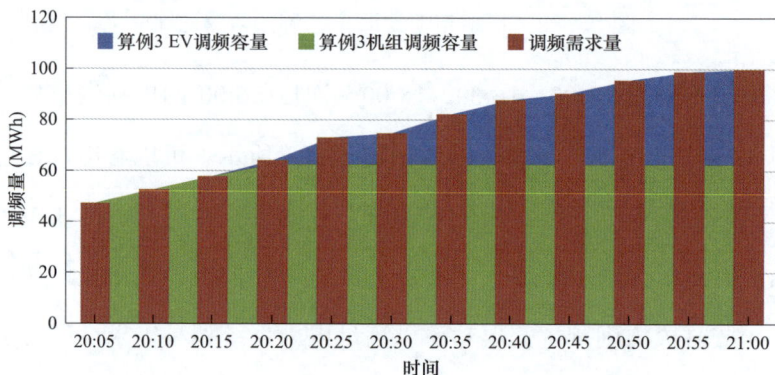

图 5-24　20:00 内机组与电动汽车的调频量对比

从图 5-24 中可以看出，20:00 时电力系统需要进行上调频，即增大机组出
力或减小负荷（在本节中减小负荷指减小电动汽车充电功率）。从图 5-24 可以
看出，20:00 内 12 个 5min 时段的上调频需求量逐渐增大，在 20:00～20:15，机
组提供的调频容量随着调频需求量的增大而逐渐增大；电动汽车在 20:15 开始
参与提供调频容量，且在 20:15～20:20，机组与电动汽车提供的调频容量也随
着调频需求量的增大而逐渐增大；在 20:20～21:00，机组提供的调频容量不再
随着调频需求量的增大而继续增大，而是由电动汽车来完成机组调频不足的部
分。这是由于虽然机组每小时能提供的调频容量很大，但由于其爬坡约束的存
在，限制了机组在小时内各 5min 时段所能提供的调频容量。算例 3 中，机组在
20:20 时的调频容量在达到其 5min 爬坡上限后，无法随着系统调频需求的增加

继续增大出力。

算例设置机组 4、5、7、10 的单位出力煤耗成本函数系数低于其他机组，如上表所示。表 5-12 给出了 20:20 时算例 1 和算例 3 中各台机组的调频容量及出力情况。可以看出，从系统调度总成本最低的角度出发，算例 3 中优先利用机组 4、5、7、10 的出力以满足系统发电需求，因此这 4 台机组首先达到了其出力最大值，无法进一步增大出力提供上调频容量。而其他火电机组在 20:20 时所提供的上调频容量均已达到了其 5min 内的最大爬坡量，因此机组的总调频容量无法继续增大，调频不足的部分仅能由电动汽车完成。而算例 1 中由于只有机组提供调频容量，为了使火电机组在 20:20 及之后的上调频需求量较大时段中，能够具有足够的爬坡量以满足调频需求，将机组 4、5、7、10 的部分出力转移至其他煤耗成本较高的机组上，也相应地增大了火电机组的煤耗成本，验证了结果的正确性。

表 5-12 2 种情况的机组调频及出力情况

机组编号	算例 1		算例 3	
	是否参与调频	是否达到机组出力上限	是否参与调频	是否达到机组出力上限
1	√		√	
2	√		√	
3	√		√	
4	√			√
5	√			
6	√		√	
7	√			√
8	√			
9	√		√	
10	√			√

为分析算例 3 中电动汽车提供调频辅助服务对电动汽车用户自身的影响，选取可控时段为 14:00～16:00 的电动汽车群，分析其在 14:00～16:00 内的调频量、充电功率及电池电量变化，如图 5－25 所示。

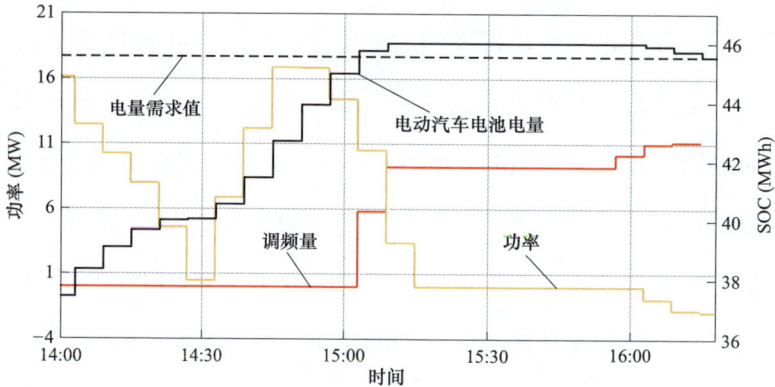

图 5－25　电动汽车群调频量、功率、电池电量曲线

由图 5－25 可知，电力系统在 14:00～16:00 内的调频需求为上调频，该电动汽车群在其可控时段内向电网提供了上调频容量，即削减充电功率或向电网放电。在 14:00～15:00 时段内，电动汽车不提供调频辅助服务，仅进行充电，并在 15:00 达到了其用户预设的出行需求电量值。在 15:05，电动汽车群开始提供上调频服务，其充电功率有所削减并在 15:10 削减至 0。在 15:50～16:00 时段内，随着上调频需求量的进一步增大，电动汽车群开始向电网放电。此外，由于电动汽车群仅能在满足用户预设的出行所需最低电量值的前提下接受调频调度向电网放电，因此，该电动汽车群在离开充电桩时刻，即 16:00，最多可放电至 45.55MWh。电动汽车群在离开充电桩后则不再受电网调度，无法提供调频服务。

综合上述分析可以得出，虽然机组每小时能提供的调频容量很大，但由于爬坡约束的存在，限制了机组在小时内每 5min 提供的实际调频容量，适合提供小容量长时间的连续调频服务；电动汽车虽没有这类约束，但其电池总容量较小，且受用户对电动汽车的使用自主性的影响，适合提供大容量短时间的间断调频服务。此外，引入电动汽车辅助机组提供调频服务并给予相应的电池退化成本补偿及调频收益，不仅可降低机组侧的各项成本，还可激励电动汽车用户自主提供调频辅助服务，有效提高了电力系统调频调度计划的经济性。

为分析电动汽车调频补偿价格对电动汽车用户提供调频辅助服务积极性的影响，以算例 3 为例，在目标函数中增加一项电动汽车延迟充电的用户满意度惩罚成本。设置不同的调频补偿价格，分析电力系统调频优化调度总成本、电动汽车总调频容量收益随补偿价格递增的变化曲线，结果如图 5-26 所示。

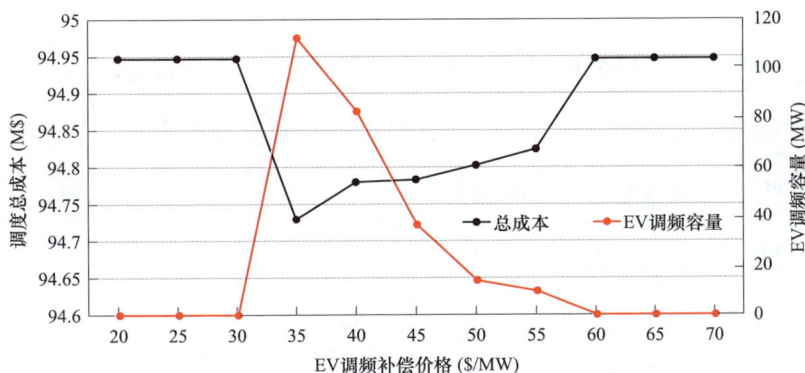

图 5-26 电动汽车调频补偿价格灵敏度分析

从图 5-26 中可以看出，当补偿价格小于等于 30\$/MW 时，由于电动汽车调频收益低于用户的充电满意度惩罚成本，电动汽车不提供调频辅助服务。当补偿价格大于等于 35\$/MW 时，电动汽车用户开始参与响应，且在 35\$/MW 时提供的调频容量最大，此时系统总调频调度成本最低。随着补偿价格的进一步增大，为满足系统调频经济性要求，电动汽车提供的调频容量开始不断减小，系统调频调度总成本不断增大，直至补偿价格增大到 60$/MW 时，由于电动汽车调频成本过高，不再采用电动汽车提供调频辅助服务。因此，在考虑需求侧灵活性资源提供辅助服务时，应根据系统的变量规模、调度总成本随补偿价格的变化规律来确定合适的补偿价格取值。

5.6 面向极端事件/正常工况下碳交易规模测算方法

5.6.1 碳排放建模

（1）火电机组碳排放模型。我国尚处于碳排放权交易市场的初期阶段，根据《碳排放权交易管理办法（试行）》，碳配额以免费分配为主，可适时引入有偿分配。此处采用基准法分配碳配额。

火电机组碳排放配额可表示如下

$$E_{it}^p = \eta_i^p P_{it} \Delta t \qquad (5-79)$$

式中　i——火电机组编号；

E_{it}^p——时段 t 火电机组 i 的碳排放配额；

η_i^p——火电机组 i 的碳配额分配基准值，该值表示火电机组单位电量碳排放配额，tCO_2/MWh；

P_{it}——时段 t 火电机组 i 的有功功率。不同类别的火电机组供电碳配额分配基准值可由表 5-13 所示。

表5-13 不同类别火电机组供电碳配额分配基准值

机组类别	机组类别范围	供电碳配额分配基准值（tCO₂/MWh）
I	300MW 等级以上常规燃煤机组	0.877
II	300MW 等级以下常规燃煤机组	0.979

火电机组的碳排放量与其出力有关，可由下式表示

$$E_{it}^C = \eta_i^C P_{it} \Delta t \qquad (5-80)$$

式中　E_{it}^C——时段 t 火电机组 i 的碳排放量；

　　　η_i^C——火电机组 i 的碳排放强度，tCO₂/MWh。

此处考虑碳税政策和碳交易政策两种政策，设置电力系统碳排放配额约束如式（5-81）。该约束限制了系统交易的碳配额量应在一定范围内，本质上是对碳排放总量进行了限制。

$$\sum_{t=1}^{T_N} \sum_{i=1}^{N_g} E_{it}^C \leqslant \sum_{t=1}^{T_N} \sum_{i=1}^{N_g} E_{it}^p + E^a \qquad (5-81)$$

式中　E^a——碳配额交易量允许值。应当指出，此处采用的机组的碳排放强度均大于其各自的碳配额基准值，因此系统总是需要购入额外的碳配额以满足政策要求。

碳排放成本可表示为

$$C^{carbon} = \tau^C \sum_{t=1}^{T_N} \sum_{i=1}^{N_g} (E_{it}^C - E_{it}^p) \qquad (5-82)$$

式中　τ^C——价格系数。

当采用碳税政策时，不考虑约束，式（5-81），此时碳配额 $E_{it}^p = 0$，τ^C 表示碳税税率；当采用碳交易政策时，考虑约束，式（5-81），此时碳配额 $E_{it}^p \geqslant 0$，τ^C 表示碳配额交易价格。

（2）电解铝碳排放模型。

电解铝行业的碳排放配额可表示如下

$$E_{ea}^p = \sum_{t=1}^{T_N}\sum_{l=1}^{N_{ea}} E_{lt}^p = \sum_{t=1}^{T_N}\sum_{l=1}^{N_{ea}} \frac{1}{k}\times\eta_l^p P_{lt}\Delta t \qquad (5-83)$$

式中　l——电解槽系列编号；

　　E_{ea}^p——电解铝厂总碳排放配额；

　　E_{lt}^p——时段 t 电解槽系列 l 的碳排放配额；

　　k——电解铝行业的吨铝耗电量，MWh/tAl；

　　η_l^p——电解槽系列 l 的碳配额分配基准值，该值表示电解槽系列的单位电量碳排放配额，tCO$_2$/MWh；

　　P_{lt}——时段 t 电解槽系列 l 的功率。电解铝的碳配额分配基准值为 9.1132 tCO$_2$/tAl。

电解铝企业的碳排放来源主要包括燃料燃烧导致的碳排放、原材料消耗导致的碳排放、电解铝生产过程中的碳排放以及净购入电力、热力对应的碳排放四部分。

燃料燃烧导致的碳排放：

电解铝企业中燃料燃烧导致的碳排放主要是指在各种燃烧设备（如熔炉、锅炉等）中，燃料与氧气接触燃烧产生的二氧化碳排放。燃料燃烧的碳排放总量计算公式如下

$$E_{ea}^{burn} = \sum_{f=1}^{F_N}(AD_f \cdot EF_f) \qquad (5-84)$$

式中　f——燃料类型编号；

　　E_{ea}^{burn}——燃料燃烧导致的碳排放总量，tCO$_2$；

　　AD_f——燃料 f 的活动水平，GJ；

EF_f ——燃料 f 的二氧化碳排放因子，tCO_2/GJ。

燃料的活动水平计算公式如下

$$AD_f = NCV_f \cdot FC_f \tag{5-85}$$

式中 NCV_f ——燃料 f 的平均低位发热量；

FC_f ——燃料 f 的净消耗量。

燃料的二氧化碳排放因子计算公式如下

$$EF_f = \frac{44}{12}CC_f \cdot OF_f \tag{5-86}$$

式中 CC_f ——燃料 f 的单位热值含碳量；

OF_f ——燃料 f 的碳氧化率。

原材料消耗导致的碳排放：

在电解铝的工业生产中，原材料消耗导致的碳排放主要是由于碳阳极作为还原剂在化学反应中被不断消耗而排放二氧化碳，其计算公式如下

$$E_{ea}^m = \sum_{t=1}^{T_N}\sum_{l=1}^{N_{ea}} E_{lt}^m = \sum_{t=1}^{T_N}\sum_{l=1}^{N_{ea}} \frac{1}{k} \times EF_c P_{lt}\Delta t \tag{5-87}$$

式中 E_{ea}^m ——电解铝厂原材料消耗导致的碳排放总量；

E_{lt}^m ——时段 t 电解槽系列 l 的原材料消耗导致的碳排放量；

EF_c ——碳阳极消耗的二氧化碳排放因子，tCO_2/tAl。

碳阳极消耗的二氧化碳排放因子的计算公式如下

$$EF_c = NC_c \times (1 - S_c - A_c) \times \frac{44}{12} \tag{5-88}$$

式中 NC_c ——1t 铝碳阳极净耗；

S_c ——碳阳极平均含硫量；

A_c ——碳阳极平均灰分含量。

根据中国有色金属工业协会的推荐值，NC_c 可取为 0.42 tC/tAl，S_c 可取为 2%，A_c 可取为 0.4%。

电解铝生产过程中的碳排放：

在电解铝生产过程中，可能会因为电解质水平较低、加工时间迟滞等因素而发生阳极效应，此时不仅槽电压急剧升高，而且会导致 CF_4 和 C_2F_6 两种全氟化碳排放。阳极效应导致的温室气体排放量可由下式计算得到

$$E_{ea}^{PFC} = (6500 \times EF_{CF_4} + 9200 \times EF_{C_2F_6}) \times \sum_{t=1}^{T_N} \sum_{l=1}^{N_{ea}} P_{lt} \times \frac{1}{1000k} \qquad （5-89）$$

式中　E_{ea}^{PFC}——阳极效应导致的碳排放量；

6500、9200——CF_4 和 C_2F_6 的温室效应折算指数；

EF_{CF_4}——CF_4 排放因子；

$EF_{C_2F_6}$——为 C_2F_6 排放因子。

根据中国有色金属工业协会的推荐值，EF_{CF_4} 可取为 0.034 kg CF_4/tAl，$EF_{C_2F_6}$ 可取为 0.0034 kg C_2F_6/tAl。

除了电解槽发生阳极效应导致的温室气体排放，若电解铝厂内设有石灰石煅烧窑，则还需考虑煅烧石灰石分解产生的碳排放，其碳排放量可由下式计算得到

$$E_{lime} = L \cdot EF_{lime} \qquad （5-90）$$

式中　E_{lime}——煅烧石灰石导致的碳排放量；

　　　L——石灰石消耗量；

　EF_{lime}——煅烧石灰石的碳排放因子。此处假设电解铝厂界内无石灰石煅烧窑，因此不考虑煅烧石灰石所导致的二氧化碳排放。

净购入电力、热力对应的碳排放：

为满足电解铝的正常生产和厂内设备的正常运行，电解铝企业会额外购入

电力或热力。若电解铝厂界内建有自备电厂，一般净购入电力为零或较少；若无自备电厂，则厂内用电均来自电网供电。

净购入电力对应的碳排放量可由下式计算得到

$$E_{ea}^{e} = EF_{e} \cdot W_{ne} \qquad (5-91)$$

式中　E_{ea}^{e}——净购入电力对应的碳排放量；

W_{ne}——净购电量；

EF_{e}——电力消费的排放因子，取 0.6858 tCO_2/MWh。

净购入热力对应的碳排放量可由下式计算得到

$$E_{ea}^{h} = EF_{h} \cdot W_{nh} \qquad (5-92)$$

式中　EF_{h}——热力消费的排放因子。

此处不考虑电解铝厂的热力消费情况，且假设电解铝厂界内无自备电厂，厂内用电均来自电网供电，则式（5-91）可表示为

$$E_{e}^{ea} = \sum_{t=1}^{T_N} \sum_{l=1}^{N_{ea}} E_{lt}^{ea} = EF_{e} \sum_{t=1}^{T_N} \sum_{l=1}^{N_{ea}} P_{lt} \Delta t \qquad (5-93)$$

综上所述，电解铝厂的总碳排放量可表示为

$$E_{ea}^{emission} = \sum_{t=1}^{T_N} \sum_{l=1}^{N_{ea}} E_{lt}^{emission} = E_{ea}^{burn} + E_{ea}^{m} + E_{ea}^{PFC} + E_{ea}^{e} \qquad (5-94)$$

式中　$E_{ea}^{emission}$——一天内电解铝厂的总碳排放量；

$E_{lt}^{emission}$——时段 t 电解槽系列 l 的碳排放量。

5.6.2　调节资源建模

计及铝电解槽的热传导特性后，便可以使槽内电解质温度始终维持在合理

269

范围内，从而保障了电解铝负荷参与需求响应时的安全性。电解铝负荷参与需求响应不仅可以在日前提供能量响应，而且可以提供备用容量，以应对实时的风电和负荷的波动。本文仅考虑电解铝负荷提供下备用，即降低负荷功率，具体模型表示如下。

第一阶段约束：

1）功率约束。铝电解槽功率的变化范围需在其下限和上限之间，以维持生产的安全稳定。

$$\begin{cases} P_l^{\min} \leqslant P_{lt} \leqslant P_l^{\max} \\ P_{lt} = U_l I_{lt} \end{cases}, \forall l,t \qquad (5-95)$$

式中　$P_l^{\max}$ 和 $P_l^{\min}$ ——电解槽功率的最大值和最小值；

　　　　U_l ——电解槽系列电压；

　　　　I_{lt} ——电解槽系列 1 在时段 t 通入的电流强度。

式（5-95）也可表达为电流形式，如下

$$I^{\min} \leqslant I_{lt} \leqslant I^{\max}, \forall l,t \qquad (5-96)$$

式中　$I^{\max}$ 和 $I^{\min}$ ——允许通入电解槽的电流的最大值和最小值。

2）备用容量约束。电解铝负荷提供备用会降低其负荷功率，因此可提供的备用容量至多为当前功率与最低负荷功率之差，可以表示为

$$\begin{cases} 0 \leqslant V_{lt} \leqslant P_{lt} - P_l^{\min} \\ V_{lt} = U_l \Delta I_{lt}^V \end{cases}, \forall l,t \qquad (5-97)$$

式中　V_{lt} ——电解槽系列 1 在时段 t 提供的备用容量；

　　　　ΔI_{lt}^V ——电解槽系列 1 在时段 t 为提供备用需降低的电流。

式（5-97）表达为电流形式如下

$$0 \leqslant \Delta I_{lt}^{V} \leqslant I_{lt} - I^{\min}, \forall l, t \qquad (5-98)$$

3）温度约束。维持槽内电解质的温度处于合理范围之内对于电解铝的正常生产至关重要，温度约束可用式（5-99）～式（5-102）表示

$$T_{el1} = T_e^{\max}, \forall l, t = 1 \qquad (5-99)$$

$$T_{el2} = aT_{el1} - bT_e^{\max} + c(I_{l1} - \Delta I_{l1}^V) - dI^{\max} + K, \forall l, t = 2 \qquad (5-100)$$

$$T_{elt} = aT_{el(t-1)} - bT_{el(t-2)} + c(I_{l(t-1)} - \Delta I_{l(t-1)}^V)$$
$$- d(I_{l(t-2)} - \Delta I_{l(t-2)}^V) + K, \forall l, t \in [3, T_N] \qquad (5-101)$$

$$T_e^{\min} \leqslant T_{elt} \leqslant T_e^{\max}, \forall l, t \qquad (5-102)$$

式中 T_{elt} ——电解槽系列 1 在时段 t 的电解质温度。

式（5-100）～式（5-102）表明即使调度中心调用电解铝负荷提供备用，电解槽内电解质的温度也会维持在正常范围内。

4）日产量约束。为了降低电解铝负荷参与需求响应对正常生产计划的影响，需要对电解铝厂的日产量进行限制。假定电解铝厂具有一定存储能力，每日铝产量具有一定弹性，并且运行总能耗与铝产量成正比，则日产量约束可表示为

$$E_d^{\min} \leqslant \sum_{t=1}^{T_N} \sum_{l=1}^{N_{ea}} (P_{lt} - V_{lt}) \leqslant E_d^{\max} \qquad (5-103)$$

式中 $E_d^{\min}$ 和 $E_d^{\max}$ ——电解铝厂日能耗的最小值和最大值，分别与铝产量的最
小值和最大值成正比。

式（5-103）表达为电流形式如下所示

$$E_d^{\min} \leqslant \sum_{t=1}^{T_N} \sum_{l=1}^{N_{ea}} U_l(I_{lt} - \Delta I_{lt}^V) \leqslant E_d^{\max} \qquad (5-104)$$

271

第二阶段约束：

1）场景温度约束

$$T_{el1s} = T_e^{\max}, \forall s, l, t = 1 \tag{5-105}$$

$$T_{el2s} = aT_{el1s} - bT_e^{\max} + c(I_{l1} - \Delta I_{l1s}^V) - dI^{\max} + K, \forall s, l, t = 2 \tag{5-106}$$

$$T_{elts} = aT_{el(t-1)s} - bT_{el(t-2)s} + c(I_{l(t-1)} - \Delta I_{l(t-1)s}^V)$$
$$- d(I_{l(t-2)} - \Delta I_{l(t-2)s}^V) + K, \forall s, l, t \in [3, T_N] \tag{5-107}$$

$$T_e^{\min} \leqslant T_{elts} \leqslant T_e^{\max}, \forall s, l, t \tag{5-108}$$

式中 T_{elts} ——场景 s 下电解槽系列 l 在时段 t 的电解质温度；

ΔI_{l1s}^V ——场景 s 下电解槽系列 l 在时段 t 为提供部署备用实际降低的电流。

2）场景日产量约束

$$E_d^{\min} \leqslant \sum_{t=1}^{T_N} \sum_{l=1}^{N_{ea}} U_l(I_{lt} - \Delta I_{lts}^V) \leqslant E_d^{\max}, \forall s \tag{5-109}$$

部署备用关联约束：

各场景中电解铝负荷的实际部署备用应不大于该时段其提供的备用容量。

$$0 \leqslant V_{lts} \leqslant V_{lt}, \forall s, l, t \tag{5-110}$$

式中 V_{lts} ——场景 s 下电解槽系列 l 在时段 t 的实际部署备用。

式（5-110）表达为电流形式如下所示

$$0 \leqslant \Delta I_{lts}^V \leqslant \Delta I_{lt}^V, \forall s, l, t \tag{5-111}$$

电解铝企业净收益等于总收益减总成本，包括以下 4 个部分：

第一，产品收益。电解铝企业生产电解铝所得利润 A_{lt} 可表示如下

$$A_{lt} = B_l U_l I_{lt} \tag{5-112}$$

式中 B_l——电解槽系列 1 的铝产品生产利润价格系数，其中已考虑了原料成本、电费成本等因素，该价格系数可通过吨铝利润折算得到。

第二，参与需求响应的收益。电力系统运营商根据电解铝负荷的响应情况向其提供经济补偿，包括能量补偿、备用容量补偿、备用部署补偿 3 部分：

$$d_{lt} = \lambda_t U_l (I^{\max} - I_{lt}) \tag{5-113}$$

$$D_{lt}^c = C_t^c U_l \Delta I_{lt}^V \tag{5-114}$$

$$D_{lts}^e = C_t^e U_l \Delta I_{lts}^V \tag{5-115}$$

式中 d_{lt}——电解铝企业获得的能量补偿；

D_{lt}^c——备用容量补偿；

D_{lts}^e——场景 s 下实际的备用部署补偿；

λ_t——能量补偿价格；

C_t^c——备用容量补偿价格；

C_t^e——备用部署补偿价格。

第三，运行维护成本。考虑电解铝企业提供需求响应需要进行一定的运行维护，本文假定运行维护成本是提供的响应能量的二次函数，可表示如下

$$M_{lt} = \frac{1}{2} N [U_l (I^{\max} - I_{lt})]^2 \tag{5-116}$$

式中 N——该成本的二次项系数。

第四，碳排放成本。电解铝企业的碳排放成本可表示为

$$S_{lt}^C = \tau^C (E_{lt}^{emission} - E_{lt}^p) = \tau^C \varphi U_l I_{lt} \tag{5-117}$$

式中 φ——常数，tCO_2/MWh。

综上，电解铝企业获得的净收益可表示为

$$
\begin{aligned}
Benefit &= \sum_{t=1}^{T_N}\sum_{l=1}^{N_{ea}}(A_{lt}+d_{lt}+D_{lt}^c-M_{lt}-S_{lt}^C)+\sum_{s=1}^{N_s}\sum_{t=1}^{T_N}\sum_{l=1}^{N_{ea}}p_s(-A_{lts}+D_{lts}^e-M_{lts}) \\
&= \sum_{t=1}^{T_N}\sum_{l=1}^{N_{ea}}\left(B_l U_l I_{lt}+\lambda_t U_l(I^{\max}-I_{lt})+C_t^c U_l \Delta I_{lt}^V\right) \\
&\quad -\sum_{t=1}^{T_N}\sum_{l=1}^{N_{ea}}\left(\frac{1}{2}N(U_l(I^{\max}-I_{lt}))^2+\tau^C\varphi U_l I_{lt}\right) \\
&\quad +\sum_{s=1}^{N_s}\sum_{t=1}^{T_N}\sum_{l=1}^{N_{ea}}p_s\left(-B_l U_l \Delta I_{lts}^V+C_t^e U_l \Delta I_{lts}^V-\frac{1}{2}N(U_l \Delta I_{lts}^V)^2\right)
\end{aligned}
\tag{5-118}
$$

式中　p_s——场景 s 发生的概率。

5.6.3　碳交易市场交易规模测算模型

（1）目标函数。本章考虑需求响应价格机制尚未健全时，采用固定价格补贴模式补偿电解铝负荷参与需求响应。两阶段能量和备用联合优化问题的优化目标为系统总运行成本最小，即第一和第二阶段的成本之和最小。第一阶段的成本包括火电机组的煤耗成本、开机成本、上/下备用容量成本、碳排放成本以及激励电解铝企业参与需求响应的能量响应成本和备用容量成本。第二阶段的成本包括火电机组的上/下备用部署成本、弃风成本、非自愿切负荷成本以及支付给电解铝企业的备用部署补偿成本。目标函数如式（5-119）所示

$$
\begin{aligned}
\min &\sum_{t=1}^{T_N}\sum_{i=1}^{N_g}(F_{it}^c+C_{it}^U+C_{it}^{ur}P_{it}^{ur}+C_{it}^{dr}P_{it}^{dr})+C^{carbon}+\sum_{t=1}^{T_N}\sum_{l=1}^{N_{ea}}(d_{lt}+D_{lt}^c) \\
&+\sum_{s=1}^{N_s}p_s\left(
\begin{array}{l}
\displaystyle\sum_{t=1}^{T_N}\sum_{i=1}^{N_g}(C_{it}^{ue}P_{its}^{ur}-C_{it}^{de}P_{its}^{dr})+\sum_{t=1}^{T_N}\sum_{l=1}^{N_{ea}}D_{lts}^e \\
\displaystyle+\sum_{t=1}^{T_N}\sum_{d=1}^{N_D}C^{load}L_{dts}^{cur}+\sum_{t=1}^{T_N}\sum_{j=1}^{N_w}C^{wind}W_{jts}^{cur}
\end{array}
\right)
\end{aligned}
\tag{5-119}
$$

式中　　j——风电场编号；

　　　　D——负荷节点编号；

　　　T_N——时段总数；

　　　N_s——场景总数；

　　　N_g——火电机组总数；

　　　N_w——风电场总数；

　　　N_D——负荷节点总数；

　　N_{ea}——电解槽系列总数；

　　　F_{it}^{c}——时段 t 火电机组 i 的煤耗成本；

　　　C_{it}^{U}——时段 t 火电机组 i 的开机成本；

C_{it}^{ur} 和 C_{it}^{dr}——火电机组 i 提供上/下备用的容量价格；

P_{it}^{ur} 和 P_{it}^{dr}——时段 t 火电机组 i 提供的上/下备用容量；

C_{it}^{ue} 和 C_{it}^{de}——火电机组 i 提供上/下备用的能量价格；

P_{its}^{ur} 和 P_{its}^{dr}——场景 s 下时段 t 火电机组 i 提供的上/下部署备用；

　　C^{load}——非自愿切负荷价格；

　　L_{dts}^{cur}——场景 s 下时段 t 节点 d 的非自愿切负荷量；

　　C^{wind}——弃风价格；

　　W_{jts}^{cur}——场景 s 下时段 t 风电场 j 的弃风量。

其中，火电机组的煤耗成本主要指火电机组的燃料费用，通常可用二次函数表示。为方便求解，本文对煤耗成本曲线进行分段线性化处理，将其转化为线性项。

（2）约束条件。第一阶段约束。

1）功率平衡约束。功率平衡对于电力系统安全稳定运行至关重要，系统功

率平衡约束指火电机组的出力与风电机组的出力之和须等于系统的总负荷，可表示为

$$\sum_{i=1}^{N_g} P_{it} + \sum_{j=1}^{N_w} W_{jt} = \sum_{d=1}^{N_D} L_{dt} + \sum_{l=1}^{N_{ea}} P_{lt}, \forall t \qquad (5-120)$$

式中　　W_{jt}——时段 t 风电场 j 的预测功率；

　　　　L_{dt}——时段 t 节点 d 的预测负荷功率。

2）火电机组出力约束。每台火电机组的出力都有其最大值和最小值。最大值一般为额定功率，最小值一般指保证锅炉不会熄灭的最小功率，机组出力需介于二者之间，可表示为

$$P_i^{\min} U_{it} \leqslant P_{it} \leqslant P_i^{\max} U_{it}, \forall i,t \qquad (5-121)$$

式中　　$P_i^{\min}$ 和 $P_i^{\max}$——火电机组 i 有功出力的最小值和最大值；

　　　　U_{it}——火电机组 i 的运行状态,0 表示机组处于关机状态,1 表示机组处于运行状态。

3）火电机组爬坡约束。由于受到自身条件的限制，火电机组在一定时间内的出力变化量是有限的，不可剧烈变动。

$$\begin{cases} P_{it} - P_{i(t-1)} \leqslant r_i^{up}, \forall i,t \\ P_{i(t-1)} - P_{it} \leqslant r_i^{dn}, \forall i,t \end{cases} \qquad (5-122)$$

式中　　r_i^{up} 和 r_i^{dn}——火电机组 i 的上/下爬坡速率。

4）火电机组最小开机/停机时间约束。为了使经济性更优以及减少对火电机组的损坏，火电机组开机后必须持续运行一定时间后才允许停机，该时间即为最小开机时间；同样的，火电机组停机后必须持续关停一定时间后才允许开机，该时间即为最小停机时间。

$$\begin{cases} U_{it} - U_{i(t-1)} \leqslant U_{i\tau}, \forall \tau \in [t+1, \min\{T_N, t+T_i^{on}-1\}] \\ U_{i(t-1)} - U_{it} \leqslant 1 - U_{i\tau}, \forall \tau \in [t+1, \min\{T_N, t+T_i^{off}-1\}] \end{cases} \quad (5-123)$$

式中　T_i^{on} 和 T_i^{off} ——火电机组 i 的最小开机/停机时间。

5）火电机组备用容量约束。为了保证电力系统安全稳定的运行，必须留有一定的备用容量，以避免负荷或风电功率波动时造成功率失衡，影响供电。

$$\begin{cases} P_{it}^{ur} \leqslant \min\{r_i^{up}U_{it}, P_i^{max}U_{it} - P_{it}\}, \forall i,t \\ P_{it}^{dr} \leqslant \min\{r_i^{dn}U_{it}, P_{it} - P_i^{min}U_{it}\}, \forall i,t \end{cases} \quad (5-124)$$

6）支路潮流约束。支路潮流约束即支路容量上下限约束，该约束表明系统中的各条线路均受其允许通过的最大功率的限制，可表示为

$$|S \cdot P + S \cdot W - S \cdot L - S \cdot P_L| \leqslant f_L^{max} \quad (5-125)$$

式中　S——灵敏度矩阵；

　　P——火电机组功率矩阵；

　　W——风电场功率矩阵；

　　L——负荷功率矩阵；

　　P_L——铝电解槽功率矩阵；

　　f_L^{max}——线路潮流最大值矩阵。

7）碳排放约束。如式（5-81）所示。

8）电解铝负荷约束。如式（5-95）～式（5-104）所示。

第二阶段约束：

1）场景能量平衡约束

$$\sum_{i=1}^{N_g}(P_{its}^{ur} - P_{its}^{dr}) + \sum_{j=1}^{N_w}(W_{jts} - W_{jt} - W_{jts}^{cur}) + \sum_{l=1}^{N_{ea}}V_{lts} = \sum_{d=1}^{N_D}(L_{dts} - L_{dt} - L_{dts}^{cur}), \forall s,t$$
$$(5-126)$$

式中　W_{jts} ——场景 s 下时段 t 风电场 j 的实际功率值；

　　　L_{dts} ——场景 s 下时段 t 节点 d 的实际负荷功率值。

2）场景机组爬坡约束

$$\begin{cases} P_{its} - P_{i(t-1)s} \leqslant r_i^{up}, \forall s,i,t \\ P_{i(t-1)s} - P_{its} \leqslant r_i^{dn}, \forall s,i,t \end{cases} \quad (5-127)$$

3）场景支路潮流约束

$$\left| S \cdot P_s + S \cdot (W_s - W_s^{cur}) - S \cdot (L_s - L_s^{cur}) - S \cdot P_{Ls} \right| \leqslant f_L^{max}, \forall s \quad (5-128)$$

式中　P_s ——场景 s 下火电机组功率矩阵；

　　　W_s ——场景 s 下风电场功率矩阵；

　　　W_s^{cur} ——场景 s 下风电场弃风功率矩阵；

　　　L_s ——场景 s 下负荷功率矩阵；

　　　L_s^{cur} ——场景 s 下非自愿切负荷功率矩阵；

　　　P_{Ls} ——场景 s 下铝电解槽功率矩阵。

4）弃风量约束

$$0 \leqslant W_{jts}^{cur} \leqslant W_{jts}, \forall s,j,t \quad (5-129)$$

5）非自愿切负荷量约束

$$0 \leqslant L_{dts}^{cur} \leqslant L_{dts}, \forall s,d,t \quad (5-130)$$

6）电解铝负荷约束，如式（5-105）～式（5-109）所示。

一、二阶段关联约束：

1）机组上/下部署备用约束

$$\begin{cases} 0 \leqslant P_{its}^{ur} \leqslant P_{it}^{ur}, \forall s,i,t \\ 0 \leqslant P_{its}^{dr} \leqslant P_{it}^{dr}, \forall s,i,t \end{cases} \qquad (5-131)$$

2）电解铝负荷部署备用约束，如式（5-111）所示。

（3）碳配额交易量允许值。碳配额交易量允许值 E^a 不仅直接决定了系统的减排目标，而且也会影响优化问题是否有可行解。因此，需要首先确定碳配额交易量允许值的上下限，并据此确定合理的碳配额交易量允许值。

1）最大碳配额交易量允许值 $E^{a,\max}$。最大碳配额交易量允许值定义为：当设置的碳配额交易额度 $E^a > E^{a,\max}$ 时，优化结果不随 E^a 的增大而改变，即碳排放配额约束［式（5-81）］为无效约束；而当 $E^a < E^{a,\max}$ 时，系统总运行成本将随 E^a 的增大而减小，即碳排放配额约束［式（5-81）］为紧约束。此时的 $E^{a,\max}$ 称为最大碳配额交易量允许值。

2）最小碳配额交易量允许值。最小碳配额交易量允许值定义为：当设置的碳配额交易额度 $E^a < E^{a,\min}$ 时，原优化问题因为碳排放量限制过于严格而不存在可行解；而当 $E^a > E^{a,\min}$ 时，系统总运行成本将随 E^a 的增大而减小。

3）碳配额交易量允许值 E^a。确定碳配额交易量允许值的上下限后，E^a 可以表示为

$$E^a = \sigma E^{a,\min} + (1-\sigma)E^{a,\max} \qquad (5-132)$$

式中　σ ——碳排放限制等级，其值介于 0～1 之间，值越大表示碳配额交易量允许值越小，碳排放限制越严格。

5.6.4　模型有效性验证

本节采用 IEEE 标准系统进行算例分析。该系统包括 10 台火电机组，参数

如表 5-14 所示；于节点 20 处集中接入风电场，总容量为 600MW。基于历史数据得到 20 个风电与负荷典型场景，如图 5-27 和图 5-28 所示。假设某电解铝企业有 2 个电解铝厂，分别位于节点 2 和节点 10，每个厂各含有一个电解槽系列，参数如表 5-15 所示。

表 5-14　　　　　　　　　火 电 机 组 参 数

机组编号	母线编号	最大技术出力（MW）	最小技术出力（MW）	碳排放强度（tCO$_2$/MWh）
1	30	1040	416	0.913
2	31	646	258	1.133
3	32	725	290	1.089
4	33	652	261	1.130
5	34	508	203	1.210
6	35	687	275	1.110
7	36	580	232	1.170
8	37	564	226	1.179
9	38	865	346	1.011
10	39	1100	440	0.880

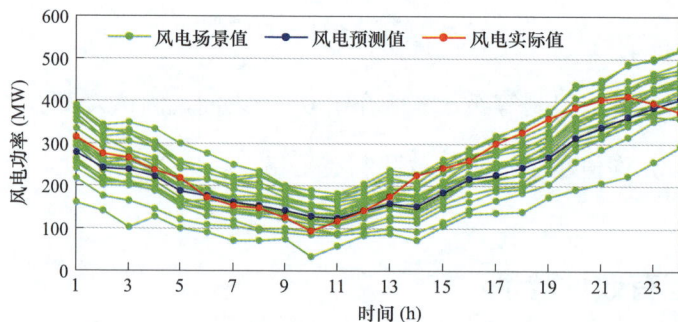

图 5-27　风电场景曲线

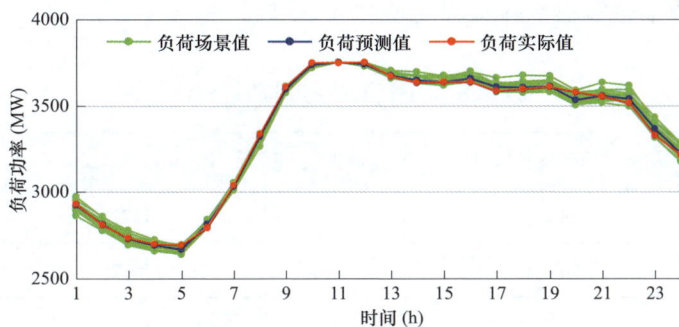

图 5-28　负荷场景曲线

表 5-15　　　　　　　　　　　电 解 铝 厂 参 数

电解铝厂编号	正常电流强度（kA）	单槽电压（V）	电解槽系列串联槽数（个）	吨铝利润（元）
1	400	4	300	600
2	400	4	200	500

（1）碳税政策下典型场景分析。为了分析碳税政策的影响，本节新增了 2 个算例，如表 5-16 所示。

表 5-16　　　　　　　　　　　算 例 设 计

项目	算例 1	算例 5	算例 6
考虑碳税政策	×	√	√
电解铝提供需求响应	×	×	√

碳税政策具有高度的价格确定性，然而减排效果并不明晰。因此，本节首先分析了当碳税时各算例的碳排放量，如表 5-17 所示。可以看出，算例 5 考虑碳税政策后，系统调度火电机组不仅需要考虑其煤耗价格，还需要考虑其碳排放强度，火电机组的碳排放量有一定程度降低，相比于算例 1 未考虑碳税政策时碳排放量降低了 1.9%。算例 6 考虑了电解铝负荷参与需求响应后，由于电解铝负荷提供能量响应使火电机组出力降低，因此可以进一步降低碳排放量；

281

相应的，电解铝企业的碳排放量也降低了 2.4%。

表5-17　　　　　　　碳税政策下各算例碳排放量对比

算例	火电机组碳排放量/tCO$_2$	减排量	电解铝碳排放量/tCO$_2$	减排量
算例 1	100281	—	15721	—
算例 5	98415	1.9%	15721	0
算例 6	97888	2.4%	15337	2.4%

虽然电解铝企业的碳排放量得到降低，但是其产量也受到一定影响。算例的系统运行成本和电解铝企业的具体收益（成本）如表 5-18 所示，其中第一阶段成本不包含火电机组碳排放成本。对于电力系统而言，电解铝参与能量响应一方面降低了火电机组的煤耗成本和碳排放成本，另一方面增加了对电解铝负荷的能量补偿，综合影响使得总成本有所减少。对于电解铝企业而言，参与能量响应虽然影响了铝产品产量，但是可以降低碳排放成本以及获得额外的需求响应收益，在铝产品利润不高的情况下可以使净收益增加。

表5-18　　　　算例 5&6 系统运行成本及电解铝企业收益

算例	系统运行成本（万元）				电解铝企业收益（成本）（万元）			
	第一阶段成本	第二阶段成本	碳排放成本	总成本	产品收益	需求响应收益	碳排放成本	净收益
算例 5	1194.1	0.5	492.1	1686.6	81.4	0	78.6	2.8
算例 6	1191.5	0.5	489.4	1681.4	79.4	3.7	76.6	5.8

碳税税率不仅会直接影响碳排放成本，而且也会影响减排效果：税率过低会无法完成既定减排目标，税率过高则会给系统运行和企业运营造成巨大的负担。图 5-29 展示了考虑电解铝负荷参与需求响应后，碳税税率从 0～200 元/tCO$_2$

变化时对电力系统成本及碳排放量的影响。从图中可以看出，随着碳税逐渐升高，火电机组的碳排放量逐渐降低，减排效果越来越显著。但是相应的，碳税的升高使得碳排放成本持续增长，总成本也呈上升趋势。在碳税为 100 元/tCO_2 时，火电机组碳排放量曲线有一个较大的转折，变化率突然增大，原因是此时的碳税价格与火电机组的煤耗价格相当，当碳税大于 100 元/tCO_2 时，系统倾向于调度碳排放强度较低的机组而不是煤耗价格较低的机组。从图 5-30 中可以看出，碳税为 150 元/tCO_2 时的机组开机方式与碳税为 50 元/tCO_2 时不同，碳排放强度较高的机组 7 和机组 8 分别在时段 1～6 和时段 1～7 停机，而碳排放强度最高的机组 5 全天均为停机状态。

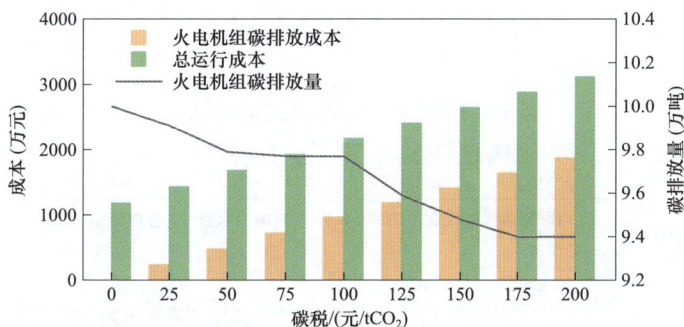

图 5-29　碳税税率对电力系统成本及碳排放量的影响

图 5-31 展示了碳税税率变化对电解铝企业收益的影响。当碳税较低时，电解铝企业尚能盈利，且能实现碳减排。但是随着碳税税率的逐渐升高，碳排放成本增长迅速，电解铝企业从盈利逐步过渡到严重亏损。在这种情况下，电解铝企业降低产量参与需求响应不仅可以降低碳排放成本，而且可以获得需求响应补偿，不失为一种增加收益或降低亏损的有效措施。

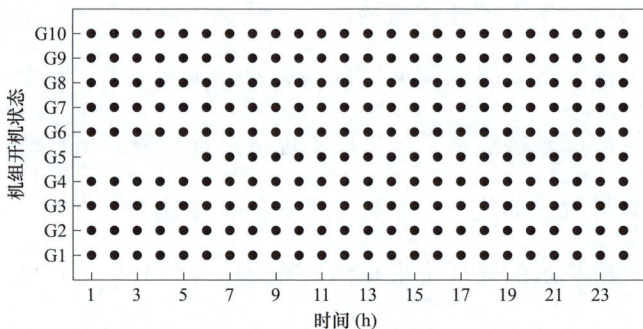

（a）火电机组开机方式（碳税为50元/tCO$_2$）

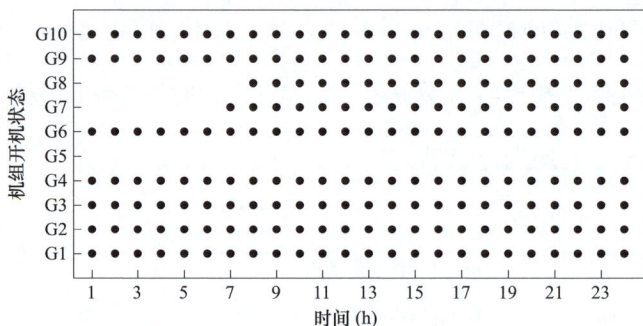

（b）火电机组开机方式（碳税为150元/tCO$_2$）

图 5-30　火电机组开机方式

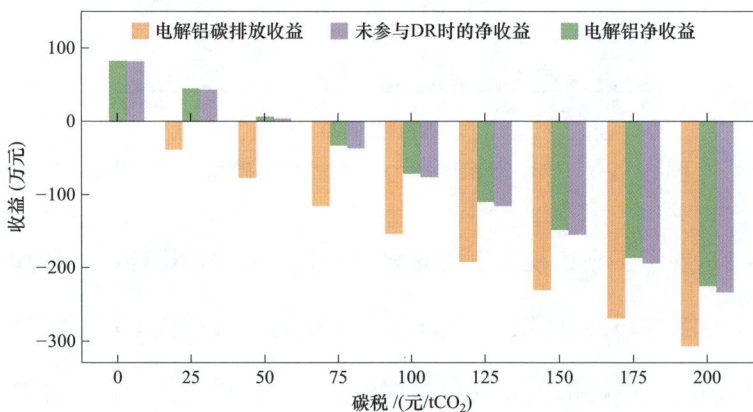

图 5-31　碳税税率对电解铝企业收益的影响

综上，碳税政策的特点在于其对最终目标——降低碳排放量的影响是间接的，存在一定不确定性。因此，合理的税率显得至关重要：在实施碳税政策初

284

期，应尽量降低初行碳政策对企业的冲击，可以从低税率起步，并且采取措施优化产业结构，推动以电解铝企业为代表的高耗能、高排放企业绿色化升级；之后，在中后期逐步过渡到高税率，确保实现减排目标。

（2）碳交易政策下典型场景分析。为了分析碳交易政策的影响，本节新增了 2 个算例，如表 5-19 所示。

表 5-19　　　　　　　　算　例　设　计

项目	算例 7	算例 8
考虑碳交易政策	√	√
电解铝提供需求响应	×	√

与碳税政策相反，碳交易政策以排放量为基础，设定了明确的碳排放量上限，然而碳交易价格随市场波动，具有不确定性。我国碳排放权交易市场于 2021 年 7 月正式开市交易，首日碳排放配额交易价格为 48 元/tCO_2，12 月 31 日的碳市场收盘价为 54.22 元/tCO_2，可见目前我国碳配额交易价格基本在 50 元/tCO_2 周围浮动。因此，本节首先分析了当碳配额交易价格，碳排放限制等级 $\sigma = 0.3$ 时各算例的系统运行成本和电解铝企业的具体收益（成本），如表 5-20 所示，其中第一阶段成本不包含碳交易成本。

表 5-20　　　　算例 7&8 系统运行成本及电解铝企业收益

算例	系统运行成本（万元）				电解铝企业收益（成本）（万元）			
	第一阶段成本	第二阶段成本	碳交易成本	总成本	产品收益	需求响应收益	碳交易成本	净收益
算例 7	1214.1	0.5	67.7	1282.3	84.4	0	12.3	69.1
算例 8	1210.0	0.5	67.7	1278.1	79.4	3.7	12.0	70.5

可以看出，无论是基于碳税政策或是碳交易政策，考虑电解铝负荷参与需求响应均可以降低火电机组煤耗成本，最终使得总成本减少。其中，算例7和算例8的碳交易成本一致，这是因为二者的碳排放配额约束均为紧约束，即二者均受到碳配额交易允许值的限制。由此可见，碳交易政策直接影响碳排放量，减排效果十分明晰。对于电解铝企业，虽然算例6和算例8的碳价格均为50元/tCO_2，但是碳交易政策下监管机构会给予企业一定数量的免费碳配额，因此其碳成本大大降低，净收益也相比碳税政策下显著增加。

图5-32为算例8的火电机组开机方式。对比图5-30（a）碳税政策下的机组开机方式，二者碳价格相同，但是机组开机方式有所改变。在时段1～6，算例6选择机组5停机，而算例8选择机组7和8停机，原因是虽然机组7和8的碳排放强度低于机组5，但是机组5的碳配额分配基准值较高，综合以上2个因素，当机组出力相同时，机组5需要额外购买的碳配额更少，支出的碳交易成本更低，因此算例8在时段1～6选择开启机组5而关停机组7和8。

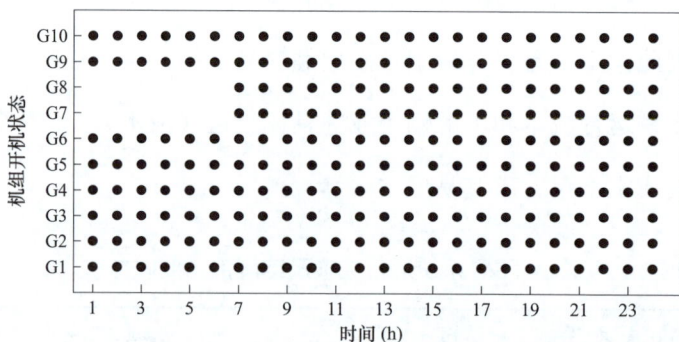

图5-32 算例8火电机组开机方式

（3）极端交易场景分析。碳排放限制等级与系统的碳排放目标紧密相关，限制等级越高意味着允许的碳配额交易量越少，也就是允许的碳排放量越少。图5-33展示了不同碳排放限制等级对电力系统成本的影响。值得注意的是，当碳排放限制等级为 1 时，若不考虑电解铝负荷参与需求响应，优化问题将不存在可行解，仅依靠调节机组运行无法满足严格的碳排放限制等级。随着碳排放限制等级的升高，火电机组需要牺牲部分经济性以满足碳排放要求，因此系统的煤耗成本和总运行成本均随之升高。而考虑电解铝负荷参与需求响应后，火电机组调节空间增加，运行更加灵活，相比未考虑需求响应时煤耗成本和总成本均有所降低。

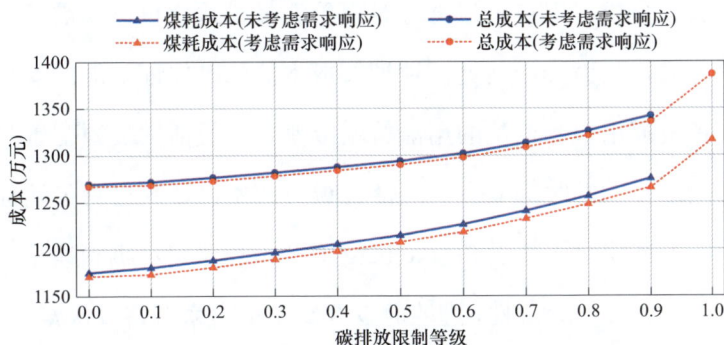

图 5-33　碳排放限制等级对电力系统成本的影响

综上，碳交易政策的特点在于可以明确地控制碳排放量，但是严格的碳排放限制等级也会造成系统成本的快速增长。引入需求响应后，可以一定程度降低成本的增长幅度。对比碳税政策，目前我国的"碳交易＋免费分配"政策可以有效降低碳政策对企业的冲击，有助于促进企业完成从高排放到低排放的绿色转型。

5.7　考虑分时电价和"双保"的调节资源市场化交易机制

面向新型电力系统全过程的灵活性调节方式主要包括负荷侧可调负荷的需

求响应与传统机组的灵活性出力等。在新型电力系统中，各环节的灵活性调节需求往往不是割裂的，而是具有相互制约与互相协同作用。进行各阶段相互独立的灵活性资源优化配置势必会造成资源的不充分利用以及整体调节效用降低等现象。一般来说，电网侧灵活性资源配置对整个电力系统的安全运行有绝对的影响力。当可再生能源配置一定时，电网侧灵活性出力将直接影响用户侧用能策略以及灵活性响应策略，从而影响整个系统的安全运行以及各方的成本与收益情况。具体分析，用户可根据分时电价选择最适合自己的需求响应策略与灵活性调整方案，从而降低其灵活性调节成本的同时保证电能的安全可靠。继而，电网侧可根据用户侧调整的用能策略改变自身灵活性资源配置与运行，在保证电网安全运行的同时降低自身灵活性调节成本，提高自身灵活性资源配置效益。因此，本节构建了基于 Stackelberg 博弈市场化交易机制模型，助力于提高需求响应的科学性与经济性，为政府以及新型电力系统建设决策者提供经济、低碳且各环节联动相关的需求响应定价决策模型支持。

5.7.1　市场化交易机制模型

在博弈模型中，发电侧与输配侧作为统一整体（统称电网侧）充当领导者的角色，向用户输出以其灵活性调节成本最低的发电策略，用户根据分时电价以及电网优化后的发电策略进行需求侧响应，从而尽可能地降低自身灵活性调节成本。因此，用户侧是博弈过程中的跟随者，以自身灵活性调节成本最小为目标，通过制定需求响应应用策略对电网的电价与电量做出积极响应，并将响应结果传输至电网，进一步优化电网的发电策略。本节建立了计及价格引导机制和需求响应的双层优化模型。其中，上层优化问题考虑的是电力系统的利益，以系统总运行成本最小为决策目标；下层优化问题考虑的是可调负荷主体的利益，以净收益最大为决策目标。上下层优化问题通过动态的能量补偿价格衔接。

双层优化问题研究的是两个层次的系统之间如何进行协调规划管理。上下层优化问题有各自独立的优化目标及约束条件，其中，上层约束条件中包含上下两层问题的决策变量，会间接地影响下层决策；同样的，下层决策值也会影响上层问题的最优解。上下层优化问题相对独立，但又会互相影响。双层优化的意义在于可以同时考虑两个不同主体的利益，实现二者的协调，并且优化具有一定次序，从全局出发保障了问题求解的客观性。基于 Stackelberg 博弈市场化交易机制示意图如图 5-34 所示。

图 5-34　基于 Stackelberg 博弈市场化交易机制示意图

双层优化问题的一般模型可表示为

$$
\begin{aligned}
&\min_{x} \quad F(x,y) \\
&s.t.\ G_k(x,y) \leqslant 0, \quad k \in K \\
&\min_{y} \quad f(x,y) \\
&s.t.\ g_i(x,y) \leqslant 0, \quad i \in I
\end{aligned}
\tag{5-133}
$$

式中　　$x \in R^{n_1}$ 与 $y \in R^{n_2}$ ——上层、下层决策变量；

$\quad\quad\quad$ $F(x,y)$ 与 $f(x,y)$ ——上层、下层目标函数；

$G_k(x,y) \leqslant 0$ 与 $g_i(x,y) \leqslant 0$ ——上层、下层约束条件。

下面，以柔性电解铝负荷为案例，将基于 Stackelberg 博弈市场化交易机制模型的一般方法进行应用。

5.7.2　上层优化模型

上层优化问题考虑的是电力系统的利益，以系统总运行成本最小为优化目标。总运行成本分为两部分：第一阶段成本和第二阶段成本。第一阶段的成本包括火电机组的煤耗成本、开机成本、上/下备用容量成本、碳排放成本以及激励电解铝企业参与需求响应的能量响应成本和备用容量成本；第二阶段的成本包括火电机组的上/下备用部署成本、弃风成本、非自愿切负荷成本以及支付给电解铝企业的备用部署补偿成本。上层优化问题目标函数如下

$$\min \sum_{t=1}^{T_N}\sum_{i=1}^{N_g}(F_{it}^c + C_{it}^U + C_{it}^{ur}P_{it}^{ur} + C_{it}^{dr}P_{it}^{dr}) + C^{carbon}$$

$$+ \sum_{t=1}^{T_N}\sum_{l=1}^{N_{ea}}(\lambda_{lt}U_l(I^{max}-I_{lt}) + C_t^c U_l \Delta I_{lt}^V) \tag{5-134}$$

$$+ \sum_{s=1}^{N_s} p_s \left(\begin{array}{c} \sum_{t=1}^{T_N}\sum_{i=1}^{N_g}(C_{it}^{ue}P_{its}^{ur} - C_{it}^{de}P_{its}^{dr}) + \sum_{t=1}^{T_N}\sum_{l=1}^{N_{ea}}C_t^e U_l \Delta I_{lts}^V \\ + \sum_{t=1}^{T_N}\sum_{d=1}^{N_D}C^{load}L_{dts}^{cur} + \sum_{t=1}^{T_N}\sum_{j=1}^{N_w}C^{wind}W_{jts}^{cur} \end{array} \right)$$

式中　λ_{lt} ——电力系统运营商在时段 t 对电解槽系列 l 的能量补偿价格。

式（5-134）与式（5-119）的不同之处在于式（5-134）中的 λ_{lt} 不再为常数，而是作为上下层问题之间的传递变量，由上层问题决策并传递至下层问题。

上层优化问题的决策变量包括：火电机组开/停机状态、火电机组出力、能量补偿价格、上/下备用容量、上/下部署备用、场景弃风量和场景非自愿切负荷量。约束条件包括：

1）第一阶段约束——功率平衡约束，式（5–120）、火电机组出力约束，式（5–121）、火电机组爬坡约束，式（5–122）、火电机组最小开机/停机时间约束，式（5–123）、火电机组备用容量约束，式（5–124）、支路潮流约束，式（5–125）、碳排放约束，式（5–81）；

2）第二阶段约束——场景能量平衡约束，式（5–126）、场景机组爬坡约束，式（5–127）、场景支路潮流约束，式（5–128）、弃风量约束，式（5–129）、非自愿切负荷量约束，式（5–130）；

3）关联约束——机组上/下部署备用约束，式（5–131）。

5.7.3　下层优化模型

下层优化问题考虑的是电解铝企业的利益，以净收益最大为优化目标。电解铝企业的净收益包括产品收益、参与需求响应的收益、运行维护成本和碳排放成本4个部分。下层优化问题目标函数如下

$$
\begin{aligned}
\max \ Benefit = \max \ & \sum_{t=1}^{T_N}\sum_{l=1}^{N_{ea}}\left(B_l U_l I_{lt} + \lambda_{lt} U_l (I^{max} - I_{lt}) + C_t^c U_l \Delta I_{lt}^V\right) \\
& - \sum_{t=1}^{T_N}\sum_{l=1}^{N_{ea}}\left(\frac{1}{2}N(U_l(I^{max}-I_{lt}))^2 + \tau^C \varphi U_l I_{lt}\right) \\
& + \sum_{s=1}^{N_s}\sum_{t=1}^{T_N}\sum_{l=1}^{N_{ea}} p_s\left(-B_l U_l \Delta I_{lts}^V + C_t^e U_l \Delta I_{lts}^V - \frac{1}{2}N(U_l \Delta I_{lts}^V)^2\right)
\end{aligned}
\tag{5–135}
$$

下层优化问题的决策变量包括通入电解槽的电流强度、槽内电解质温度、上/下备用容量和上/下部署备用。

下层优化问题的约束条件包括：

第一阶段约束：

1）功率约束

$$I^{\min} \leqslant I_{lt} \leqslant I^{\max}, \forall l,t: \mu_{lt}^{I\min}, \mu_{lt}^{I\max} \qquad (5-136)$$

式中　$\mu_{lt}^{I\min}, \mu_{lt}^{I\max}$ ——功率下限/上限约束对应的拉格朗日乘子。

2）备用容量约束

$$0 \leqslant \Delta I_{lt}^{V} \leqslant I_{lt} - I^{\min}, \forall l,t: \mu_{lt}^{l}, \mu_{lt}^{u} \qquad (5-137)$$

式中　$\mu_{lt}^{l}, \mu_{lt}^{u}$ ——备用容量下限/上限约束对应的拉格朗日乘子。

3）温度约束

$$T_{el1} = T_{e}^{\max}, \forall l,t=1: \gamma_{l1} \qquad (5-138)$$

$$aT_{el1} - bT_{e}^{\max} + c(I_{l1} - \Delta I_{l1}^{V}) - dI^{\max} + K \geqslant T_{e}^{\min}, \forall l,t=1: \mu_{l1}^{th} \qquad (5-139)$$

$$\begin{aligned} &aT_{elt} - bT_{el(t-1)} + c(I_{lt} - \Delta I_{lt}^{V}) \\ &- d(I_{l(t-1)} - \Delta I_{l(t-1)}^{V}) + K \geqslant T_{e}^{\min}, \forall l,t \in [2,T_N-1]: \mu_{lt}^{th} \end{aligned} \qquad (5-140)$$

式中　γ_{l1}、μ_{l1}^{th}、μ_{lt}^{th} ——温度约束对应的拉格朗日乘子。

式（5-138）设置了温度初值，式（5-139）约束了 $t=2$ 时刻的槽内电解质温度 T_{el2} 不能低于温度下限，式（5-140）约束了 $t \in [3,T_N]$ 时刻的槽内电解质温度 $T_{el3} \sim T_{elT_N}$ 不能低于温度下限。

因为本文仅考虑电解铝降低负荷功率的情况，所以槽内电解质温度不会大于其最大允许值。当约束式（5-136）和式（5-137）满足时，温度上限约束 $T_{elt} \leqslant T_{e}^{\max}$ 自然满足，因此只需考虑温度下限约束即可。

4）日产量约束

$$\sum_{t=1}^{T_N}\sum_{l=1}^{N_{ea}}U_l(I_{lt}-\Delta I_{lt}^V)\geqslant E_d^{\min}:\mu^d \qquad (5-141)$$

式中 μ^d——日产量约束对应的拉格朗日乘子。

因为此处仅考虑电解铝降低负荷功率的情况，所以当电解铝的负荷功率为正常运行值（即最大值）时，日产量为最大值。当约束，式（5-136）和式（5-137）满足时，日产量上限约束自然满足，因此只需考虑日产量下限约束即可。

部署备用关联约束

$$0\leqslant \Delta I_{lts}^V\leqslant \Delta I_{lt}^V,\forall s,l,t:\mu_{lts}^{lo},\mu_{lts}^{up} \qquad (5-142)$$

式中 $\mu_{lts}^{lo},\mu_{lts}^{up}$——部署备用下限/上限约束对应的拉格朗日乘子。

第二阶段约束：

1）场景温度约束

$$T_{el1s}=T_e^{\max},\forall s,l,t=1 \qquad (5-143)$$

$$aT_{el1s}-bT_e^{\max}+c(I_{l1}-\Delta I_{l1s}^V)-dI^{\max}+K\geqslant T_e^{\min},\forall s,l,t=1 \qquad (5-144)$$

$$aT_{elts}-bT_{el(t-1)s}+c(I_{lt}-\Delta I_{lts}^V)$$
$$-d(I_{l(t-1)}-\Delta I_{l(t-1)s}^V)+K\geqslant T_e^{\min},\forall s,l,t\in[2,T_N-1] \qquad (5-145)$$

电解铝负荷的场景部署备用应小于等于其提供的备用容量，则场景电解槽功率将大于等于考虑备用容量后的电解槽功率，场景电解质温度将大于等于考虑备用容量后的电解质温度，即约束，式（5-138）～式（5-140）和约束，式（5-142）满足时，场景温度约束自然满足。

2）场景日产量约束

$$\sum_{t=1}^{T_N}\sum_{l=1}^{N_{ea}}U_l(I_{lt}-\Delta I_{lts}^V)\geqslant E_d^{\min},\forall s \qquad (5-146)$$

电解铝负荷的场景部署备用应小于等于备用容量，那么场景日产量将大于等于考虑备用容量后的日产量，即约束，式（5-141）和式（5-142）满足时，场景日产量约束自然满足。

5.7.4 模型求解算法

下层优化问题是一个连续的凸优化问题，此处通过 KKT 条件法求解所提的计及价格引导机制和需求响应的双层优化模型。首先，利用拉格朗日乘子法将下层优化问题转化为其 KKT 条件；其次，由于 KKT 条件中存在非线性结构，因此通过大 M 法对 KKT 条件线性化。最终，将原双层优化模型转化为单层的混合整数二次规划（mixed integer quadratic programming，MIQP）模型进行求解。

下层优化问题 KKT 条件：

此处采用拉格朗日乘子法将下层优化问题转化为其 KKT 条件。首先构造拉格朗日函数如下

$$L = -Benefit$$

$$+ \sum_{t=1}^{T_N} \sum_{l=1}^{N_{ea}} [\mu_{lt}^{\mathrm{Imin}}(I^{\min} - I_{lt}) + \mu_{lt}^{\mathrm{Imax}}(I_{lt} - I^{\max})]$$

$$+ \sum_{t=1}^{T_N} \sum_{l=1}^{N_{ea}} [\mu_{lt}^{l}(-\Delta I_{lt}^{V}) + \mu_{lt}^{u}(\Delta I_{lt}^{V} - I_{lt} + I^{\min})]$$

$$+ \mu^{d} \left[E_{d}^{\min} - \sum_{t=1}^{T_N} \sum_{l=1}^{N_{ea}} U_{l}(I_{lt} - \Delta I_{lt}^{V}) \right]$$

$$+ \sum_{l=1}^{N_{ea}} [\gamma_{l1}(T_{el1} - T_{e}^{\max})]$$

$$+ \sum_{l=1}^{N_{ea}} \left[\mu_{l1}^{th} (T_e^{\min} - (aT_{el1} - bT_e^{\max} + c(I_{l1} - \Delta I_{l1}^V) - dI^{\max} + K)) \right]$$

$$+ \sum_{t=2}^{T_N-1} \sum_{l=1}^{N_{ea}} \left[\mu_{lt}^{th} (T_e^{\min} - (aT_{elt} - bT_{elt-1} + c(I_{lt} - \Delta I_{lt}^V) - d(I_{lt-1} - \Delta I_{lt-1}^V) + K)) \right] \quad （5-147）$$

$$+ \sum_{s=1}^{N_s} \sum_{t=1}^{T_N} \sum_{l=1}^{N_{ea}} \left[\mu_{lts}^{lo} (-\Delta I_{lts}^V) + \mu_{lts}^{up} (\Delta I_{lts}^V - \Delta I_{lt}^V) \right]$$

1）拉格朗日函数对变量 I_{lt} 求偏导

$$\frac{\partial L}{\partial I_{lt}} = -B_l U_l + \lambda_{lt} U_l - N U_l^2 (I^{\max} - I_{lt}) + \tau^C \varphi U_l$$

$$- \mu_{lt}^{I\min} + \mu_{lt}^{I\max} - \mu_{lt}^u - \mu^d U_l - c\mu_{lt}^{th} + d\mu_{l(t+1)}^{th} = 0, \forall l, t \in [1, T_N - 2] \quad （5-148）$$

$$\frac{\partial L}{\partial I_{lt}} = -B_l U_l + \lambda_{lt} U_l - N U_l^2 (I^{\max} - I_{lt}) + \tau^C \varphi U_l$$

$$- \mu_{lt}^{I\min} + \mu_{lt}^{I\max} - \mu_{lt}^u - \mu^d U_l - c\mu_{lt}^{th} = 0, \forall l, t = T_N - 1 \quad （5-149）$$

$$\frac{\partial L}{\partial I_{lt}} = -B_l U_l + \lambda_{lt} U_l - N U_l^2 (I^{\max} - I_{lt}) + \tau^C \varphi U_l$$

$$- \mu_{lt}^{I\min} + \mu_{lt}^{I\max} - \mu_{lt}^u - \mu^d U_l = 0, \forall l, t = T_N \quad （5-150）$$

2）拉格朗日函数对变量 ΔI_{lt}^V 求偏导

$$\frac{\partial L}{\partial \Delta I_{lt}^V} = -C_t^c U_l - \mu_{lt}^l + \mu_{lt}^u + \mu^d U_l$$

$$+ c\mu_{lt}^{th} - d\mu_{l(t+1)}^{th} - \sum_{s=1}^{N_s} \mu_{lts}^{up} = 0, \forall l, t \in [1, T_N - 2] \quad （5-151）$$

$$\frac{\partial L}{\partial \Delta I_{lt}^V} = -C_t^c U_l - \mu_{lt}^l + \mu_{lt}^u + \mu^d U_l + c\mu_{lt}^{th} - \sum_{s=1}^{N_s} \mu_{lts}^{up} = 0, \forall l, t = T_N - 1 \quad （5-152）$$

$$\frac{\partial L}{\partial \Delta I_{lt}^V} = -C_t^c U_l - \mu_{lt}^l + \mu_{lt}^u + \mu^d U_l - \sum_{s=1}^{N_s} \mu_{lts}^{up} = 0, \forall l, t = T_N \quad （5-153）$$

3）拉格朗日函数对变量 ΔI_{lts}^V 求偏导

$$\frac{\partial L}{\partial \Delta I_{lts}^V} = p_s[U_l(B_l - C_t^e) + NU_l^2 \Delta I_{lts}^V] - \mu_{lts}^{lo} + \mu_{lts}^{up} = 0, \forall s,l,t \quad （5-154）$$

4）拉格朗日函数对变量 T_{elt} 求偏导

$$\frac{\partial L}{\partial T_{elt}} = \gamma_{l1} - a\mu_{lt}^{th} + b\mu_{l(t+1)}^{th} = 0, \forall l, t = 1 \quad （5-155）$$

$$\frac{\partial L}{\partial T_{elt}} = -a\mu_{lt}^{th} + b\mu_{l(t+1)}^{th} = 0, \forall l, t \in [2, T_N - 2] \quad （5-156）$$

$$\frac{\partial L}{\partial T_{elt}} = -a\mu_{lt}^{th} = 0, \forall l, t = T_N - 1 \quad （5-157）$$

5）互补松弛条件

$$0 \leqslant (I^{\min} - I_{lt}) \perp \mu_{lt}^{I\min} \geqslant 0 \quad （5-158）$$

$$0 \leqslant (I_{lt} - I^{\max}) \perp \mu_{lt}^{I\max} \geqslant 0 \quad （5-159）$$

$$0 \leqslant (-\Delta I_{lt}^V) \perp \mu_{lt}^l \geqslant 0 \quad （5-160）$$

$$0 \leqslant (\Delta I_{lt}^V - I_{lt} + I^{\min}) \perp \mu_{lt}^u \geqslant 0 \quad （5-161）$$

$$0 \leqslant \left(E_d^{\min} - \sum_{t=1}^{T_N}\sum_{l=1}^{N_{ea}} U_l(I_{lt} - \Delta I_{lt}^V)\right) \perp \mu^d \geqslant 0 \quad （5-162）$$

$$0 \leqslant (T_e^{\min} - (aT_{el1} - bT_e^{\max} + c(I_{l1} - \Delta I_{l1}^V) - dI^{\max} + K)) \perp \mu_{l1}^{th} \geqslant 0 \quad （5-163）$$

$$0 \leqslant (T_e^{\min} - (aT_{elt} - bT_{elt-1} + c(I_{lt} - \Delta I_{lt}^V) - d(I_{lt-1} - \Delta I_{lt-1}^V) + K)) \perp \mu_{lt}^{th} \geqslant 0 \quad （5-164）$$

$$0 \leqslant (-\Delta I_{lts}^V) \perp \mu_{lts}^{lo} \geqslant 0 \quad （5-165）$$

$$0 \leqslant (\Delta I_{lts}^V - \Delta I_{lt}^V) \perp \mu_{lts}^{up} \geqslant 0 \quad （5-166）$$

式中　$x \perp y$ ——x 与 y 的乘积为 0。

式（5-158）和式（5-159）为功率下限、上限约束的 KKT 条件。式（5-160）和式（5-161）为备用容量下限、上限约束的 KKT 条件。式（5-162）为日产量约束的 KKT 条件。式（5-163）和式（5-164）为温度约束的 KKT 条件。式（5-165）和式（5-166）为部署备用下限、上限约束的 KKT 条件。

KKT 条件线性化：

式（5－158）～式（5－166）的形式为拉格朗日乘子与约束之积为 0，其中包含非线性项——拉格朗日乘子与决策变量的乘积。这种非线性结构可通过引入辅助的 0/1 整数变量，利用大 M 法将其转化为混整线性约束。

以式（5－158）为例，其转换后的混整线性约束如式（5－167）和式（5－168）所示

$$0 \leqslant I_{lt} - I^{\min} \leqslant y_{lt}^{I\min} M \tag{5－167}$$

$$0 \leqslant \mu_{lt}^{I\min} \leqslant (1 - y_{lt}^{I\min}) M \tag{5－168}$$

式中　$y_{lt}^{I\min}$——引入的辅助 0/1 整数变量；

M——足够大的常数。当 $y_{lt}^{I\min} = 0$ 时，表示通入电解槽的电流 I_{lt} 等于其电流最小值 $I^{\min}$，此时拉格朗日乘子 $\mu_{lt}^{I\min} \geqslant 0$；当 $y_{lt}^{I\min} = 1$ 时，表示通入电解槽的电流 I_{lt} 大于等于其电流最小值 $I^{\min}$，此时拉格朗日乘子 $\mu_{lt}^{I\min} = 0$。

由此可知，$\mu_{lt}^{I\min}$ 与 $I_{lt} - I^{\min}$ 中至少有一项等于零，两者乘积始终为零，因此式（5－167）和式（5－168）等价于式（5－158）。

同理，式（5－159）～式（5－166）也可以转换为类似的混整线性约束，表示如下

$$0 \leqslant I^{\max} - I_{lt} \leqslant y_{lt}^{I\max} M \tag{5－169}$$

$$0 \leqslant \mu_{lt}^{I\max} \leqslant (1 - y_{lt}^{I\max}) M \tag{5－170}$$

$$0 \leqslant \Delta I_{lt}^{V} \leqslant y_{lt}^{l} M \tag{5－171}$$

$$0 \leqslant \mu_{lt}^{l} \leqslant (1 - y_{lt}^{l}) M \tag{5－172}$$

$$0 \leqslant I_{lt} - I^{\min} - \Delta I_{lt}^{V} \leqslant y_{lt}^{u} M \tag{5－173}$$

$$0 \leqslant \mu_{lt}^{u} \leqslant (1 - y_{lt}^{u}) M \tag{5－174}$$

$$0 \leqslant \sum_{t=1}^{T_N} \sum_{l=1}^{N_{ea}} U_l(I_{lt} - \Delta I_{lt}^V) - E_d^{\min} \leqslant y^d M \qquad (5-175)$$

$$0 \leqslant \mu^d \leqslant (1-y^d)M \qquad (5-176)$$

$$0 \leqslant (aT_{el1} - bT_e^{\max} + c(I_{l1} - \Delta I_{l1}^V) - dI^{\max} + K) - T_e^{\min} \leqslant y_{l1}^{th}M \qquad (5-177)$$

$$0 \leqslant \mu_{l1}^{th} \leqslant (1-y_{l1}^{th})M \qquad (5-178)$$

$$0 \geqslant (aT_{elt} - bT_{elt-1} + c(I_{lt} - \Delta I_{lt}^V) - d(I_{lt-1} - \Delta I_{lt-1}^V) + K) - T_e^{\min} \leqslant y_{lt}^{th}M \qquad (5-179)$$

$$0 \leqslant \mu_{lt}^{th} \leqslant (1-y_{lt}^{th})M \qquad (5-180)$$

$$0 \leqslant \Delta I_{lts}^V \leqslant y_{lts}^{lo}M \qquad (5-181)$$

$$0 \leqslant \mu_{lts}^{lo} \leqslant (1-y_{lts}^{lo})M \qquad (5-182)$$

$$0 \leqslant \Delta I_{lt}^V - \Delta I_{lts}^V \leqslant y_{lts}^{up}M \qquad (5-183)$$

$$0 \leqslant \mu_{lts}^{up} \leqslant (1-y_{lts}^{up})M \qquad (5-184)$$

式中　$y_{lt}^{I\max}$——辅助 0/1 整数变量，表征通入电解槽的电流是否达到上限；

y_{lt}^l——辅助 0/1 整数变量，表征电解铝提供的备用容量是否达到下限；

y_{lt}^u——辅助 0/1 整数变量，表征电解铝提供的备用容量是否达到上限；

y^d——辅助 0/1 整数变量，表征电解铝厂的日产量是否达到下限；

y_{l1}^{th} 和 y_{lt}^{th}——辅助 0/1 整数变量，表征槽内电解质温度是否达到下限；

y_{lts}^{lo}——辅助 0/1 整数变量，表征电解铝提供的部署备用是否达到下限；

y_{lts}^{up}——辅助 0/1 整数变量，表征电解铝提供的部署备用是否达到上限。

上层目标函数凸化。上层问题的目标函数中包含 $\lambda_{lt}U_lI_{lt}$，该项涉及两个不同的决策变量相乘，会造成目标函数直接求解困难。因此，本节中通过 KKT 条件对该项进行转化，从而使上层目标函数凸化。

首先利用 KKT 条件中的式（5-148）～式（5-150）、式（5-156）、式（5-157）表示 $\lambda_{lt}U_lI_{lt}$

$$\lambda_{lt} U_l I_{lt} = B_l U_l I_{lt} + N U_l^2 I^{\max} I_{lt} - N U_l^2 I_{lt}^2 - \tau^C \varphi U_l I_{lt} + \mu_{lt}^{I\min} I_{lt}$$
$$- \mu_{lt}^{I\max} I_{lt} + \mu_{lt}^u I_{lt} + \mu^d U_l I_{lt} + c \mu_{lt}^{th} I_{lt}, \forall l, t = 1 \tag{5-185}$$

$$\lambda_{lt} U_l I_{lt} = B_l U_l I_{lt} + N U_l^2 I^{\max} I_{lt} - N U_l^2 I_{lt}^2 - \tau^C \varphi U_l I_{lt} + \mu_{lt}^{I\min} I_{lt}$$
$$- \mu_{lt}^{I\max} I_{lt} + \mu_{lt}^u I_{lt} + \mu^d U_l I_{lt}, \forall l, t \in [2, T_N] \tag{5-186}$$

其中，$\mu_{lt}^{I\min} I_{lt}$、$\mu_{lt}^{I\max} I_{lt}$、$\mu_{lt}^{th} I_{lt}$ 可分别代入 KKT 条件中的式（5-158）、式（5-159）、式（5-161），所得如下

$$\mu_{lt}^{I\min} I_{lt} = \mu_{lt}^{I\min} I^{\min} \tag{5-187}$$

$$\mu_{lt}^{I\max} I_{lt} = \mu_{lt}^{I\max} I^{\max} \tag{5-188}$$

$$\mu_{lt}^u I_{lt} = \mu_{lt}^u I^{\min} + \mu_{lt}^u \Delta I_{lt}^V \tag{5-189}$$

式（5-189）中的 $\mu_{lt}^u \Delta I_{lt}^V$ 可通过 KKT 条件中的式（5-151）~式（5-153）表示如下：

$$\mu_{lt}^u \Delta I_{lt}^V = C_t^c U_l \Delta I_{lt}^V + \mu_{lt}^l \Delta I_{lt}^V - \mu^d U_l \Delta I_{lt}^V - c \mu_{lt}^{th} \Delta I_{lt}^V + \sum_{s=1}^{N_s} \mu_{lts}^{up} \Delta I_{lt}^V, \forall l, t = 1 \tag{5-190}$$

$$\mu_{lt}^u \Delta I_{lt}^V = C_t^c U_l \Delta I_{lt}^V + \mu_{lt}^l \Delta I_{lt}^V - \mu^d U_l \Delta I_{lt}^V + \sum_{s=1}^{N_s} \mu_{lts}^{up} \Delta I_{lt}^V, \forall l, t \in [2, T_N] \tag{5-191}$$

式（5-190）、式（5-191）中的 $\mu_{lt}^l \Delta I_{lt}^V$ 代入 KKT 条件中的式（5-160）可得

$$\mu_{lt}^l \Delta I_{lt}^V = 0 \tag{5-192}$$

式（5-185）、式（5-186）中的 $\mu^d U_l I_{lt}$ 和式（5-190）、式（5-191）中的 $-\mu^d U_l \Delta I_{lt}^V$ 相加并求和后，代入 KKT 条件中的式（5-162）可得

$$\mu^d \sum_{t=1}^{T_N} \sum_{l=1}^{N_{ea}} U_l (I_{lt} - \Delta I_{lt}^V) = \mu^d E_d^{\min} \tag{5-193}$$

式（5-190）、式（5-191）中的 $\sum_{s=1}^{N_s} \mu_{lts}^{up} \Delta I_{lt}^V$ 可通过 KKT 条件中的式（5-154）

和式（5-166）表示如下

$$\sum_{s=1}^{N_s} \mu_{lts}^{up} \Delta I_{lt}^V = \sum_{s=1}^{N_s} \mu_{lts}^{up} \Delta I_{lts}^V$$

$$= \sum_{s=1}^{N_s} p_s[U_l(C_t^e - B_l)\Delta I_{lts}^V - NU_l^2(\Delta I_{lts}^V)^2] + \mu_{lts}^{lo}\Delta I_{lts}^V \qquad (5-194)$$

式（5-194）中的 $\mu_{lts}^{lo}\Delta I_{lts}^V$ 代入 KKT 条件中的式（5-165）可得

$$\mu_{lts}^{lo}\Delta I_{lts}^V = 0 \qquad (5-195)$$

式（5-185）中的 $c\mu_{l1}^{th}I_{l1}$ 和式（5-190）中的 $-c\mu_{l1}^{th}\Delta I_{l1}^V$ 相加，并代入 KKT 条件中的式（5-163）可得

$$c\mu_{l1}^{th}(I_{l1} - \Delta I_{l1}^V) = \mu_{l1}^{th}T_e^{\min} - a\mu_{l1}^{th}T_{el1} + b\mu_{l1}^{th}T_e^{\max} + d\mu_{l1}^{th}I^{\max} - K\mu_{l1}^{th} \qquad (5-196)$$

式（5-196）中的 $a\mu_{l1}^{th}T_{el1}$ 可通过 KKT 条件中的式（5-155）～式（5-157）表示如下

$$a\mu_{l1}^{th}T_{el1} = \gamma_{l1}T_e^{\max} \qquad (5-197)$$

综上，$\lambda_{lt}U_lI_{lt}$ 的等价表达式如下

$$\sum_{t=1}^{T_N}\sum_{l=1}^{N_{ea}} \lambda_{lt}U_lI_{lt}$$

$$= \sum_{t=1}^{T_N}\sum_{l=1}^{N_{ea}} (B_lU_lI_{lt} + NU_l^2I^{\max}I_{lt} - NU_l^2I_{lt}^2 - \tau^C\varphi U_lI_{lt})$$

$$+ \sum_{t=1}^{T_N}\sum_{l=1}^{N_{ea}} (\mu_{lt}^{l\min}I^{\min} - \mu_{lt}^{l\max}I^{\max} + \mu_{lt}^uI^{\min} + C_t^cU_l\Delta I_{lt}^V)$$

$$+ \mu^dE_d^{\min} \qquad (5-198)$$

$$+ \sum_{s=1}^{N_s}\sum_{t=1}^{T_N}\sum_{l=1}^{N_{ea}} p_s[U_l(C_t^e - B_l)\Delta I_{lts}^V - NU_l^2(\Delta I_{lts}^V)^2]$$

$$+ \mu_{l1}^{th}T_e^{\min} - \gamma_{l1}T_e^{\max} + b\mu_{l1}^{th}T_e^{\max} + d\mu_{l1}^{th}I^{\max} - K\mu_{l1}^{th}$$

$$= \theta$$

凸化后的目标函数如式（5－199）所示

$$\min \sum_{t=1}^{T_N}\sum_{i=1}^{N_g}(F_{it}^c + C_{it}^U + C_{it}^{ur}P_{it}^{ur} + C_{it}^{dr}P_{it}^{dr}) + C^{carbon}$$

$$+ \sum_{t=1}^{T_N}\sum_{l=1}^{N_{ea}}(\lambda_{lt}U_l I^{\max} + C_t^C U_l \Delta I_{lt}^V) - \theta \qquad (5-199)$$

$$+ \sum_{s=1}^{N_s} p_s \left(\begin{array}{l} \sum_{t=1}^{T_N}\sum_{i=1}^{N_g}(C_{it}^{ue}P_{its}^{ur} - C_{it}^{de}P_{its}^{dr}) + \sum_{t=1}^{T_N}\sum_{l=1}^{N_{ea}}C_t^e U_l \Delta I_{lts}^V \\ + \sum_{t=1}^{T_N}\sum_{d=1}^{N_D}C^{load}L_{dts}^{cur} + \sum_{t=1}^{T_N}\sum_{j=1}^{N_w}C^{wind}W_{jts}^{cur} \end{array} \right)$$

由式（5－199）可以看出，目标函数中除包含部分二次项以外，其余项均为线性项。至此，计及价格引导机制和需求响应的双层优化问题转化为一个MIQP问题，可通过 Gurobi 求解器直接求解。

5.7.5　模型有效性验证

本报告采用 IEEE 标准系统进行算例分析。假设某电解铝企业有 2 个电解铝厂，分别位于节点 2 和节点 10，每个厂各含有一个电解槽系列，参数如表 5－21 所示。

表5－21　　　　　　　　电 解 铝 厂 参 数

电解铝厂编号	正常电流强度（kA）	单槽电压（V）	电解槽系列串联槽数（个）	吨铝利润（元）
1	400	4	300	900
2	400	4	200	700

（1）无碳政策下算例结果分析。在不考虑碳减排政策的情况下，本节设计了如下 3 个算例进行比较：

算例 1：不考虑价格引导机制和电解铝参与需求响应的单层两阶段随机优化调度；

算例 2：考虑电解铝参与需求响应但不考虑价格机制的单层两阶段随机优化调度；

算例 3：考虑价格引导机制和电解铝参与需求响应的双层两阶段随机优化调度，即本章所提模型。

各个算例的具体求解结果如表 5-22 所示。应该指出，电解铝的吨铝利润值在第 3 章的单层优化模型中仅影响电解铝企业的收益，对于目标函数、机组调度结果、电解铝负荷调度结果并无影响。从表 5-22 中可以看出，算例 2 未考虑价格引导机制，由电力系统运营商强制调度电解铝负荷参与需求响应，虽然系统总运行成本最低，但是电解铝企业的收益相比未参与需求响应时（算例 1）反而有所降低。算例 3 考虑了价格引导机制，将电解铝企业作为独立运行者，以动态的能量补偿价格引导电解铝负荷参与需求响应。在本算例中，电解铝负荷参与需求响应主要是提供能量响应，因此火电机组的煤耗成本在三个算例中最低，相应的第一阶段的总成本也最低；第二阶段的调度结果算例 3 和算例 1 一致。对比总运行成本，算例 3 的总成本高于未考虑价格引导机制的算例 2，这是因为在算例 2 中，电力系统运营商以一个较低的能量补偿价格强制调度电解铝负荷，忽视了电解铝企业自身的利益，而考虑价格引导机制后，需要同时计及电力系统的运行情况和电解铝企业的收益情况，以合适的价格加以引导调动，所以在算例 3 的双层模型中，电解铝企业的收益没有受损且收益最高，相应的代价就是总成本会有所增长，但是仍然低于未考虑需求响应的算例 1。

表 5-22 算例求解结果

算例		算例1	算例2	算例3
第一阶段成本（万元）	火电煤耗成本	1171.98	1169.92	1165.59
	火电启停成本	3.25	3.25	3.25
	火电上备用容量成本	9.23	7.93	9.23
	火电下备用容量成本	4.69	5.14	4.69
	电解铝备用容量成本	—	0.48	0
	电解铝能量响应成本	—	1.17	4.11
	第一阶段总成本	1189.14	1187.90	1186.86
第二阶段成本（万元）	火电上备用部署成本	4.37	3.25	4.37
	火电下备用部署成本	4.85	6.19	4.85
	电解铝备用部署成本	—	0.89	0
	弃风成本	0.94	0.77	0.94
	非自愿切负荷成本	0	0	0
	第二阶段总成本	0.46	−1.27	0.46
总运行成本（万元）		1189.60	1186.62	1187.32
电解铝企业收益（万元）		119.27	119.21	120.22

算例 3 的电解铝负荷调度结果如图 5-35 所示。从图中可以看出，由于所提铝电解槽热传导模型很好的考虑了电流的改变对槽内电解质温度的影响，所以电解槽系列 1 和 2 的电解质温度均未越下限，处于合理范围之内。在时段 1~4，槽内电解质温度最高，电解铝负荷调节空间最大，电力系统运营商需要提供更高的能量补偿价格引导电解铝负荷提供较多的响应能量；在时段 8~10，能量补偿价格有小幅度的增长，原因是此时净负荷快速增加，电力系统运营商需要电解铝负荷提供能量响应缓解火电机组的爬坡压力；在时段 20~24，此时电解铝负荷的温度已达下限，调节空间非常小，相应的能量补偿价格也最低。对

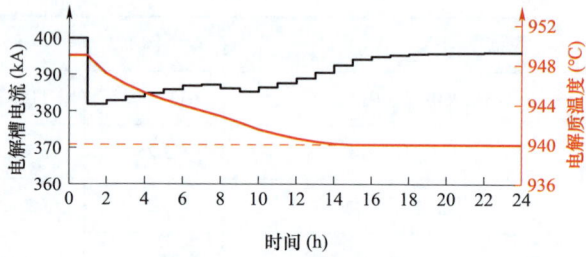

（a）电解槽系列1的电流与电解质温度变化情况

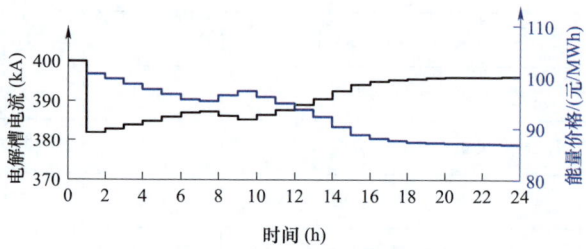

（b）电解槽系列1的能量补偿价格

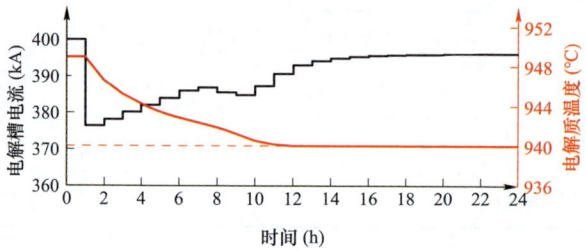

（c）电解槽系列2的电流与电解质温度变化情况

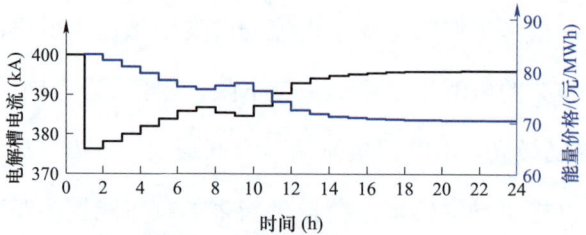

（d）电解槽系列2的能量补偿价格

图 5-35 算例 3 电解铝负荷调度结果

比电解槽系列 1 和 2 的调度结果，电力系统运营商提供给电解槽系列 1 的能量补偿价格相对较高，更倾向于调度电解槽系列 2。这是因为电解槽系列 1 的吨铝利润高于电解槽系列 2，所以电力系统运营商需要提供更高的补偿价格才能使电解槽系列 1 有足够的意愿提供能量响应。

图 5-36 展示了不同电解铝吨铝利润下，采用单层/双层优化模型的电解铝企业相比未参与需求响应时的盈利情况。随着原材料价格的波动，吨铝利润也随之变化。在双层优化模型中，电解铝企业是一个独立的主体，吨铝利润将影响其参与需求响应的积极性。电力系统运营商若想调度电解铝负荷，则需付出高于吨铝利润的补偿价格才能使电解铝企业自愿降低部分产量提供需求响应。价格信号引导的调度模式可以充分保障电解铝企业的收益，在满足电网调控需求的同时使企业利益最大化。尤其是在吨铝利润较低时，提供需求响应对于电解铝企业而言是一个不错的选择。而在单层优化模型中，电力系统运营商仅考虑自身调控需求，忽视了电解铝企业的意愿与利益。电解铝企业强制且被动参与需求响应，收益难以保障。当吨铝利润高于 800 元时，电解铝企业将在亏损的情况下被调度，参与需求响应的积极性极低。

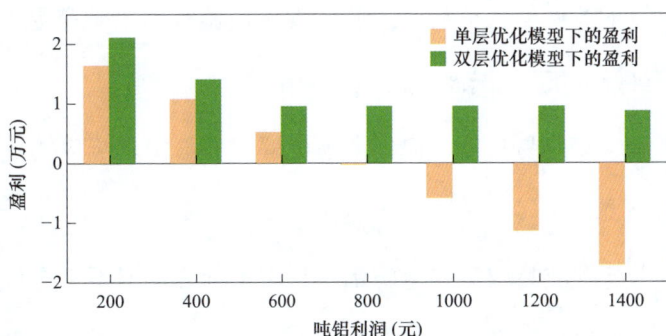

图 5-36 不同吨铝利润下电解铝企业盈利情况

电解铝负荷运行维护成本中的二次项系数 N 是一个十分重要的参数，其反映了电解铝负荷对于功率变化的敏感程度，进而也会影响能量补偿价格，因此也可称 N 为灵敏系数。不同灵敏系数对电解铝企业收益和系统总运行成本的影响如表 5-23 所示。随着 N 逐渐增大，电解铝负荷变化相同功率所需的运行维护成本也逐渐增大，即电解铝企业对于功率变化越加敏感。为了提高电解铝负荷参与需求响应的积极性，电力系统运营商需要给予更高的能量补偿价格，因此电解铝企业的收益逐渐增高，系统总运行成本也随之增高。

表 5-23　灵敏系数对电解铝企业收益和系统总运行成本的影响

灵敏系数 N（元/MW^2h）	电解铝企业收益（万元）	系统总运行成本（万元）
0.01	119.98	1186.77
0.05	120.00	1186.82
0.1	120.02	1186.86
0.5	120.13	1187.14
1	120.29	1187.45
5	120.51	1188.92

（2）碳政策下算例结果分析。以我国现阶段施行的"碳交易＋免费分配"政策为例进行算例分析，本节新增 3 个算例：

算例 4：考虑碳交易政策，但不考虑电解铝参与需求响应的单层两阶段随机优化调度；

算例 5：考虑碳交易政策和电解铝参与需求响应，但不考虑价格引导机制的单层两阶段随机优化调度；

算例 6：考虑碳交易政策，且同时考虑价格引导机制和电解铝参与需求响应的双层两阶段随机优化调度。

当碳配额交易价格 $\tau^C = 50$ 元/tCO$_2$，碳排放限制等级 $\sigma = 0.3$ 时各算例的系统运行成本和电解铝企业的具体收益（成本）如表 5-24 所示，其中第一阶段成本不包含碳交易成本。可以看出，考虑电解铝负荷提供需求响应后，可以优化机组运行，降低系统的总运行成本。受制于碳排放配额约束的影响，三个算例的碳交易成本相同。算例 6 中，由于双层优化模型可以在满足系统调控需求的情况下最大化自身收益，因此其电解铝企业净收益最高。

表 5-24　　　　　各算例系统运行成本及电解铝企业收益

算例	系统运行成本（万元）				电解铝企业收益（成本）（万元）			
	第一阶段成本	第二阶段成本	碳交易成本	总成本	产品收益	需求响应收益	碳交易成本	净收益
算例 4	1214.1	0.5	67.7	1282.3	119.3	0	12.3	106.9
算例 5	1210.0	0.5	67.7	1278.1	116.35	3.7	12.0	107.3
算例 6	1210.2	0.5	67.7	1278.3	116.37	3.8	12.0	107.9

碳交易政策下，碳配额交易价格将随市场波动，具有不确定性。图 5-37 分析了不同的碳配额交易价格下，采用单层/双层优化模型的电解铝企业相比未参与需求响应时的盈利情况。考虑到目前是实施碳政策初期，电解铝企业的减排措施并不完善，因而生产单位铝的碳排放量大于所分配的碳配额量。当碳配额交易价格逐渐升高时，单层优化模型中的电解铝企业会因为少支出碳交易成本而使盈利逐渐增加。双层优化模型中的电解铝企业在不同碳配额交易价格下盈利较为均衡，且在大部分时候盈利优于单层优化模型，具有较好的适应性。当碳配额价格大于 175 元/tCO$_2$ 时，双层优化模型的电解铝企业盈利略低于单层优化模型，这是因为在高昂的碳配额交易价格下，电解铝企业需要支付的碳成

本较高，本身有一定参与需求响应的积极性，因此电力系统运营商只需稍低的能量补偿价格即可使电解铝企业有意愿提供能量响应，所获需求响应收益便低于单层优化模型下的需求响应收益。

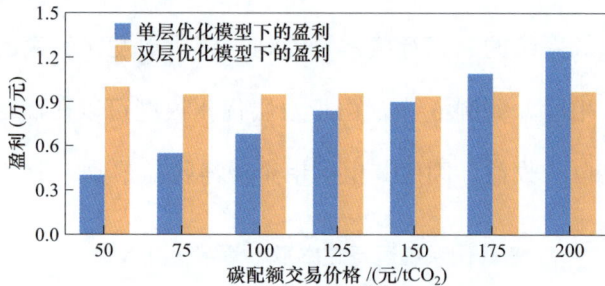

图 5-37　碳配额交易价格对电解铝企业盈利的影响

本 章 小 结

本章开展灵活性资源参与市场化交易机制调研，得到结论如下：

（1）对于中长期市场，引入了新的交易结算模式，如发用解耦双边结算和计划市场解耦结算模式，有助于实现市场资源优化配置、降低市场成本，推动低碳经济的发展，使市场环境更加透明和公平。通过电力交易结算平台实现电力交易和结算，可以提高交易效率和透明度。

（2）对于现货市场，市场采用边际成本作为电能价格的典型方式，以反映电力的短期供求关系，通过节点电价机制确定市场均衡价格。节点电价按价格从低到高排序后，最后一台满足供电要求的火电机组边际成本定为节点电价，根据系统边际价格和阻塞分量，形成分时、分区的价格信号。现货市场资源配置方式形成时空差异、反映分时分区电力供求关系的价格信号，通过价格信号引导资源时空配置，提升电网运行安全性。

（3）对于辅助服务市场，灵活性资源参与调峰市场，在电网调峰能力不足时能够调整自身运行曲线，提供调峰服务，为电力系统提供灵活性。同时部分地区探索了需求侧灵活性资源在调频辅助服务市场的参与，但存在需要进一步完善市场机制的问题。另外，东北、浙江和南方区域进行备用辅助服务市场的模拟试运行，但尚未完全放开需求侧灵活性资源的参与。

（4）对于碳交易市场，引入碳交易机制促使减排，将碳排放配额视为商品，建立碳配额市场，通过交易机制激励各产业实现节能减排目标，推动碳排放减少。使用无偿分配法，为碳排放源分配初始碳排放额度，提高碳交易市场的灵活性和可操作性。利用碳抵消机制，虚拟电厂中的可再生能源发电机组进行碳减排量核算，通过 CCER 交易抵消碳排放，提高清洁能源消纳和碳减排能力。

本章提出面向极端事件/正常工况下备用辅助服务的调节资源交易规模测算方法，算例结果表明：

（1）结合时移和备用响应的随机机组组合调度方案可以有效减少切负荷量，促进风电利用，提高系统总体的经济效益。此外，在模型中计及灵活爬坡容量和备用容量的耦合约束，可以保证火电机组在实时调整阶段有足够的爬坡能力。

（2）所提定初值的无对偶加速求解方法计算效率高且能达到全局最优。并且，随着计算规模的增大，其在提升求解速度上的优点更加明显。在中国河南省电力系统上与传统求解方法相比，本章所提方法节省了 56.73%的计算时间。

本章提出面向极端事件/正常工况下调频辅助服务的调节资源交易规模测算方法，算例结果表明：

（1）火电机组与电动汽车联合提供调频辅助服务，可以实现调频容量大、调频速度慢的机组与调频容量小、调频速度快的电动汽车在调频性能方面的优势互补，提高电力系统调频质量。

（2）电动汽车在接入充电桩时可由电力系统进行优化调度，增加了电力系统灵活性资源的容量，可减少机组侧的煤耗、调度等成本，提高电力系统调频调度的经济性。

（3）对提供调频辅助服务的电动汽车给予一定的经济补偿，可激励用户自主参与调频响应，但应根据实际情况确定合适的调频补偿价格。

本章提出碳交易驱动的柔性工业电解铝负荷交易规模测算方法，算例结果表明：

（1）碳税政策具有高度的"价"的确定性，因此税率的合理制定显得尤为重要。过低的税率无法达到减排要求，过高的税率会给电解铝企业造成繁重的经济负担。考虑电解铝负荷参与需求响应，不仅可以降低系统的碳排放量，对于企业自身也不失为一种增加收益或降低亏损的有效措施。

（2）碳交易政策具有高度的"量"的确定性，通过设置碳配额上限，可以有效控制系统的碳排放总量。但是，碳排放限制越严苛，系统运行成本也会越高昂。引入电解铝参与需求响应后，可以降低成本的增长幅度。

本章提出考虑分时电价和"双保"的调节资源市场化交易机制，算例结果表明：

（1）对比未计及价格引导机制的单层优化模型，所提的双层优化模型将电解铝企业视为独立的运行者，充分考虑与保证了电解铝企业的收益最大化，提高了电解铝企业参与需求响应的积极性。

（2）考虑碳减排政策后，所提双层优化模型对于不同阶段的碳价格均有较好的适应性。电力系统运营商可以根据碳价格的不同相应地调整能量补偿价格，使得电解铝企业有意愿参与需求响应且能获得足够的收益。

参 考 文 献

［1］ Munkhammar J, J Widén. Correlation modeling of instantaneous solar irradiance with applications to solar engineering［J］.Solar Energy, 2016, 133: 14－23.

［2］ 席星斑. 基于时序生产模拟的吉林省新能源并网系统成本研究［D］. 北京：华北电力大学，2021.

［3］ Dehghani-Sanij A, Tharumalingam E, Dusseault M B, et al. Study of energy storage systems and environmental challenges of batteries［J］.Renewable and Sustainable Energy Revie 第二, 2019, 104: 192－208.

［4］ 孙祥戟，陈芳芳，贾鉴，等. 基于经验模态分解的神经网络光伏发电预测方法研究［J］. 电气技术，2019，20（8）：54－58.

［5］ Eseye A T, Zhang J, Zheng D. Short-term photovoltaic solar power forecasting using a hybrid Wavelet-PSO-SVM model based on SCADA and Meteorological information［J］.Renewable Energy, 2017, 118: 357－367.

［6］ Persson C, Bacher P, Shiga T, et al. Multi-site solar power forecasting using gradient boosted regression trees［J］.Solar Energy, 2017, 150: 423－436.

［7］ 王振浩，王虫，成龙，等. 基于集合经验模态分解和深度学习的光伏功率组合预测［J］. 高电压技术，2021：1－10.

［8］ 管霖，陈旭，吕耀棠，等. 适用于电网规划的光伏发电概率模型及其应用［J］. 电力自动化设备，2017，37（11）：1－7.

［9］ 李国庆，李欣那，边竞，等. 基于每时晴空指数的大规模光伏电站出力多维时间序列模拟［J］. 电网技术，2020，44（9）：3254－3262.

[10] 方保民，李红志，孔祥鹏，等. 含高比例光伏出力的长期分布式储能配置研究 [J]. 电力系统保护与控制，2021，49（2）：121－129.

[11] 崔杨，杨海威，李鸿博. 基于高斯混合模型的风电场群功率波动概率密度分布函数研究 [J]. 电网技术，2016，40（4）：1107－1112.

[12] 万书亭，万杰. 基于量化指标和概率密度分布的风电功率波动特性研究 [J]. 太阳能学报，2015，36（2）：362－368.

[13] 杨茂，董骏城. 基于混合分布模型的风电功率波动特性研究 [J]. 中国电机工程学报，20 16，36（S1）：69－78.

[14] Chang T P. Estimation of wind energy potential using different probability density functions [J].Applied Energy, 2011, 88(5): 1848－1856.

[15] 汤向华，李秋实，侯丽钢，等. 基于 Copula 函数的风电时序联合出力典型场景生成 [J]. 电力工程技术，$2020，39（5）：152－161＋168$.

[16] 丁藤，冯冬涵，林晓凡，等. 基于修正后 ARIMA－GARCH 模型的超短期风速预测 [J]. 电网技术，2017，41（6）：112－118.

[17] 李忠，刘景霞. 基于遗传算法和最小二乘支持向量机的风电场超短期风速预测 [J]. 电工技术，2021（13）：56－59.

[18] 段小宇，胡泽春，宋永华，等. 含电动汽车充电负荷和分布式电源的配电网两阶段优化运行策略 [J]. 全球能源互联网，2021，1（1）：87－95.

[19] 王海冰，戚永志，王承民，等. 考虑柔性负荷的两阶段随机优化调度模型 [J]. 电网技术，2021，42（11）：3669－3675.

[20] 顾伟，任佳依，高君，等. 含分布式电源和可调负荷的售电公司优化调度模型 [J]. 电力系统自动化，2020，41（14）：37－44.

[21] 高君. 考虑可调负荷的有源配电网优化调度研究 [D]. 东南大学，2020.

[22] Le K, Boyle D, et al.A Procedure for Coordinating Direct-Load-Control Strategies

to Minimize System Production Costs [J].IEEE Transactions on Power Apparatus & Systems, 2021, 102(6): 1843－1849.

[23] Bischke R F, Sella R A. Design and Controlled Use of Water Heater Load Management [J].IEEE Transactions on Power Apparatus and Systems, 2022, 5(6): 1290－1293.

[24] 曹世光，李卫东，柳焯，等. 计及直接负荷控制的动态优化调度模型 [J]. 中国电机工程学报，2020（3）：160－162.

[25] 唐为民，王蓓蓓，施伟. 基于模糊动态规划的直接负荷控制策略研究 [J]. 中国电力，2023（8）：28－32.

[26] Doudna J H.Overview of California ISO summer 2000 demand response programs[C]//Power Engineering Society Winter Meeting, Columbus, OH, USA: IEEE, 2021: 228－233.

[27] 王成山，宋关羽，李鹏，等. 考虑分布式电源运行特性的有源配电网智能软开关 SOP 规划方法 [J]. 中国电机工程学报，2020，37（7）：1889－1897.

[28] 黄海涛，胡学英，李翔，等. 实用化的激励性可中断负荷最优补偿定价模型 [J]. 电网技术，2022，38（8）：2149－2154.

[29] 徐永丰，吴洁晶，黄海涛，等. 考虑负荷率的峰谷分时电价模型 [J]. 电力系统保护与控制，2020，43（23）：96－103.

[30] 陈沧杨，胡博，谢开贵，等. 计入电力系统可靠性与购电风险的峰谷分时电价模型 [J]. 电网技术，2019，38（8）：2141－2148.

[31] 谭忠富，陈广娟，赵建保，等. 以节能调度为导向的发电侧与售电侧峰谷分时电价联合优化模型 [J]. 中国电机工程学报，2019，29（1）：55－62.

[32] 龚诚嘉锐，林顺富，边晓燕，等. 基于多主体主从博弈的负荷聚合商经济优化模型 [J]. 电力系统保护与控制，2022，50（2）：30－40.

[33] 刘珮云，丁涛，贺元康，等. 基于综合需求响应的负荷聚合商最优市场交易策略 [J]. 电力自动化设备，2019，39（8）：224-231.

[34] 高赐威，李倩玉，李慧星，等. 基于负荷聚合商业务的需求响应资源整合方法与运营机制 [J]. 电力系统自动化，2019，37（17）：78-86.

[35] 邓忻依. 考虑"源-荷-储"协同互动的主动配电网优化调度研究 [D]. 华北电力大学（北京），2019.

[36] 金力，房鑫炎，蔡振华，等. 考虑特性分布的储能电站接入的电网多时间尺度源储荷协调调度策略 [J]. 电网技术，2020，44（10）：3641-3650.

[37] 朱钦，袁翔，史融，等. 主动配电网源/储/荷协调控制技术研究 [J]. 华东电力，2021，42（8）：1509-1514

[38] 许汉平，李姚旺，苗世洪，等. 考虑可再生能源消纳效益的电力系统"源-荷-储"协调互动优化调度策略 [J]. 电力系统保护与控制，2020，45（17）：18-25.

[39] Yu M, Hong S H, Ding Y, et al. An incentive-based demand response(DR) model considering composited DR resources [J]. IEEE Transactions on Industrial Electronics, 2018, 66(2): 1488-1498.

[40] Ilic, M., Black, J.W. and Watz, J.L. Potential Benefits of Implementing Load Control [C]. IEEE Power Engineering Society Winter Meeting, 2002.

[41] 田浩. 基于可调节负荷参与的源荷互动调峰多目标优化方法 [D]. 华北电力大学（北京），2018.

[42] 陈鹏. 弹性负荷资源聚合及调节潜力预测模型研究 [D]. 华北电力大学（北京），2021.

[43] Wang Y, Wang Y, Yujing H, et al. Optimal Scheduling of the Regional Integrated EnergySystem based on energy price Demand Response [J]. IEEE Transactions

on Sustainable Energy, 2018.

[44] Jian X, Zhang L, Miao X, et al. Designing interruptible load management scheme based on customer performance using mechanism design theory [J]. International Journal of Electrical Power \& Energy Systems, 2018, 95: 476 – 489.

[45] Amargiannitakis V, Gialamas I, Pediaditis E, et al. Validation of a Proposed Algorithm for Assistance Titration During Proportional Assist Ventilation With Load-Adjustable Gain Factors [J]. Respiratory care, 2019: respcare. 06988.

[46] Zhang S, Xu H, Zhang L, et al. Vibration suppression mechanism research of adjustable elliptical journal bearing under synchronous unbalance load [J]. Tribology International, 2019, 132: 185 – 198.

[47] Dai Y, Gao Y, Gao H, et al. A demand response approach considering retailer incentive mechanism based on Stackelberg game in smart grid with multi retailers [J]. International Transactions on Electrical Energy Systems, 2018, 28(9): e2590.

[48] Zhao S, Grossmann I E, Tang L. Integrated scheduling of rolling sector in steel production with consideration of energy consumption under time-of-use electricity prices [J]. Computers & Chemical Engineering, 2018, 111: 55 – 65.

[49] Li Y, Zhang Q, Li C, et al. Real-Time Adjustment of Load Frequency Control Based on Controllable Energy of Electric Vehicles [M] //Advances in Green Energy Systems and Smart Grid. Springer, Singapore, 2018: 105 – 115.

[50] Tang R, Wang S, Yan C. A direct load control strategy of centralized air-conditioning systems for building fast demand response to urgent requests of smart grids [J]. Automation in Construction, 2018, 87: 74 – 83.

[51] 李婷婷. 适应不同市场环境的需求响应项目规划评估研究 [D]. 东南大学, 2015.

［52］李涛，王盛显.基于灰色关联度和模糊综合评价法的我国电力市场交易评价体系研究［J］.工业技术经济，2018，37（9）：130－137

［53］余德到.基于多维评价模型的售电侧市场化进程评估与风险分析［D］.浙江大学，2018.

［54］韩中合，祁超，向鹏，等.分布式能源系统效益分析及综合评价［J］.热力发电，2018，47（2）：31－36.

［55］刘敦楠，王梅宝，江叶峰，等.基于负荷品质梯级利用的快速需求响应市场机制设计［J］.全球能源互联网，2019，2（3）：295－301.

［56］孔强，付强，林亭君，等.基于成本效益分析的峰谷分时电价优化模型［J］.电力系统保护与控制，2018，46（15）：60－67.

［57］代贤忠，韩新阳，靳晓凌.需求响应参与电力平衡的成本效益评估方法［J/OL］.中国电力：1－8［2022－04－07］.

［58］王晓文，钟晓宇.电力需求侧管理中可中断负荷的成本效益分析初探［J］.沈阳工程学院学报（自然科学版），2017，13（1）：43－49.

［59］孙盛鹏，刘凤良，薛松.需求侧资源促进可再生能源消纳贡献度综合评价体系［J］.电力自动化设备，2015，35（4）：77－83.

［60］崔杨，纪银锁，仲悟之，等.计及需求响应及环保成本的含储热 CHP 与风电联合优化调度［J/OL］.电网技术：1－9［2019－11－10］. https://doi.org/10.13335/j.1000-3673.pst.2019.0740.

［61］赵晨晨.低碳背景下电力需求响应效益评估研究［D］.华北电力大学，2015.

［62］唐程辉，张凡，张宁，等.考虑可再生能源随机性和需求响应的电力系统日前经济调度［J］.电力系统自动化，2019，43（15）：18－25＋63＋26－28.

［63］Darby S J. Smart electric storage heating and potential for residential demand response［J］.Energy Efficiency, 2018, 11(1): 67－77.

［64］ Hajibandeh N, Shafie-Khah M, Osório G J, et al. A heuristic multi-objective multi-criteria demand response planning in a system with high penetration of wind power generators［J］.Applied energy, 2018, 212: 721－732.

［65］ 蔡含虎，向月，杨昕然. 计及需求响应的综合能源系统容量经济配置及效益分析［J］. 电力自动化设备，2019，39（8）：186－194.

［66］ Negash A I, Westgaard S. Evaluating Optimal Cost-Effectiveness of Demand Response in Wholesale Markets［C］//2018 IEEE Power \& Energy Society General Meeting(PESGM). IEEE, 2018: 1－5.

［67］ Du P, Lu N, Zhong H. Overview of Demand Response［M］//Demand Response in Smart Grids. Springer, Cham, 2019: 1－27.

［68］ Harjunkoski I, Merkert L, Schlake J. Demand Side Response(DSR) for Improving Resource Efficiency beyond Single Plants［J］.Resource Efficiency of Processing Plants: Monitoring and Improvement, 2018: 293－315.

［69］ 魏纯晓. 考虑系统与用户双侧协同的区域多能源系统运行优化［D］. 华北电力大学（北京），2018.

［70］ 侯佳萱，林振智，杨莉，等. 面向需求侧主动响应的工商业用户电力套餐优化设计［J］. 电力系统自动化，2018，42（24）：11－21.

［71］ Yu J, Li G, Li S, et al. A review of the research on price-type demand response of industrial users［C］/IOP Conference Series: Materials Science and Engineering. IOP Publishing, \$2018, 366(1): 012085\$.

［72］ 李建华，周灵刚. 面向需求响应的峰谷分时定价策略量化研究［J］. 浙江电力，2020，39（12）：58－64.DOI: 10.19585/j.zjdl.202012008.

［73］ 朱刘柱，石晓波，王宝，等. 安徽省电力需求响应实施模式与补贴资金研究
［J］. 安徽电气工程职业技术学院学报，2020，25（2）：51－55.

［74］ A Practical Pricing Approach to Smart Grid Demand Response Based on Load
Classification［J］.IEEE Transactions on Smart Grid, 2018.